普通高等教育

软件工程 "十三五"规划教材

13th Five-Year Plan Textbooks
of Software Engineering

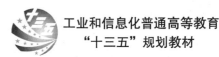

工业和信息化普通高等教育
"十三五"规划教材

Python 3
程序设计

唐永华 刘德山 李玲 ◎ 主编

人民邮电出版社
北京

图书在版编目（CIP）数据

Python 3程序设计 / 唐永华，刘德山，李玲主编
. -- 北京：人民邮电出版社，2019.2（2022.2重印）
普通高等教育软件工程"十三五"规划教材
ISBN 978-7-115-49879-3

Ⅰ. ①P… Ⅱ. ①唐… ②刘… ③李… Ⅲ. ①软件工
具－程序设计－高等学校－教材 Ⅳ. ①TP311.561

中国版本图书馆CIP数据核字(2018)第242069号

内 容 提 要

本书以通俗易懂的语言、翔实的示例、新颖的内容诠释了 Python 这门"简单""优雅""易学"的计算机语言。全书共 14 章，第 1 章～第 10 章介绍了 Python 语言基础，覆盖了全国计算机等级考试 Python 语言的主要内容；第 11 章和第 12 章介绍了 Python 语言的应用，包括图形用户界面、数据库编程等内容；第 13 章和第 14 章介绍了 Python 第三方库的应用。本书内容以应用为核心展开，力求以知识的最小集来实现最大范围的应用。

本书难度适中，主要面向普通本科院校非计算机专业的学生，也可作为初学者学习 Python 程序设计课程的教材，或者作为参加全国计算机等级考试的 Python 教材。

◆ 主　编　唐永华　刘德山　李　玲
　　责任编辑　邹文波
　　责任印制　彭志环

◆ 人民邮电出版社出版发行　　北京市丰台区成寿寺路 11 号
　　邮编　100164　电子邮件　315@ptpress.com.cn
　　网址　http://www.ptpress.com.cn
　　山东百润本色印刷有限公司印刷

◆ 开本：787×1092　1/16
　　印张：16.75　　　　　　　　　2019 年 2 月第 1 版
　　字数：438 千字　　　　　　　2022 年 2 月山东第 10 次印刷

定价：49.80 元

读者服务热线：(010)81055256　印装质量热线：(010)81055316
反盗版热线：(010)81055315

前言

近年来，人工智能（AI）已经上升为国家战略。Python 丰富的 AI 库、机器学习库、自然语言和文本处理库，使其成为最适用于人工智能的语言之一。此外，Python 还可应用于数据分析、组件集成、图像处理、科学计算等众多领域。

为适应跨界创新的需求，不同层次、不同专业的读者迫切需要一种可以更多专注于解决的问题，而不必更多考虑细节的计算机语言，让计算机语言回归服务的功能，Python 就是最佳的选择。

Python 以其"简单""优雅""明确""易学"的特性成为学习编程的入门级语言。超过十几万的第三方库，形成了 Python 的"计算生态"，推动了 Python 的发展。

Python 在业界得到了广泛的应用，几乎所有大中型互联网企业都在使用 Python，如 YouTube、豆瓣、知乎、Google、Yahoo、Facebook、百度、腾讯、美团等。

面对诸多的应用需求，以及 Python 适合于所有专业学生学习的特点，2018 年，教育部将 Python 纳入了全国计算机等级考试范围，相信在未来的几年里，Python 将得到更好的普及与发展。

编者从教学实践中精选了大量的示例，让读者能全面地了解和学习这门"简单""易学"的语言。编写本书的各位教师曾主讲 C、Java、Python 等课程，他们从"实用、易用、有效"的角度组织内容，以应用为核心展开，力求以知识的最小集来实现最大范围的应用。

本书主要具有以下特色。

（1）内容重点突出。在保证内容科学、完整的前提下，由浅入深地安排章节次序。考虑到 Python 语言的应用特色，与其他程序设计教材相比，本书更强调应用思维。

（2）案例资源丰富。全书设计了 240 个示例，内容基本覆盖 Python 的所有知识要点。还提供相应的教学课件、程序源码，有需要的读者可前往人邮教育社区（www.ryjiaoyu.com）下载。

（3）在教材内容上，协调了与全国计算机等级考试和 Python 应用需求的关系。书中的知识点基本覆盖了等级考试的核心内容，并删减了部分使用频率较低的内容。

本书建议教学的组织形式是"示例—分析—练习—总结"。从应用的角度介绍语言，通过示例来说明编程的方法和过程。建议授课 48 学时，第 11～14 章的内容可根据需要选讲，书中标注*号的章节可以略讲，这部分内容不影响 Python 的学习和参加全国计算机等级考试。

本书由唐永华、刘德山、李玲主编，若书中存在疏漏和不足之处，恳请读者批评指正。

48 学时不长，稍纵即逝；48 学时不短，您可以学习和发挥 Python 的"神奇"所在。

注意，软件版本与下载页面在不断更新，读者打开的下载界面和看到的软件可下载版本可能与本书的不一样，但下载与安装的方法类似。

编　者

2018 年 12 月

目 录

第1章
初识 Python

Python 是一种面向对象的、解释型的计算机编程语言，可应用于 Web 开发、科学计算、游戏程序设计、图形用户界面等领域。那么，什么是编程语言？解释型语言有什么特点？Python 语言有什么特点？本章将帮助我们认识 Python，了解 Python 程序的开发环境，理解 Python 程序的执行过程。

1.1　程序设计语言

1.1.1　程序设计语言的概念

让计算机按照用户的目的完成相应的操作，需要使用程序设计语言来编程。**程序设计语言**也称计算机语言，是用于描述计算机所执行的操作的语言。从计算机产生到现在，作为软件开发工具的程序设计语言经历了机器语言、汇编语言、高级语言等几个阶段。

（1）机器语言

机器语言是采用计算机指令格式并以二进制编码表达各种操作的语言。计算机能够直接理解和执行机器语言程序。

机器语言能够被计算机直接识别，它执行速度快，占用存储空间小，但难读、难记，编程难度大，调试修改麻烦，而且不同型号的计算机具有不同的机器指令系统。

（2）汇编语言

汇编语言是一种符号语言，它用助记符来表达指令功能。

汇编语言程序较机器语言程序易读、易写，并保持了机器语言执行速度快、占用存储空间小的优点。汇编语言的语句功能简单，但程序的编写较复杂，而且程序难以移植，因为汇编语言和机器语言都是面向机器的语言，都是为特定的计算机系统而设计的。汇编语言程序不能被计算机直接识别和执行，需要由一种起翻译作用的程序（称为汇编程序），将其翻译成机器语言程序（称为目标程序），计算机才能执行，这一翻译过程称之为"汇编"。

机器语言和汇编语言都被称为低级语言。

（3）高级语言

高级语言是面向问题的语言，它比较接近于人类的自然语言。因为高级语言是与计算机结构无关的程序设计语言，它具有更强的表达能力，因此，可以方便地表示数据的运算和程序控制结构，能更有效地描述各种算法，使用户容易掌握。

Python 是一种高级语言，例如，计算 5+11 的 Python 语言程序如下。

```
>>> print(5+11)
16    #运算结果
```

用高级语言编写的程序（称为源程序）并不能被计算机直接识别和执行，需要经过翻译程序翻译成机器语言程序后才能执行，高级语言的翻译程序有编译程序和解释程序两种。下面分别介绍编译程序和解释程序。

1.1.2　编译与解释

不同的高级语言，计算机程序的执行方式是不同的。这里所说的执行方式是指计算机执行一个程序的过程。按照计算机程序的执行方式，可以将高级语言分成静态语言和脚本语言两类。**静态语言**采用编译执行的方式，**脚本语言**采用解释执行的方式。无论哪种执行方式，用户执行程序的方法都是一致的，例如，都可以通过鼠标双击执行一个程序。

（1）编译

编译是将源代码转换成目标代码的过程。源代码是计算机高级语言的代码，而目标代码则是机器语言的代码。执行编译的计算机程序称为编译器（Compiler）。

（2）解释

解释是将源代码逐条转换成目标代码，同时逐条运行目标代码的过程。执行解释的计算机程序称为解释器（Interpreter）。

编译和解释的区别：编译是一次性地翻译，程序被编译后，运行时就不再需要源代码了；解释则是在每次程序运行时都需要解释器和源代码。这两者的区别类似于外语资料的笔译和实时的同声传译。

编译的过程只进行一次，所以编译过程的速度并不是关键，关键是生成目标代码的执行速度。因此，编译器一般都会集成尽可能多的优化技术，使生成的目标代码有更好的执行效率；而解释器反而因为执行速度的原因不会集成太多的优化技术。

1.2　Python 语言

1.2.1　Python 的历史

Python 的作者 Guido van Rossum 是荷兰人。Guido 理想中的计算机语言，是能够方便调用计算机的各项功能，如打印、绘图、语音等，而且程序可以轻松地进行编辑与运行，适合所有人学习和使用。1989 年，Guido 开始编写这种理想的计算机语言的脚本解释程序，并将其命名为 Python。Python 语言的目标是成为功能全面、易学易用、可拓展的语言。

第一个 Python 的公开版本于 1991 年发布。它是用 C 语言实现的，能够调用 C 语言的库文件，具有类、函数、异常处理等功能，包含表和词典等核心数据类型，以模块为基础的拓展系统。

之后，在 Python 的发展过程中，形成了 Python 2.x 和 Python 3.x 两个不同系列的版本，这两个版本之间不兼容。为了满足不同 Python 用户的需求，目前是 Python 2.x 和 Python 3.x 两个版本并存。Python 2.x 的最高版本是 Python 2.7，Python 官网宣布，直到 2020 年，都不再为 Python 2.x

发布新的版本。Python 3.x 是从 2008 年开始发布的，本书中的程序是在 Python 3.6 版本下实现的。

存在 Python 2.x 和 Python 3.x 两个不同版本的原因是，Python 3.0 发布时，就不支持 Python 2.0 的版本，但 Python 2.0 拥有大量用户，这些用户无法正常升级使用新版本，所以之后才发布了一个 Python 2.7 的过渡版本，并且 Python 2.7 将会被支持到 2020 年。

1.2.2　Python 的特点

Python 是目前最流行且发展最迅速的计算机语言，它具有如下几个特点。

（1）简单、易学

Python 以"简单""易学"的特性成为编程的入门语言。一个良好的 Python 程序像一篇英文文档，非常接近于人的自然语言，用户在应用 Python 的过程中，可以更多地专注于解决的问题，而不必考虑计算机语言的细节，从而回归语言的服务功能。

（2）开源，拥有众多的开发群体

用户可以查看 Python 源代码，研究其代码细节或进行二次开发。用户不需要为使用 Python 支付费用，也不涉及版权问题。因为开源，越来越多的优秀程序员加入到 Python 开发中，Python 的功能也会愈加丰富和完善。

（3）Python 是解释型语言

使用 Python 语言编写的程序可以直接从源代码运行。在计算机内部，Python 解释器先把源代码转换成字节码的中间形式，然后再把它翻译成计算机使用的机器语言并运行。Python 是解释型语言，用户可以将一些代码行在交互方式下直接测试执行，使得 Python 的学习更加简单。

（4）良好的跨平台性和可移植性

Python 的开源本质，决定了它可以被移植到多个平台。如果用户的 Python 程序使用了依赖于系统的特性，Python 程序可能需要修改与平台相关的代码。Python 的应用平台包括 Linux、Windows、Macintosh、Solaris、OS/2、FreeBSD、Amiga、Android、iOS 等。

（5）面向对象

Python 既支持面向过程的编程，也支持面向对象的编程。在"面向过程"的语言中，程序是由过程或仅仅是可重用代码的函数构建起来的。在"面向对象"的语言中，程序是由数据和功能组合而成的对象构建起来的。与其他主要的语言（如 C++和 Java）相比，Python 以一种非常强大又简单的方式实现面向对象编程，为大型程序的开发提供了方便。

（6）可扩展性和丰富的第三方库

Python 中可以运行 C/C++编写的程序，以便某段关键代码可以运行得更快或者希望某些算法不公开。用户也可以把 Python 程序嵌入到 C/C++程序中，提高 C/C++程序的脚本能力，使其具有良好的可扩展性。

Python 还有功能强大的开发库。Python 标准库可以处理各种工作，包括正则表达式、文档生成、单元测试、线程、数据库、HTML、WAV 文件、密码系统、GUI（图形用户界面）和其他与系统有关的操作。除了这些标准库，它还有大量高质量的第三方库，如 wxPython、Twisted 和 Python 图像库等。

1.2.3　Python 的应用

Python 的应用领域覆盖了 Web 开发、科学运算、系统运维、GUI 编程、数据库编程等诸多方面。

（1）Web 开发

Python 包含标准的 Internet 模块，可用于实现网络通信及应用。Python 的第三方框架包括

Django、Web2py、Zope 等，可以让程序员方便地开发 Web 应用程序。典型的 Web 应用，如 Google 爬虫、Google 广告、世界上最大的视频网站 YouTube、豆瓣、知乎等都是使用 Python 开发的。

（2）科学运算

Python 广泛应用于人工智能与深度学习领域，典型的第三方库包括 NumPy、SciPy、Matplotlib 等。随着众多程序库的开发，使得 Python 越来越适合于进行科学计算、绘制高质量的 2D 和 3D 图像。例如，美国航天局（NASA）多使用 Python 进行数据分析和运算。

（3）云计算

Python 是云计算方面应用最广的语言，其典型应用 OpenStack 就是一个开源的云计算管理平台项目。

（4）系统运维

Python 是运维人员必备的语言。Python 标准库包含多个调用操作系统功能的库。通过第三方软件包 pywin32，Python 能够访问 Windows API。使用 Ironpython，Python 能够直接调用 Net Framework。一般而言，使用 Python 编写的系统管理脚本在可读性、性能、代码重用度、扩展性等方面都优于普通的 Shell 脚本。

（5）GUI 编程

Python 可以非常简单、快捷地实现 GUI 程序。Python 内置了 Tkinter 的标准面向对象接口 TkGUIAPI，可以非常方便地开发图形应用程序，还可以使用其他一些扩展包（如 WxPython、PyQT、Dabo 等）在 Python 中创建 GUI 应用。

1.3　Python 的开发环境

1.3.1　下载和安装 Python

Python 是一个轻量级的软件，读者可以在其官网下载 Python 安装程序（软件版本与下载页面在不断更新，读者打开的下载界面和看到的软件可下载版本可能会与本书的不一样，但下载与安装的方法类似）。

Python 开发包下载页面如图 1-1 所示，本书是在 Windows 10 操作系统下，应用 Python 3.6.5 版，读者也可以下载 Linux、iOS、Android 等操作系统的 Python 开发包，或选择其他的 Python 版本。

图 1-1　Python 官网下载页面

双击打开下载的 Python 安装程序 Python 3.6.5.exe，将启动安装向导，接下来用户按提示操作即可。在图 1-2 所示的安装程序页面中，选中"Add Python 3.6 to PATH"复选框，将 Python 的可执行文件路径添加到 Windows 操作系统的环境变量 PATH 中，以方便在将来的开发中启动各种 Python 工具。

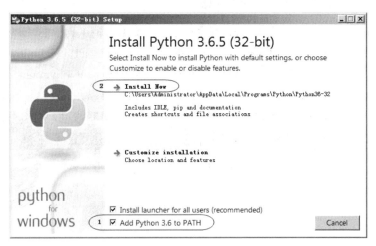

图 1-2　安装程序界面

安装成功后的界面如图 1-3 所示，并且会在 Windows 系统的"开始"菜单中显示图 1-4 所示的 Python 命令。这些命令的具体含义如下。

图 1-3　Python 安装成功界面

- "IDLE (Python 3.6 32-bit)"：启动 Python 自带的集成开发环境 IDLE。
- "Python 3.6 (32-bit)"：将以命令行的方式启动 Python 的解释器。
- "Python 3.6 Manuals (32-bit)"：打开 Python 的帮助文档。
- "Python 3.6 Module Docs (32-bit)"：将以内置服务器的方式打开 Python 模块的帮助文档。

用户在学习 Python 的过程中，通常使用的是 Python 自带的集成开发环境 IDLE。

图 1-4　"开始"菜单中的 Python 命令

在 Windows 10 操作系统下，Python 默认的安装路径是 C:\Users\Administrator\AppData\Local\Programs\Python\Python36-32，如果用户想要自定义 Python 解释器的安装路径，可以在图 1-2 中选中"Customize installation"选项，并选择需要安装的部件。

1.3.2　内置的 IDLE 开发环境

Python 是一种脚本语言，开发 Python 程序首先要在文本编辑工具中书写 Python 程序，然后由 Python 解释器执行。用户选择的编辑工具可以是记事本、Notepad+、Editplus 等。Python 开发包自带的编辑器 IDLE 是一个集成开发环境（Integrated Development Environment，IDE），其启动文件是 idle.bat，位于安装目录的 Lib\idlelib 文件夹下。用户可以在"开始"菜单的"所有程序"中选择 Python 3.6 的 IDLE(Python 3.6 32-bit)命令，即可打开 IDLE 窗口，如图 1-5 所示。

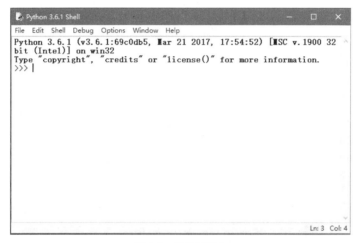

图 1-5　IDLE 窗口

在 IDLE 环境下，编写和运行 Python 程序（也称 Python 脚本）的主要操作如下。

（1）新建 Python 程序

在 IDLE 窗口中依次选择[File]/[New File]命令，或按 Ctrl+N 组合键，即可新建 Python 的脚本程序，窗口的标题栏会显示程序名称，初始的文件名为 Untitled，表示 Python 程序还没有保存。

（2）保存 Python 程序

在 IDLE 窗口中依次选择[File]/[Save File]命令，或按 Crl+S 组合键，即可保存 Python 程序。如果是第一次保存，会弹出"保存文件"对话框，要求用户输入要保存的文件名。

（3）打开 Python 程序

在 IDLE 窗口中依次选择[File]/[Open File]命令，或按 Ctrl+O 组合键，将会弹出"打开文件"对话框，要求用户选择要打开的 Python 文件名。

（4）运行 Python 程序

在 IDLE 窗口中依次选择[Run]/[Run Module]命令，或按下 F5 键，即可在 IDLE 中运行当前的 Python 程序。

如果程序中存在语法错误，则会弹出提示框"invalid syntax"，并且会有一个浅红色方块定位在错误处。

（5）语法高亮

IDLE 支持 Python 的语法高亮，即 IDLE 能够以彩色标识出 Python 语言的关键字，提醒开发人员该词的特殊作用。例如，注释以红色显示，关键字以紫色显示，字符串显示为绿色。

（6）常用快捷键

IDLE 支持撤销、全选、复制、粘贴、剪切等常用快捷键，使用 IDLE 的快捷键能显著提高编程速度和开发效率。IDLE 的常用快捷键及其功能如表 1.1 所示。

表 1.1　　　　　　　　　　　　　IDLE 的常用快捷键及其功能

快 捷 键	功 能 说 明
Ctrl + [	缩进代码
Ctrl +]	取消缩进代码
Alt+3	注释代码行
Alt+4	取消注释代码行
Alt+/	单词自动补齐
Alt+P	浏览历史命令（上一条）
Alt+N	浏览历史命令（下一条）
F1	打开 Python 帮助文档
F5	运行程序
Ctrl+F6	重启 Shell，之前定义的对象和导入的模块全部清除

1.3.3　PyCharm 集成开发环境

IDLE 是 Python 开发包自带的集成开发环境，其功能相对简单；而 PyCharm 则是 JetBrains 公司开发的专业级的 Python IDE，PyCharm 具有典型 IDE 的多种功能，比如程序调试、语法高亮、Project 管理、代码跳转、智能提示、自动完成、单元测试、版本控制等。

1. PyCharm 的下载和安装

访问 PyCharm 的官方网址，进入 PyCharm 的下载页面，如图 1-6 所示（软件版本与下载页面在不断更新，读者打开的下载界面和看到的软件可下载版本可能会与本书的不一样，但下载与安装的方法类似）。

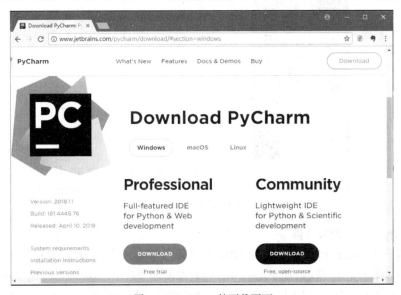

图 1-6　PyCharm 的下载页面

用户可以根据自己的操作系统平台下载不同版本的 PyCharm。

PyCharm Professional 是需要付费的版本，它提供 Python IDE 的所有功能，除了支持 Web 开发，支持 Django、Flask、Google App 引擎、Pyramid 和 web2py 等框架，还支持远程开发、Python 分析器、数据库和 SQL 语句等。

PyCharm Community 是轻量级的 Python IDE，是一款免费和开源的版本，但它只支持 Python 开发，适合初学者使用。如果是开发 Python 的应用项目，则需要使用 PyCharm Professional 提供更为丰富的功能。

安装 PyCharm 的过程十分简单，用户只要按照安装向导的提示逐步安装即可，图 1-7 是安装过程中选择安装路径的界面。安装完成后的界面如图 1-8 所示。

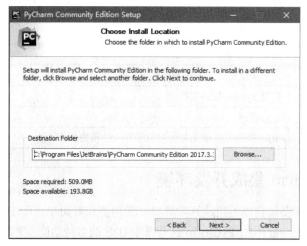

图 1-7　选择 PyCharm 的安装路径

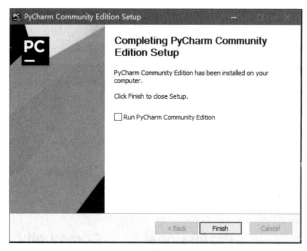

图 1-8　安装成功界面

2. 建立 Python 项目和文件

第一次启动 PyCharm 时，会显示若干初始化的提示信息，保持默认值即可。之后，进入创建项目的界面。如果不是第一次启动 PyCharm，并且以前创建过 Python 项目，则 Python 项目会出现在图 1-9 所示的窗口中，其右侧 3 个选项的含义分别是"创建新项目""打开已经存在的项目"

"从版本控制中检测项目"。

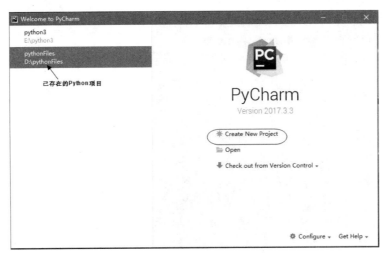

图 1-9 创建 Python 项目界面

（1）创建项目

选择"Create New Project"选项创建项目后，会出现选择项目存放路径界面，如图 1-10 所示。

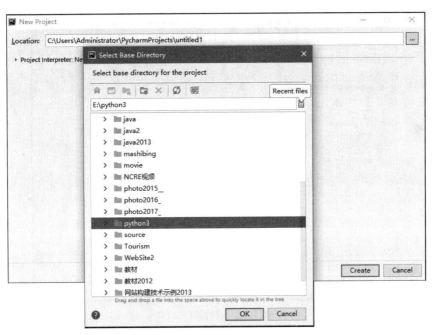

图 1-10 选择新建项目的存放路径

（2）新建文件

项目创建完成后，如果要在项目中创建 Python 文件，可选中项目名称，单击鼠标右键，在弹出的快捷菜单中选择[New]/[Python File]命令来新建文件，如图 1-11 所示。

（3）保存和运行文件

在程序编辑窗口输入代码后，可以保存文件，选择"Run"菜单中的命令可以运行程序。图 1-12 所示为一个完整的程序，使用"Run"菜单中的命令可以调试和运行程序。

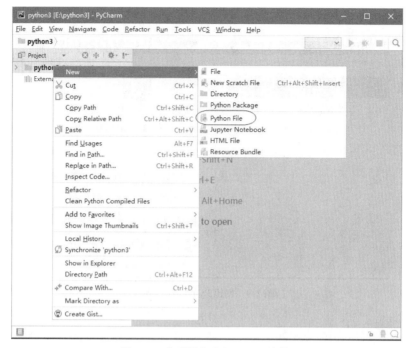

图 1-11 在项目中建立 Python 文件

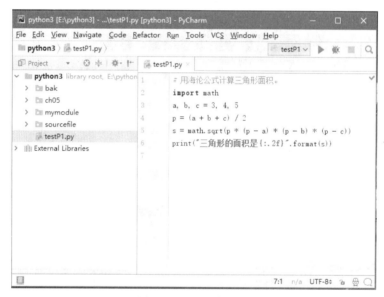

图 1-12 运行程序文件

1.4　Python 程序的运行

1.4.1　Python 程序的运行原理

Python 是一种脚本语言，编辑完成的源程序，也称源代码，可以直接运行。从计算机的角度看，Python 程序的运行过程包含两个步骤：解释器将源代码翻译成字节码（即中间码），然后由虚拟机解释执行，如图 1-13 所示。

图 1-13　Python 程序的运行原理

Python 程序文件的扩展名通常为.py。在执行时，首先由 Python 解释器将.py 文件中的源代码翻译成中间码，这个中间码是一个扩展名为.pyc 的文件，再由 Python 虚拟机（Python Virtual Machine，PVM）逐条将中间码翻译成机器指令执行。

需要说明的是，.pyc 文件保存在 Python 安装目录的__pycache__文件夹下，如果 Python 无法在用户的计算机上写入字节码，字节码文件将只在内存中生成，并在程序结束运行时自动丢弃。而主文件（直接执行的文件）因为只需要装载一次，并没有保存.pyc 文件。当 Python 源文件用于 import 导入时，将会生成.pyc 文件，并且在__pycache__文件夹下可以观察到该文件。

pyc 文件可以重复使用，并且可以提高执行效率。

1.4.2　建立和运行 Python 程序

前面提到的 Python 文件、Python 程序、Python 程序文件是同义的，都是指 Python 的程序，程序是由若干行代码组成的，通常完成一定的功能。

运行 Python 程序有两种方式：交互方式和文件方式。交互方式是指 Python 解释器即时响应并运行用户的程序代码，如果有输出，则显示结果。文件方式即编程方式，用户将 Python 代码写在程序文件中，然后启动 Python 解释器批量执行文件中的代码。交互方式一般用于调试少量代码，文件方式则是最常用的编程方式。多数计算机的编程语言只有文件执行方式，Python 的交互模式为代码的易学、易理解提供了可能。下面在 Python 环境下，以求一组数中的最大值为例来说明两种方式的启动和执行方法。

1. Python 交互执行方式

在 Windows 的"开始"菜单中执行[开始]/[Python 3.6]/[Python 3.6(32-bit)]命令，启动 Python 交互式运行环境，逐行输入代码，每输入完一条语句并换行后，就直接交互执行，如图 1-14 所示。

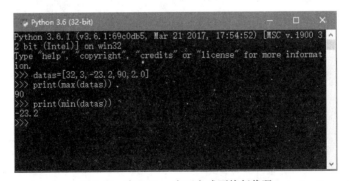

图 1-14　在 Python 交互方式下执行代码

每行代码均以 Enter 键结束，之后立即执行。如果是打印语句则显示输出结果。

在>>>提示符后，输入 exit()或者 quit()可以退出 Python 的运行环境。

2. IDLE 交互执行方式

前面已经介绍过，IDLE 是 Python 内置的集成开发环境，在 Windows 的"开始"菜单中执行[开始]/[Python 3.6]/[IDLE(Python 3.6 32-bit)]命令，启动 IDLE 交互方式，输入代码，实现求一组数据中最大值和最小值的程序，每输入一条语句后，即直接交互执行，如图 1-15 所示。

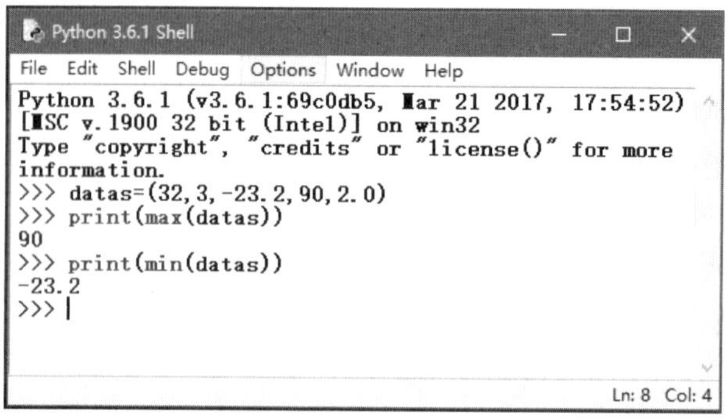

图 1-15　在 IDLE 交互方式下执行代码

比较 Python 交互方式和 IDLE 交互方式，可以看出，虽然代码执行的过程相似。但 IDLE 交互方式提供了更多快捷的操作方式，比 Python 交互方式使用起来更加方便。另外，上面两个例子中的数据分别用方括号［　］和圆括号（　）标记，这是两种不同的组合数据类型，我们将在后续章节中详细介绍。

3. IDLE 程序文件执行方式

在 Windows 的"开始"菜单中执行[开始]/[Python 3.6]/[IDLE(Python 3.6 32-bit)]命令，启动 IDLE，打开图 1-15 所示的 IDLE 窗口。

在 IDLE 窗口中，执行[File]/[New File]命令，或按快捷键 Ctrl+N，打开一个程序编辑窗口，在其中输入程序代码，如图 1-16 所示。

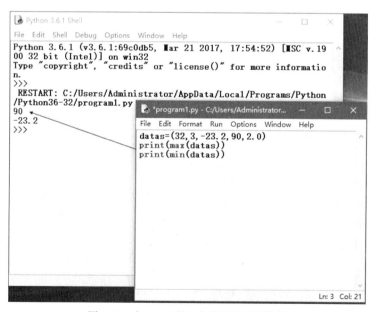

图 1-16　在 IDLE 窗口中编写并运行程序

这个程序编辑窗口不是交互窗口，而是 IDLE 的集成开发环境，该环境具备 Python 语法高亮辅助的编辑器，可以进行代码的编辑。在其中输入 Python 程序后，保存程序为以.py 为扩展名的文件，如 program1.py，按快捷键 F5 或在菜单栏中选择[Run]/[Run Module]命令，将在 IDLE 环境中显示运行结果，如果程序出现错误，将给出错误的提示，用户修改程序后，可以继续调试运行。

在上述 3 种程序运行方式中，IDLE 的交互方式适合初学者学习语句或函数的功能，每执行一行代码即可看到运行结果，既简单，又直观，但程序代码无法保存。IDLE 的程序方式适合书写多行代码，方便用户编程，在实际应用中使用得比较多。除此之外，在 Windows 操作系统中，双击 Python 源文件也可以执行程序，但这种方式在实际应用中较少使用。

1.5　Python 编程方法与应用

1.5.1　程序设计方法

程序是完成一定功能的指令的集合，用于解决特定的计算问题。按照软件工程的思想，程序设计可以分为分析、设计、实现、测试、运行等阶段。结构化程序设计是一种典型的程序设计方法，是程序设计的基础思想，它是把一个复杂程序逐级分解成若干个相互独立的程序，然后再对每个程序进行设计与实现。

程序在具体实现上遵循了一定的模式，典型的程序设计模式是 IPO 模式，也就是程序由输入（Input）、处理（Process）、输出（Output）3 部分组成。输入是程序设计的起点，有文件输入、网络输入、交互输入、参数输入等多种方式；输出是程序展示运算成果的方式，包括文件输出、网络输出、控制台输出、图表输出等。处理部分是编程的核心，包括数据处理与赋值，而更重要的是算法。例如，给定两点的坐标，求两点的距离，需要一个公式，这个公式就是一个算法；再如，求三角形面积的公式也是一个算法。更多的算法则需要用户去设计，例如，从一组数据中查找某一数据的位置，这需要根据数据的特点，由用户设计算法。

除了 IPO 模式，程序中应当有足够的注释，以加强程序的可读性；通过调试来进一步完善程序，这些都是程序设计中不可缺少的环节。

从上面的介绍中可以看出，使用计算机编程解决计算问题包括下面几个重要步骤：分析问题、设计算法、编写程序、调试运行。其中，与程序设计语言和具体语法有关的步骤是编写程序及调试运行。在解决计算问题的过程中，编写程序只是其中的一个环节。在此之前，分析问题、设计算法都是重要的步骤，只有经过这些步骤，一个计算问题才能在设计方案中得以解决，这个过程可以看作是思维的创造过程。编写程序和调试测试则是对解决方案的计算机实现，属于技术实现过程。

1.5.2　程序示例

前面已经介绍了程序文件的建立和执行过程，下面给出 9 个简单的 Python 程序，方便读者了解 Python 的基本知识点，这些程序涉及 IDLE 环境下交互执行程序、程序的分支与循环结构、函数等内容。

读者可以通过查阅文档了解这些程序，也可以忽略这些程序的具体语法含义，大致读懂程序即可。学习这些程序将有助于提高读者学习后续章节的效率。

例 1-1　根据圆的半径计算圆的周长和面积。

```
1    #ex0101.py
```

```
2     # 计算圆形的面积和周长
3     r = 3.2
4     area = 3.14*r*r
5     perimeter= 2*3.14*r
6     print("圆形的面积:{:.2f},周长:{:.2f}".format(area,perimeter))
```

本例知识点主要集中在第 2 章。

程序的第 1 行和第 2 行是注释,程序的名字和功能,注释语句不运行,可以书写任何描述或代码。

程序的第 3 行是赋值语句,将值 3.2 送给一个变量 r,r 是半径。

程序的第 4 行和第 5 行,用公式 $\pi \times r \times r$ 和 $2 \times \pi \times r$ 计算圆的面积和周长。该行是程序的核心,是程序的算法实现。

第 6 行是打印语句,程序的运行结果是"圆形的面积:32.15,周长:20.10"。

按程序设计的 IPO 模式,该段代码没有明显的输入,而是采用赋值输入的形式,处理(或算法)是求圆面积和周长的公式,输出是一条打印语句。具体的语法细节请读者查阅相关文档。

例 1-2 在 IDLE 交互方式下,根据圆的半径计算圆的周长和面积。

```
>>> r = 3.2
>>> area = 3.14*r*r
>>> print("圆形的面积:{:.2f}".format(area))
圆形的面积:32.15
>>> perimeter= 2*3.14*r
>>> print("圆形的半径:{:.2f},周长:{:.2f}".format(r,perimeter))
圆形的半径:3.20,周长:20.10
```

从上述程序可以看出,每行输入语句结束后,代码立即执行。

例 1-3 输入三角形三条边,用海伦公式计算三角形的面积。

```
1     #ex0103.py
2     # 输入三角形三条边, 用海伦公式计算三角形的面积 s
3     import math
4     a=eval(input("请输入 a 边长: "))
5     b=eval(input("请输入 b 边长: "))
6     c=eval(input("请输入 c 边长: "))
7     p = (a + b + c) / 2
8     s = math.sqrt(p * (p - a) * (p - b) * (p - c))
9     print("三角形的面积是{:.2f}".format(s))
```

本例知识点主要集中在第 3 章和第 5 章。

第 3 行导入 math 模块。导入 math 模块后,可以使用第 8 行的 math.sqrt()方法,这个方法是求平方根的方法。

第 4 行至第 6 行使用 input()函数接受用户的键盘输入,并使用 eval()函数将输入转换为数值类型,从而可以参与数学运算。

第 7 行是计算赋值语句,计算三条边的和除以 2,送给变量 p。

第 8 行是程序的核心代码,用海伦公式计算三角形的面积,并送给变量 s。

第 9 行是打印语句,输出程序的运行结果。

在例 1-3 中,如果输入的数据不是数值,如输入 a11、ab 等形式,则运行时会产生错误,为避免这种情况发生,例 1-4 进行了改进,进行了异常处理。读者如果无法读懂该程序,可以在学习完异常处理后继续读该程序。

例 **1-4**　输入三角形三条边，用海伦公式计算三角形的面积，并对输入数据进行异常处理。

```
1   #ex0104.py
2   '''
3   输入三角形三条边，用海伦公式计算三角形的面积 s
4   对三边进行了异常处理
5   '''
6   import math
7   try:
8       a=eval(input("请输入 a 边长: "))
9       b=eval(input("请输入 b 边长: "))
10      c=eval(input("请输入 c 边长: "))
11      p = (a + b + c) / 2
12      s = math.sqrt(p * (p - a) * (p - b) * (p - c))
13      print("三角形的面积是{:.2f}".format(s))
14  except NameError:
15       print("请输入正数数值")
```

本例知识点主要集中在第 8 章异常处理部分。程序运行结果如下，当我们输入数据错误时，系统会给出提示"请输入正数数值"。

```
>>>
请输入 a 边长: 8
请输入 b 边长: e4
请输入正数数值
>>>
```

在例 1-4 中，如果输入的数据（三角形的三条边长度）不符合构成三角形的条件时，需要做出处理。

例 **1-5**　用海伦公式计算三角形的面积，判断构成三角形的条件。

```
1   #ex0105.py
2   '''
3   输入三角形三条边，用海伦公式计算三角形的面积 s
4   在对三边进行异常处理的基础上，判断三条边是否符合三角形条件
5   '''
6   import math
7   try:
8       a=eval(input("请输入 a 边长: "))
9       b=eval(input("请输入 b 边长: "))
10      c=eval(input("请输入 c 边长: "))
11  except NameError:
12      print("请输入正数数值")
13  if a<0 or b<0 or c<0:
14      print("输入数据不可以为负数")
15  elif a+b<=c or a+c<=b or b+c<=a:
16       print("不符合两边之和大于第三边原则")
17  else:
18      p = (a + b + c) / 2
19      s = math.sqrt(p * (p - a) * (p - b) * (p - c))
20      print("三角形的面积是{:.2f}".format(s))
```

本例知识点主要集中在第 3 章和第 8 章。上面的代码用分支语句判断三条边构成三角形的条

件，其运行结果如下，分支语句将在第 4 章学习。

```
>>>
请输入 a 边长：1
请输入 b 边长：2
请输入 c 边长：3
不符合两边之和大于第三边原则
>>>
```

例 1-6　给出用列表保存的一组数据，求数据的平均值。

```
1   #ex0106.py
2   lst=[89,5,-34,23.1]
3   total=sum(lst)
4   number=len(lst)
5   print("列表 lst 的平均值是",total/number)
```

例 1-7　给出用列表保存的一组成绩数据，统计不及格的人数和最高分。

```
1   #ex0107.py
2   lst=[89,45,23.1,98,33]
3   #notpass 为不及格人数，maxscore 为最高分
4   notpass =maxscore= 0
5   for item in lst:
6       if maxscore<item:
7           maxscore=item
8       if item<60:
9           notpass+=1
10  print("最高分是{}，不及数人数是{}".format(maxscore,notpass))
```

本例知识点主要集中在第 3 章和第 4 章，遍历列表实现数据统计。

例 1-8　用函数式统计列表中的不及格人数和最高分。

```
#ex0108.py
lst=[89,45,23.1,98,33]
maxscore=max(lst)                       #最高分
lst2=filter(lambda x:x<60,lst)          #不及格数据的序列
notpass=len(list(lst2))                 #不及格人数
print("最高分是{}，不及数人数是{}".format(maxscore,notpass))
```

例 1-9　文本文件中保存了一组用逗号分隔的成绩数据，统计不及格的人数和最高分。（文本文件是 file.txt，内容是 "89,45, 23.1,98,33,56,98"）

```
1   #ex0109.py
2   file=open("file.txt",'r')
3   s1=file.read()
4   file.close()
5   lst=s1.split(',')
6   lst2=[]
7   for item in lst:
8       lst2.append(eval(item))
9   #print(lst2)
10  #notpass 为不及格人数，maxscore 为最高分
11  notpass =maxscore= 0
12  for item in lst2:
13      if maxscore<item:
```

```
14          maxscore=item
15      if item<60:
16          notpass+=1
17  print("最高分是{}, 不及格人数是{}".format(maxscore,notpass))
```

本例知识点主要集中在第 7 章。代码第 2 行至第 4 行的功能是读取文件内容；第 5 行至第 8 行的功能是拆分字符串和解析字符串内容（转换为数字）；最后，完成数据统计功能。

1.5.3　Python 的帮助文档

我们在读程序的过程中，不可避免的会遇到一些问题，这些问题可以通过 Python 的帮助文档解决。Python 的帮助文档提供了语言及标准模块的详细参考信息，是学习和使用 Python 不可或缺的工作。

在 IDLE 环境下，选择[Help]/[Python Docs]命令或按 F1 键，可以启动 Python 文档，如图 1-17 所示。如果要查找一些数学函数的使用方法，可以按图 1-18 所示的步骤进行查找，也可以通过关键词查找。

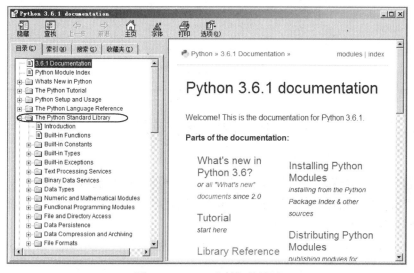

图 1-17　Python 文档初始界面

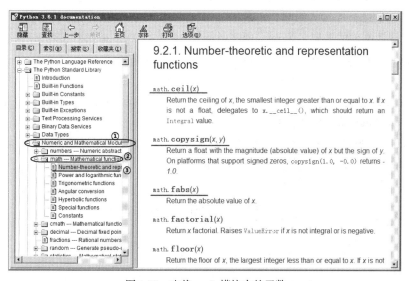

图 1-18　查找 math 模块中的函数

除使用 Python 内置的帮助文档外，菜鸟教程中的 Python 也给出了众多的帮助信息，适合初学者学习参考，如图 1-19 所示。

图 1-19　菜鸟教程首页

本 章 小 结

本章内容主要包括计算机语言的概念，机器语言、汇编语言、高级语言的区别。按照计算机程序的执行方式，高级语言可分为静态语言和脚本语言两类。静态语言采用编译执行的方式，脚本语言采用解释执行的方式。

目前是 Python 2.x 和 Python 3.x 两个版本并存，且两个版本之间不兼容。Python 的应用领域覆盖了 Web 开发、科学运算、系统运维、GUI 编程、数据库编程等诸多方面。

Python 安装包可以在 Python 的官网下载。Python 解释器内置的集成开发工具是 IDLE，PyCharm 是由 JetBrains 公司开发的一款专业级的 Python IDE，具有程序调试、语法高亮、智能提示等功能。

Python 代码源文件的扩展名为.py。程序运行时，首先由 Python 解释器将.py 文件中的源代码翻译成字节码，再由 Python 虚拟机逐条将字节码翻译成机器指令执行。

运行 Python 程序的方式有两种：交互方式和文件方式。交互方式是指 Python 解释器即时响应用户输入的程序代码。文件方式即编程方式，用户将 Python 程序写在程序文件中，然后启动 Python 解释器批量执行文件中的代码。

典型的程序设计模式是 IPO 模式，即程序包括输入（Input）、处理（Process）、输出（Output）3 部分，本章最后还介绍了一些程序的典型示例。

习 题 1

1. 选择题

（1）Python 语言属于以下哪种语言？（　　　　）

A.　机器语言　　　　　B.　汇编语言　　　　　C.　高级语言　　　　　D.　以上都不是

（2）下列不属于 Python 特性的是哪一项？（　　　　）

A.　简单、易学　　　　　　　　　　　B.　开源的、免费的

C.　属于低级语言　　　　　　　　　　D.　具有高可移植性

（3）下列计算机语言中，不属于解释型语言的是哪一项？（　　　　）

A.　Python　　　　　B.　JavaScript　　　　　C.　C++　　　　　D.　HTML

（4）下列哪方面的应用，不适合使用 Python 开发？（　　　　）

A.　科学运算　　　　　B.　系统运维　　　　　C.　网站设计　　　　　D.　数据库编程

（5）下列关于 Python 版本的说法中，正确的是哪一项？（　　　　）

A.　目前存在 Python 3.x 兼容 Python 2.x 版本的程序

B.　Python 2.x 版本需要升级到 Python 3.x 版本才能使用

C.　目前 Python 2.x 版本已经被淘汰

D.　Python 2.x 和 Python 3.x 是两个不兼容的版本

（6）Python 脚本文件的扩展名是哪一项？（　　　　）

A.　.pyc　　　　　B.　.py　　　　　C.　.pt　　　　　D.　.pyw

（7）Python 内置的集成开发环境是哪一项？（　　　　）

A.　PyCharm　　　　　B.　Pydev　　　　　C.　IDLE　　　　　D.　pip

2. 简答题

（1）简述 Python 程序的执行过程。

（2）请列举 IDLE 编程环境下 5 个快捷键的功能。

（3）简述程序的编译方式和解释方式的区别。

（4）简述程序设计的 IPO 模式的特点。

3. 编程题

（1）参考例 1-3，输入三角形的边长和高，计算并输出三角形的面积。

（2）参考例 1-6，在列表中给出若干字符串，计算并输出最长的字符串。

（3）查阅 Python 的帮助文档，在 "Numeric and Mathematical Modules" 模块中查找相关函数，试使用其中的代数函数计算一组数中的最大值和最小值。

第2章
Python 基础知识

用计算机语言书写的程序称为源程序，也叫源代码。书写程序要注意语句的格式、语法约束、保留字等。本章将介绍如何书写 Python 程序，Python 的数据类型、变量及运算符等。

2.1　程序的书写规范

在 Python 的编辑环境中，程序的书写规范主要体现在语句的格式、代码块与缩进、注释等方面。

2.1.1　Python 的语句

Python 通常是一行书写一条语句，如果一行内书写多条语句，语句间应使用分号分隔。建议每行只写一条语句，并且语句结束时不写分号。

如果一条语句过长，可能需要换行书写，这时可以在语句的外部加上一对圆括号来实现，也可以使用"\"（反斜杠）来实现分行书写功能。

与写在圆括号中的语句类似，写在[]、{}内的跨行语句被视为一行语句，不再需要使用圆括号换行。

例 2-1　Python 语句的分行书写。

```
str1 = ("当一条语句过长时，可能需要进行换行处理，这时可以\
在语句的外侧加上一对圆括号来实现。也可以使用反斜\
杠来分行书写。" )                                        #第1种写法，用\续行

str2 = ("当一条语句过长时，可能需要进行换行处理，这时可以"
        "在语句的外侧加上一对圆括号来实现。""也可以使用反"
        "斜杠来分行书写。" )                              #第2种写法

months = ['january','jebrary','march',"april",'may','june','july','august',
        'september','october','november','','december']   #写在[]内的代码
```

在上面的代码中，用单引号和双引号括起来的都是字符串，语句前后的空格是在 IDLE 环境中换行自动产生的，是可以删除的。

2.1.2　代码块与缩进

代码块也称复合语句，由多行代码组成，这些代码能完成相对复杂的功能，Python 中的代码块使用缩进来表示，缩进是指代码行前部预留若干空格。其他一些计算机语言，如 C 语言、Java 语言等都是使用大括号{ }表示代码块。

Python 语句行缩进的空格数在程序编辑环境中是可调整的，但要求同一个代码块的语句必须包含相同的缩进空格数。

看下面的表示程序分支执行的示例代码。

例 2-2　Python 语句的缩进和代码块。

```
#分支语句中代码块的缩进
score = 54
mypass = 60
if score>mypass:
    gpoint = 1+(score-mypass)/10
    print("学分绩点为",gpoint)
    print("通过考试")
else:
    print("学分绩点为 0")
    print("未通过考试")
```

在上面的代码中，if 语句后缩进的 3 行构成一个代码块，else 语句后缩进的 2 行也构成一个代码块。如果同一代码块中各语句前的空格数不一致，运行时将会报告出错信息。

关于代码的缩进，需要注意以下两点。

- Python 代码行缩进可以调整，建议读者使用 4 个空格宽度的行首缩进。
- 不同文本编辑器中的制表符（Tab 键）表示的空白宽度不一致，如果读者使用的代码要跨平台使用，建议不使用制表符。

2.1.3　注释

注释用于说明程序或语句的功能。Python 的注释分为单行注释和多行注释两种。单行注释以"#"开头，可以是独立的 1 行，也可以附在语句的后部。多行注释可以使用 3 个引号（英文的单引号或双引号均可）作为开始和结束的符号，这种注释实际上是跨行的字符串。

例 2-3　Python 的注释。

```
'''
使用 math 库中的 pi 常数，计算圆的面积和体积。
math 库是 Python 的内置数学函数库，需要导入后使用
上面是多行注释
'''
# 程序:用分支判断半径 r 的值(单行注释)
import math
r=-2
if r>0:
    area=math.pi*r*r    #附在语句后的单行注释
    print(area)
else:
    print("半径为负，请修改程序")
```

多行注释通常用来说明程序的功能、作者、完成时间、输入/输出等，单行注释一般用来解释代码行的功能。

2.2 标识符和关键字

标识符和关键字是计算机语言的基本语法元素，是编写程序的基础，不同计算机语言的标识符和关键字略有区别。下面进行详细介绍。

2.2.1 标识符

计算机中的数据，如一个变量、方法、对象等都需要有名称，以方便程序调用。这些用户定义的、由程序使用的符号就是**标识符**。用户可以根据程序设计的需要来定义标识符，规则如下。

- Python 的标识符可以由字母、数字和下画线"_"组成，且不能以数字开头。
- 标识符区分大小写，没有长度限制。
- 标识符不能使用计算机语言中预留的、有特殊作用的关键字。
- 标识符的命名尽量符合见名知义的原则，从而提高代码的可读性。例如，程序中的用户名使用 username 来表示，学生对象使用 student 来表示。

下面是 Python 中的合法标识符：

```
myVar、_Variable、姓名
```

下面是 Python 中的非法标识符：

```
2Var、vari#able、finally、stu@lnnu、my name
```

2.2.2 关键字

Python 语言保留某些单词用作特殊用途，这些单词被称为**关键字**，也叫保留字。用户定义的标识符（如变量名、方法名等）不能与关键字相同，否则编译时就会出现异常。Python 常用的关键字如表 2.1 所示。

表 2.1   Python 常用的关键字

and	as	assert	break	class	continue
def	del	elif	else	except	False
finally	for	from	global	if	import
in	is	lambda	nonlocal	not	or
None	pass	raise	return	True	try
while	with	yield			

在 Python 中，需要注意 True、False、None 的写法。如果用户需要查看关键字的信息，可以使用 help()命令进入帮助系统查看。

例 2-4 使用 Python 的帮助功能，显示提示信息。

```
>>> help()          #进入 Python 的帮助系统
help> keywords      #查看关键字列表
help> break         #查看 "break" 关键字说明
help> quit          #退出帮助系统
```

2.3　Python 的数据类型

计算机程序设计的目的是存储和处理数据，将数据分为合理的类型既可以方便数据处理，又可以提高数据的处理效率，节省存储空间。数据类型指明了数据的状态和行为。Python 的数据类型包括数值类型（Number）、字符串类型（Str）、列表类型（List）、元组类型等。其中，数值类型是 Python 的基本数据类型，包含整型（int）、浮点型（float）、复数类型（complex）和布尔类型（bool）4 种。

程序使用变量来临时保存数据，变量使用标识符来命名。

1．整数类型

整数类型简称整型，它与数学中整数的概念一致。整型数据的表示方式有 4 种，分别是十进制、二进制（以"OB"或"Ob"开头）、八进制（以数字"0o"或"0O"开头）和十六进制（以"Ox"或"OX"开头）。

Python 的整型数据理论上的取值范围是（$-\infty$，∞），实际的取值范围受限于运行 Python 程序的计算机内存大小。下面是一些整数类型的数据：

```
100, 21, 0O234, 0o67, 0B1011, 0b1101, 0x1FF, 0X1DF
```

Python 有多种数据类型，并且有些数据类型的表现形式相同或相近，使用 Python 的内置函数 type() 可以测试各种数据类型。

例 2-5　使用 type() 函数测试数据类型。

```
>>> x=0O234
>>> y=0B1011
>>> z=0X1DF
>>> print(x,y,z)
156 11 479
>>> type(x),type(y),type(z)
(<class 'int'>, <class 'int'>, <class 'int'>)
```

在上述代码中定义了 3 个变量，变量的内容将在 2.4 节中介绍。第 1 行代码中，变量 x 的值是一个八进制的整数；第 2 行代码中，变量 y 的值是一个二进制的整数；第 3 行代码中，变量 z 的值是一个十六进制的整数，它们都属于 int 类型。运行结果是输出了 x、y、z 这 3 个变量的十进制值，并显示了它们的数据类型。

2．浮点型

浮点型用于表示数学中的实数，是带有小数的数据类型。例如，3.14、10.0 都属于浮点型。浮点型可以用十进制或科学计数法表示。下面是用科学计数法表示的浮点型数据：

```
3.22e3, 0.24E6, 1.5E-3
```

E 或 e 表示基数是 10，后面的整数表示指数，指数的正负使用+号或者–号表示，其中，+可以省略。需要注意的是，Python 的浮点型占 8 个字节，能表示的数的精度范围是 2.2e–308～1.8e308。

3．复数类型

复数类型用于表示数学中的复数。例如，5+3j、–3.4–6.8j 都是复数类型。多数计算机语言没有复数类型，Python 中的复数类型有以下特点。

- 复数由实数部分 real 和虚数部分 imag 构成，表示为 real+imagj 或 real+imagJ。
- 实数部分 real 和虚数部分 imag 都是浮点型。

需要说明的是，一个复数必须有表示虚部的实数和 j，如 1j、–1j 都是复数，而 0.0 不是复数，并且表示虚部的实数部分即使是 1 也不可以省略。复数的示例代码如下，从运行结果可以看出，复数的实部和虚部都是浮点数。

例 2-6 复数类型测试。

```
>>> f1=3.3+2j
>>> print(f1)
(3.3+2j)
>>> type(f1)
<class 'complex'>
>>> f1.real
3.3
>>> f1.imag
2.0
```

4. 布尔类型

布尔类型可以看作是一种特殊的整型，布尔型数据只有两个取值：True 和 False。如果将布尔值进行数值运算，True 会被当作整型 1，False 会被当作整型 0。每一个 Python 对象都自动具有布尔值（True 或 False），进而可用于布尔测试（如用在 if 结构或 while 结构中）。

以下对象的布尔值都是 False，包括 None、False、整型 0、浮点型 0.0、复数 0.0+0.0j、空字符串" "、空列表[ ]、空元组( )、空字典{ }，这些数据的值可以用 Python 的内置函数 bool()来测试。

例 2-7 测试布尔类型。

```
>>> x1=0
>>> type(x1),bool(x1)
(<class 'int'>, False)
>>> x2=0.0
>>> type(x2),bool(x2)
(<class 'float'>, False)
>>> x3=0.0+0.0j
>>> type(x3),bool(x3)
(<class 'complex'>, False)
>>> x4=""
>>> type(x4),bool(x4)
(<class 'str'>, False)
>>> x5=[]              #列表类型
>>> type(x5),bool(x5)
(<class 'list'>, False)
>>> x6={}              #字典类型
>>> type(x6),bool(x6)
(<class 'dict'>, False)
```

5. 字符串类型

Python 的字符串是用单引号、双引号和三引号括起来的字符序列，用于描述信息。例如，"copyright"、"Python"、'beatiful'、'''beatiful'''等，字符串的运算和操作将在第 3 章介绍。

由于字符串应用频繁，有时我们也将字符串当作基本的数据类型。

6. 列表类型

Python 中的列表是一种序列类型，列表是一种数据集合。列表用中括号"［"和"］"来表示。列表内容以逗号进行分隔。例如，［1，2，3，4］、["one","two","Python","three"]、［3,4,5, "three"］等。

列表的运算和操作将在第 5 章介绍。

7. 元组类型

元组是由 0 个或多个元素组成的不可变序列类型。元组与列表的区别在于元组的元素不能修改。创建元组时，只要将元组的元素用小括号括起来，并使用逗号隔开即可。例如，('physics', 'chemistry', 1997, 2000)就是一个元组。

元组的运算和操作将在第 5 章介绍。

8. 字典类型

字典是 Python 中唯一内置的映射类型，可用来实现通过数据查找关联数据的功能。字典是键值对的无序集合。字典中的每一个元素都包含两部分：键和值，字典用大括号 "{" 和 "}" 来表示，每个元素的键和值用冒号分隔，元素之间用逗号分隔。例如，{'AU': 'Austaria', 'CN': 'China', 'KR': 'Korea'}，{'name': 'rose', 'age': 18, 'score': 75.2}

字典的运算和操作将在第 5 章介绍。

9. 集合类型

在 Python 中，集合是一组对象的集合，对象可以是各种类型。集合由各种类型的元素组成，但元素之间没有任何顺序，并且元素都不重复。例如，set([1,2,3,4])。

集合的运算和操作将在第 5 章介绍。

2.4　Python 的变量

变量是计算机内存的存储位置的表示，也叫内存变量，用于在程序中临时保存数据。变量用标识符来命名，变量名区分大小写。Python 定义变量的格式如下：

```
varName = value
```

其中，varName 是变量名，value 是变量的值，这个过程被称为变量赋值，"="被称为赋值运算符，即把 "=" 后面的值传递给前面的变量名。

关于变量，使用时需要注意以下问题。

- 计算机语言中的赋值是一个重要的概念。若 $x=8$，赋值运算的含义是将 8 赋予变量 x；若 $x=x+1$，赋值运算的含义是将 x 加 1 之后的值再赋予 x，x 的值是 9，这与数学中的等于（＝）含义是不同的。

- Python 中的变量具有类型的概念，变量的类型由所赋的值来决定。在 Python 中，只要定义了一个变量，并且该变量存储了数据，那么变量的数据类型就已经确定了，系统会自动识别变量的数据类型。例如，若 $x=8$，则 x 是整型数据；若 x="Hello"，则 x 是一个字符串类型。变量也可以是列表、元组或对象等类型。

如果希望查看变量的类型，可以使用函数 type(varName)来实现。

与变量对应，计算机语言中还有常量的概念，常量就是在程序运行期间，值不发生改变的量。实质上，常量是内存中用于保存固定值的单元，常量也有各种数据类型。例如，"Python"、3.14、100、True 等都是常量，其类型定义与 Python 的数据类型是相符的。

2.5　Python 的运算符

运算符是用于表示不同运算类型的符号，运算符可分为算术运算符、比较运算符、逻辑运算符、赋值运算符等，Python 的变量由运算符连接就构成了表达式。

2.5.1 算术运算符

算术运算可以完成数学中的加、减、乘、除四则运算。算术运算符包括+（加）、-（减）、×（乘）、/（除）、%（求余）、**（求幂）、//（整除）。其中，幂运算返回 a 的 b 次幂，例如，12**3 计算的是 12 的 3 次方；整除运算返回商的整数部分，例如，24//10 的结果是 2。

例 2-8 算术运算符的应用。

```
>>> x1 = 17
>>> x2 = 4
>>> result1=x1+x2     #21
>>> result2=x1-x2     #13
>>> result3=x1*x2     #68
>>> result4=x1/x2     #4.25
>>> result5=x1%x2     #1
>>> result6=x1**x2    #83521
>>> result7=x1//x2    #4
```

由算术运算符将数值类型的变量连接起来就构成了算术表达式，它的计算结果是一个数值。不同类型的数据进行运算时，这些数据的类型应当是兼容的，并遵循运算符的优先级规则。

2.5.2 比较运算符

比较运算是指两个数据之间的比较运算。比较运算符有 6 个：>（大于）、<（小于）、>=（大于等于）、<=（小于等于）、==（等于）和!=（不等于）。

比较运算符多用于数值型数据的比较，有时也用于字符串数据的比较，比较的结果是布尔值 True 或 False。用比较运算符连接的表达式称为关系表达式，一般在程序分支结构中使用。

例 2-9 比较运算符的应用。

```
>>> x='studnet'
>>> y="teacher"
>>> x>y
False
>>> len(x)==len(y)
True
>>> x!=y
True
>>> x+y==y+x
False
```

2.5.3 逻辑运算符

逻辑运算符包括 and、or、not，分别表示逻辑与、逻辑或、逻辑非，运算的结果是布尔值 True 或 False。其功能描述如表 2.2 所示，其中，x=12、y=0。

表 2.2   逻辑运算符

运算符	表达式	描 述	示 例
and	x and y	x、y 有一个为 False，逻辑表达式的值为 False	x and y，值为 0
or	x or y	x、y 有一个为 True，逻辑表达式的值为 True	x or y，值为 12
not	not x	x 值为 True，逻辑表达式的值为 False，x 值为 False，逻辑表达式的值为 True	not x，值为 False not y，值为 True

2.5.4 赋值运算符

赋值运算符用于计算表达式的值并送给变量。在 Python 中，赋值运算有以下 3 种情况：为单一变量赋值；为多个变量赋一个值；为多个变量赋多个值。赋值运算是将赋值号右边的值送给赋值号左边的变量，赋值表达式的运算方向是从右到左。例如，$x=x+1$ 就是一个合法的赋值运算，先计算 $x+1$ 的值，再送给赋值号左边 x，这和数学中的等式是完全不同的含义。

例 2-10 赋值运算符的应用。

```
>>> x=5          #为一个变量赋值，x 值为 5
>>> x=x+1        #进行赋值运算，x 值最后为 6
>>> x=y=z=5      #为多个变量赋一个值，x、y、z 均为 5
>>> x,y,z=3,4,5  #为多个变量赋多个值，x 值为 3，y 值为 4，z 值为 5
```

赋值运算符可以和算术运算符组合成复合赋值运算符，如+=、−=、*=等，这是一种缩写形式，在对变量改变的时候显得更为简单。表 2.3 列举了 Python 中的复合赋值运算符，其中，$x=5$、$y=3$。

表 2.3 　　　　　　　　　　　　　　复合赋值运算符

运　算　符	功　能　描　述	示　　　例
+=	加法赋值运算符	$x+=y$ 相当于 $x=x+y$，x 计算后的结果为 8
−=	减法赋值运算符	$x-=y$ 相当于 $x=x-y$，x 计算后的结果为 2
*=	乘法赋值运算符	$x *=y$ 相当于 $x=x*y$，x 计算后的结果为 15
/=	除法赋值运算符	$x/=y$ 相当于 $x=x/y$，x 计算后的结果为 1.666 666 7
%=	取余赋值运算符	$x \%=y$ 相当于 $x=x\%y$，x 计算后的结果为 2
**=	幂赋值运算符	$x**=y$ 相当于 $x=x**y$，x 计算后的结果为 125
//=	整除赋值运算符	$x//=y$ 相当于 $x=x//y$，x 计算后的结果为 1

2.5.5 位运算符

位运算符用于对整数中的位进行测试、置位或移位处理，对数据进行按位操作。Python 的位运算符有 6 个，即~（按位取反）、&（按位与）、|（按位或）、^（按位异或）、>>（按位右移）、<<（按位左移）。位运算符的运算规则如表 2.4 所示。其中，op1、op2 指的是参与运算的整型变量。

表 2.4 　　　　　　　　　　　　　位运算符的运算规则

运　算　符	用　　法	描　　述
~	~op1	按位取反
&	op1&op2	按位与
|	op1|op2	按位或
^	op1^op2	按位异或
>>	op1>> op2	右移 op2 位
<<	op1<< op2	左移 op2 位

例 2-11 位运算符的应用。

```
>>> op1=6
>>> op2=2
```

```
>>> ~op1          #等价于二进制 ~00000110=11111001, 输出-7
-7
>>> op1|op2       #等价于二进制 0110|0010=0110, 输出 6
6
>>> op1&op2       #等价于二进制 0110&0010=0010, 输出 2
2
>>> op1>>op2      #0110 右移 2 位为 11000, 输出 24
1
>>> op1<<op2      #0110 左移 2 位为 0001, 输出 1
24
```

需要说明的是, 进行位运算后得到的二进制值是补码的形式, 如果首位是 1, 表示这是个负数, 需要按照"按位取反, 末位加 1"的规则计算输出值。

2.6 运算符的优先级

表达式是变量和运算符按一定的语法形式组成的符号序列。表达式中的运算符是存在优先级的, 优先级是指在同一表达式中多个运算符被执行的次序。在计算表达式的值时, 应按运算符的优先级别由高到低的次序执行。如果一个运算对象两侧的运算符优先级相同, 则按规定的结合方向处理, 这被称为运算符的结合性。在 Python 中, !(非)、+(正)、-(负)以及赋值运算符的结合方向是"先右后左", 其余运算符的结合方向则是"先左后右"。

运算符的优先级如表 2.5 所示。在表达式中, 可以使用括号()显式地标明运算次序, 括号中的表达式首先被计算。

表 2.5　　　　　　　　　　　　　　　　运算符的优先级

优先次序	运 算 符	优先次序	运 算 符
1	**（指数）	8	|
2	~（按位取反） +（正数） -（负数）	9	< > <= >=
3	* / % //	10	== !=
4	+ -	11	= += -= *= /= %= //=
5	>>（右移） <<（左移）	12	not
6	&	13	and or
7	^		

例 2-12 运算符优先级的应用。

```
>>> x=10
>>> y=20
>>> m=3.0
>>> n=8.2
>>> b=x+y>x-y*-1 and m<n%3
>>> b
False
>>> b1=((x+y)>(x-y*(-1))) and m<(n%3)
>>> b1
False
>>> b2 = ((x+y)>(x-y*(-1))) and (m<(n%3))
```

```
>>> b2
False
```

可以看出，b1、b2 表达式的可读性比 b 表达式的可读性明显增强了。

本 章 小 结

本章除了介绍程序的书写规范、标识符与关键字、数据类型与变量等内容，还介绍了数值型数据，以及 Python 的运算符和运算符的优先级。

程序的书写规范，包括代码缩进、注释、语句续行、标识符及关键字等，这是 Python 程序最基础的内容。

重点介绍了 Python 的数值类型数据。Python 的运算符包括算术运算符、比较运算符、逻辑运算符、赋值运算符等，这些运算符在表达式中存在优先级的问题。

Python 不要求在使用变量之前声明其数据类型，但数据类型决定了数据的存储和操作方式。熟练掌握各种数据类型的操作，可以提高编程效率。

本章介绍的 type()函数可用于测试数据的类型，在后续章节的学习过程中我们还会经常用到该函数。

习 题 2

1. 选择题

（1）下列选项中，不是 Python 关键字的是哪一项？（　　）

　　A．pass　　　　　　B．from　　　　　　C．yield　　　　　　D．static

（2）下列选项中，可作为 Python 标识符的是哪一项？（　　）

　　A．getpath()　　　B．throw　　　　　C．my#var　　　　D．_My_price

（3）下列选项中，使用 bool()函数测试，值不是 False 的是哪一项？（　　）

　　A．0　　　　　　　B．[]　　　　　　　C．{}　　　　　　D．－1

（4）假设 x、y、z 的值都是 0，下列表达式中非法的是哪一项？（　　）

　　A．x=y=z=2　　　B．x,y=y,x　　　　C．x=(y==z+1)　　D．x=(y=z+1)

（5）下列关于字符串的定义中，错误的是哪一项？（　　）

　　A．'''hipython'''　　B．'hipython'　　　C．"hipython"　　　D．[hipython]

（6）下列数据类型中，Python 不支持的是哪一项？（　　）

　　A．char　　　　　　B．int　　　　　　C．float　　　　　D．list

（7）Python 语句 print(type(1/2))的输出结果是哪一项？（　　）

　　A．<class 'int'>　　　　　　　　　　B．<class 'number'>

　　C．<class 'float'>　　　　　　　　　 D．class <'double'>

（8）Python 语句 x = 'car';y = 2,print(x + y)的输出结果是哪一项？（　　）

　　A．语法错　　　　　B．2　　　　　　　C．'car2　　　　　D．catcar

2. **简答题**

（1）简述 Python 标识符的命名规则。

（2）整数的二进制、八进制、十六进制都用什么格式表示？将十进制数转换为二进制、八进制、十六进制的函数是什么？

（3）Python 常用的数值类型有哪几种？请举例说明。

3. **编程题**

（1）编写程序，根据输入的三科成绩值，计算平均值和总分。

（2）编写程序，根据输入的三角形的三条边长，输出三角形的面积。

第3章
Python 中的字符串

字符串是一种表示文本的数据类型。字符串的表示、解析和处理是 Python 的重要内容，也是 Python 编程的基础之一。本章将介绍如何使用索引和切片来访问字符串中的字符，如何设置字符串的显示格式、字符串的操作方法以及 Python 的输入/输出等内容。

3.1 字符串的表示

1. 字符串的定义

Python 中的字符串被定义为一个字符集合，它被引号所包围，引号可以是单引号、双引号或者三引号（即三个连续的单引号或者双引号）。

单引号和双引号包围的是单行字符串，二者的作用相同。三引号可以包围多行字符串。下面的代码分别是三种类型的字符串。

```
'college'  '12'  'true' 'st"ude"nt'        #单引号包围的字符串
"student"  "id"  "116000"  "st'ud'ent"     #双引号包围的字符串
'''                                        #三引号包围的字符串
单引号和双引号包围的是单行字符串
"二者的作用相同"
三引号包括的是多行字符串
'''
```

需要注意的是，三个引号能包围多行字符串，这种字符串常常出现在函数声明的下一行，用来注释函数的功能。这个注释被认为是函数的一个默认属性，可以通过"函数名.__doc__"的形式进行访问。关于函数的内容，我们将在第6章介绍。

2. 转义字符

转义字符用于表示一些在某些场合不能直接输入的特殊字符。例如，下面的代码：

```
'type('abc')'
```

在由单引号包围的字符串中再次使用了单引号，代码运行时将会报错。再如，代码中需要输入退格符、换行符、换页符等不可见字符，解决这个问题就要使用转义符。转义符由反斜杠（\）引导，与后面相邻的字符组成了新的含义。如\n 表示换行，\\表示输入反斜杠，\t 表示制表符。常用的转义符如表 3.1 所示。

表 3.1   常用的转义符

转 义 符	含 义 描 述	转 义 符	含 义 描 述
\（在行尾时）	Python 的续行符	\n	换行
\\	反斜杠符号	\t	横向制表符
\'	单引号	\r	回车
\"	双引号	\f	换页
\a	响铃	\ooo	八进制数表示的 ASCII 码对应字符
\b	退格（Backspace）	\xhh	十六进制表示的 ASCII 码对应字符
\0	空	\other	其他的字符以普通格式输出

例 3-1 字符串的转义符。

```
>>> x='\000\101\102'
>>> y='\000\x61\x63'
>>> x,y
('\x00AB', '\x00ac')
>>> print(x,y)          #运行结果的字符前有空格
  AB  ac
>>> print("Python\n 语言\t 程序\tDesign")
Python
语言   程序  Design
```

3.2 字符串的格式化

程序运行输出的结果很多时候以字符串的形式呈现，为了实现输出的灵活性和可编辑性，需要控制字符串的输出格式，即字符串类型的格式化。Python 支持两种字符串的格式化方法：一种是使用格式化操作符 "%"；另一种是采用专门的 str.format()方法。Python 的后续版本中不再改进使用%操作符的格式化方法，而是主要使用 format()方法实现字符串的格式化。

3.2.1 用%操作符格式化字符串

Python 的%操作符可用于格式化字符串，控制字符串的呈现格式。格式化字符串时，Python 使用一个字符串作为模板。模板中有格式符，这些格式符为显示值预留位置，并说明显示值应该呈现的格式。

Python 用一个元组（Tuple）将多个值传递给模板，元组中的每个值对应一个格式符，元组是用小括号括起来，并用逗号分割的若干数值。使用%操作符格式化字符串的模板格式如下：

```
%[(name)][flags][width].[precision]typecode
```

下面介绍字符串模板的参数和格式化控制符。

1. 字符串模板的参数

- name：可选参数，当需要格式化的值为字典类型时，用于指定字典的 key。
- flags：可选参数，可供选择的值如下。

- ◆ +：表示右对齐，正数前添加正号，负数前添加负号。
- ◆ −：表示左对齐，正数前无符号，负数前添加负号。
- ◆ 空格：表示右对齐，正数前添加空格，负数前添加负号。
- ◆ 0：表示右对齐，正数前无符号，负数前添加负号，并用 0 填充空白处。
- width：可选参数，指定格式字符串的占用宽度。
- precision：可选参数，指定数值型数据保留的小数位数。
- typecode：必选参数，指定格式控制符。

2. 格式控制符

格式控制符用于控制字符串模板中不同符号的显示，例如，可以显示为字符串、整数、浮点数等形式。常用的字符串格式化控制符如表 3.2 所示。

表 3.2　　　　　　　　　　　　　常用的字符串格式化控制符

符　　号	描　　述
%c	格式化字符及其 ASCII 码
%s	格式化字符串
%d	格式化整数
%f	格式化浮点数，可指定小数点后的精度
%e	用科学计数法格式化浮点数

例 3-2　用%操作符格式化字符串。

```
# 显示十进制数，将浮点数转换为十进制数
>>> "%d  %d"%(12,12.3)
'12  12'
# 设定十进制数的显示宽度
>>> "%6d  %6d"%(12,12.3)
'    12      12'
# 设定十进制数的显示宽度和对齐方式
>>> "%-6d"%(12)
'12    '
# 以浮点数方式显示
>>> "%f"%(100)
'100.000000'
# 以浮点数方式显示，并设置其宽度和小数位数
>>> "%6.2f"%(100)
'100.00'
# 以科学计数法表示
>>> "%e"%(100)
'1.000000e+02'
# 显示字符串和整数，并分别设置其宽度
>>> "%10s is %-3d years old"%("Rose",18)
'      Rose is 18  years old'
```

3.2.2　format()方法

从 Python 2.6 开始，就增加了一种格式化字符串的 str.format()方法，这种方法方便了用户对字符串进行格式化处理。

1. 模板字符串与 format()方法中参数的对应关系

str.format()方法中的 str 被称为模板字符串，其中包括多个由"{}"表示的占位符，这些占位符接收 format()方法中的参数。str 模板字符串与 format()方法中的参数的对应关系有以下 3 种情况。

- 位置参数匹配

在模板字符串中，如果占位符{}为空（没有表示顺序的序号），将会按照参数出现的先后次序进行匹配。如果占位符{}指定了参数的序号，则会按照序号替换对应参数。

- 使用键值对的关键字参数匹配

format()方法中的参数用键值对形式表示时，在模板字符串中用"键"来表示。

- 使用序列的索引作为参数匹配

如果 format()方法中的参数是列表或元组，可以用其索引（序号）来匹配。

例 3-3 模板字符串与 format()方法中的参数关系。

```
# 位置参数
>>> "{} is {} years old".format("Rose",18)
'Rose is 18 years old'
>>> "{0} is {1} years old".format("Rose",18)
'Rose is 18 years old'
>>> "Hi,{0}!{0} is {1} years old".format("Rose",18)
'Hi,Rose!Rose is 18 years old'

# 关键字参数
>>> "{name} was born in {year},He is {age} years old".format(name="Rose",age=
 18,year=2000)
'Rose was born in 2000,He is 18 years old'

# 下标参数
>>> student=["Rose",18]
>>> school=("Dalian","LNNU")
>>> "{1[0]} was born in {0[0]},She is {1[1]} years old".format(school,student)
'Rose was born in Dalian,She is 18 years old'
```

2. 模板字符串 str 的格式控制

下面详细说明模板字符串 str 的格式控制，其语法格式如下：

```
[[fill]align][sign][width][,][.precision][type]
```

模板字符串参数的含义如下。

- fill：可选参数，空白处填充的字符。
- align：可选参数，用于控制对齐方式，配合 width 参数使用，align 参数的取值如下。
  - ◆ <：内容左对齐。
  - ◆ >：内容右对齐（默认）。
  - ◆ ^：内容居中对齐。
- sign：可选参数，数字前的符号。
  - ◆ +：在正数数值前添加正号，在负数数值前添加负号。
  - ◆ -：在正号不变，在负数数值前添加负号。
  - ◆ 空格：在正数数值前添加空格，在负数数值前添加负号。
- width：可选参数，指定格式化后的字符串所占的宽度。
- 逗号（,）：可选参数，为数字添加千分位分隔符。

- precision：可选参数，指定小数位的精度。
- type：可选参数，指定格式化的类型。

整数常用的格式化类型包括以下几种：

b，将十进制整数自动转换成二进制表示，然后格式化；

c，将十进制整数自动转换为其对应的 Unicode 字符；

d，十进制整数；

o，将十进制整数自动转换成八进制表示，然后格式化；

x，将十进制整数自动转换成十六进制表示，然后格式化（小写 x）；

X，将十进制整数自动转换成十六进制表示，然后格式化（大写 X）。

浮点型常用的格式化类型包括以下几种：

e，转换为科学计数法（小写 e）表示，然后格式化；

E，转换为科学计数法（大写 E）表示，然后格式化；

f，转换为浮点型（默认保留小数点后 6 位）表示，然后格式化；

F，转换为浮点型（默认保留小数点后 6 位）表示，然后格式化；

%，输出浮点数的百分比形式。

例 3-4　使用 str.format()方法格式化字符串。

```
>>> print('{:*>8}'.format('3.14'))        # 宽度8位，右对齐
****3.14
>>> print('{:*<8}'.format('3.14'))        # 宽度8位，左对齐
3.14****
>>> print('{0:^8},{0:*^8}'.format('3.14'))   # 宽度8位，居中对齐
  3.14  ,**3.14**                         # 科学计数法表示
>>> print('{0:e}, {0:.2e}'.format(3.14159))
3.141590e+00, 3.14e+00
```

3.3　字符串的操作符

字符串由若干字符组成，为实现字符串的连接、子串的选择等，Python 提供了系列字符串的操作符，如表 3.3 所示。其中，a、b 是两个字符串，a="Hello"，b="Python"。

表 3.3　　　　　　　　　　　　　　　字符串的操作符

操 作 符	描　　　述	实　　例
+	连接字符串	a + b 的输出结果为 HelloPython
*	重复输出字符串	a*2 的输出结果为 HelloHello
[i]	切片操作。通过索引获取字符串中的字符，*i* 是字符的索引	a[1] 的输出结果为 e
[:]	切片操作。截取字符串中的一部分	a[1:4] 的输出结果为 ell
in	如果字符串中包含给定的字符，返回 True	'H' in a 的输出结果为 True
not in	如果字符串中不包含给定的字符，返回 True	'M' not in a 的输出结果为 True
r/R	原始字符串。原始字符用来替代转义符表示的特殊字符，在原字符串的第一个引号前加上字母 r（R），与普通字符串操作相同	print(r'\n') 等价于 print('\\n') 输出: \n

续表

操 作 符	描 述	实 例
b	返回二进制字符串。在原字符串的第一个引号前加上字母 b，可用于书写二进制文件，如 b"123"。	
%	格式化字符串操作符	

例 3-5 字符串操作符的应用。

```
>>> str1="Hi,Python!"
>>> str1*2     #str1 重复显示 2 次, str1 未发生改变
'Hi,Python!Hi,Python!'
>>> id(str1)     #测试 str1 在内存中的标识
54364264
>>> str1+="Hi,Java!"
>>> id(str1)     #str1 连接字符串后, id 发生改变
54338768
>>> str1
'Hi,Python!Hi,Java!'
# 字符串切片操作
>>> str1[3:9]
'Python'
>>> str1[-5:-1]#从后向前切片, 最后一个字符索引是-1
'Java'
>>> str1[:-6]     #从索引为-6 的字符到字符串首
'Hi,Python!Hi'
>>> "java" in str1
False
>>> "Java" in str1
True
```

3.4 字符串处理函数

我们在前面章节学习的 type()函数用于测试变量类型、id()函数用于测试变量的 id 值、format()函数用于格式化字符串, 这些都是 Python 的内置函数。Python 提供了很多用于操作字符串的内置函数, 部分函数如表 3.4～表 3.11 所示, 之后将通过具体的示例加以说明。

表 3.4 字符串的大小写转换函数

函 数 名	功 能 描 述
lower()	转换字符串中的大写字符为小写
upper()	转换字符串中的小写字符为大写
capitalize()	将字符串的第一个字符转换为大写
swapcase()	英文字符大小写互换

表 3.5 字符串的查找替换函数

函 数 名	功 能 描 述
find(str[,start[,end]])	检测 str 是否包含在字符串中, 如果指定范围 start 和 end, 则检查是否包含在指定范围内。如果包含, 返回 str 的索引值, 否则返回-1

续表

函　数　名	功　能　描　述
index(str[,start[,end]])	同 find()方法。当 str 不在字符串中时，报告异常
rfind(str[,start[,end]])	类似于 find()函数，从右侧开始查找，返回 str 最后一次出现的索引值
rindex(str[,start[,end]])	类似于 index()函数，从右侧开始查找，返回 str 最后一次出现的索引值
replace(old, new [, count])	将字符串中的 old 替换成 new，如果指定了 count，则替换不超过 count 次

表 3.6　　　　　　　　　　　　　　　　　字符串的判断函数

函　数　名	功　能　描　述
isalnum()	如果字符串至少包含有一个字符，并且所有字符都是字母或数字，返回 True；否则返回 False
isalpha()	如果字符串至少包含有一个字符，并且所有字符都是字母，返回 True；否则返回 False
isdigit()	如果字符串只包含数字，返回 True；否则返回 False
islower()	如果字符串中至少包含一个区分大小写的字符，并且所有这些（区分大小写的）字符都是小写，返回 True，否则返回 False
isnumeric()	如果字符串中只包含数字字符，返回 True；否则返回 False
isspace()	如果字符串中只包含空白，返回 True；否则返回 False
isupper()	如果字符串中至少包含一个区分大小写的字符，并且所有这些（区分大小写的）字符都是大写，返回 True；否则返回 False
isdecimal()	如果字符串只包含十进制字符，返回 True；否则返回 False

表 3.7　　　　　　　　　　　　　　　　　字符串头尾判断函数

函　数　名	功　能　描　述
startswith(str[,start[,end]])	检查字符串是否以 str 开头，如果是，返回 True，否则返回 False。如果指定了 start 和 end 值，则在指定范围内检查
endswith(str[,start[,end]])	检查字符串是否以 str 结束，如果是，返回 True，否则返回 False。如果指定了 start 和 end 值，则在指定范围内检查

表 3.8　　　　　　　　　　　　　　　　　字符串的计算函数

函　数　名	功　能　描　述
len(str)	返回字符串长度
max(str)	返回字符串中最大的字符
min(str)	返回字符串中最小的字符
count(str,[,start [,end]])	返回 str 在字符串中出现的次数，如果指定了 start 或者 end 值，则返回指定范围内 str 出现的次数

表 3.9　　　　　　　　　　　　　　　　　字符串的对齐函数

函　数　名	功　能　描　述
center(width, fillchar)	返回一个指定的宽度 width 居中的字符串，fillchar 为填充的字符，默认为空格
ljust(width[, fillchar])	返回一个左对齐的字符串，并使用 fillchar 填充至长度 width，fillchar 默认为空格
rjust(width,[, fillchar])	返回一个右对齐的字符串，并使用 fillchar 填充至长度 width，fillchar 默认为空格

表 3.10   字符串拆分合并函数

函 数 名	功 能 描 述
split(sep, num)	以 sep 为分隔符分隔字符串，如果 num 有指定值，则仅截取 num 个子字符串
join(seq)	以指定字符串作为分隔符，将 seq 中所有的元素合并为一个新的字符串

表 3.11   删除字符串中的空格函数

函 数 名	功 能 描 述
lstrip()	删除字符串左边的空格
rstrip()	删除字符串末尾的空格
strip([chars])	在字符串上执行 lstrip() 和 rstrip() 函数

1. 大小写转换函数

例 3-6 大小写转换函数的应用。

```
>>> str1="hi,Python"
>>> str1.lower()
'hi,python'
>>> str1.upper()
'HI,PYTHON'
>>> str1.capitalize()
'Hi,python'
>>> str1.swapcase()
'hI,pYTHON'
```

2. 查找和替换函数

例 3-7 查找和替换函数的应用。

```
>>> str1="hi,Python!hi,Java!"
>>> str1.find("hi")
0
>>> str1.rfind("hi")
10
>>> str1.index("a")
14
>>> str1.rindex("a")
16
>>> str1.replace("hi","Hello")
'Hello,Python!Hello,Java!'
```

3. 字符串判断函数

例 3-8 字符串判断函数的应用。

```
>>> "aabbcc$123".isalnum()        # 因为存在$，返回 False
False
>>> "hello9".isalpha()            # 因为存在 9，返回 False
False
>>> "123".isdigit()
True
>>> "１２３".isnumeric()            # 识别全角数字
True
>>> "12二".isnumeric()            # 识别汉字数字
True
```

```
>>> "12 二".isdigit()                # 不识别汉字是数字
False
>>> "ABc".isupper()
False
```

4. 字符串头尾判断函数

例 3-9　字符判断函数的应用。

```
>>> str1="hi,Python!hi,Java!"
>>> str1.startswith("hi")
True
>>> str1.endswith("Java!")
True
>>> str1.startswith("hi",3)        #从 str1 的第 3 个字符开始判断，不以"hi"开头
False
>>> str1.endswith("hi",3,12)       #判断 str1 的第 3～12 个字符，以"hi"结尾
True
```

5. 计算函数

例 3-10　计算函数的应用。

```
>>> str1="hi,Python!hi,Java!"
>>> len(str1)
18
>>> max(str1),min(str1)
('y', '!')
>>> str1.count("hi")
2
```

6. 字符串拆分与合并

例 3-11　字符串拆分与合并函数的应用。

```
>>> str1="hi,Python,hi,Java!"
>>> str1.split()                   #默认使用空格做分配符，str1 中无空格，列表中只有一个元素
['hi,Python,hi,Java!']
>>> str1.split(",")                #使用逗号做分配符，3 个逗号，分隔 3 次
['hi', 'Python', 'hi', 'Java!']
>>> str1.split(",",2)              #使用逗号做分配符，限制分隔 2 次
['hi', 'Python', 'hi,Java!']
>>> lst=['hi', 'Python!', 'hi','Java!']
>>> s=""
>>> s.join(lst)                    #将列表连接为字符串
'hiPython!hiJava!'
```

3.5　输入/输出语句

　　计算机程序都是用来解决特定的计算问题的，每个程序都有统一的运算模式：输入数据、处理数据和输出数据。这种朴素的运算模式构成了基本的程序编写方法：IPO(Input、Porcess、Output)。

　　输入（Input）是一个程序的开始。程序要处理的数据有多种来源，例如，从控制台交互式输入的数据，使用图形用户界面输入的数据，从文件或网络读取的数据输入，或者是由其他程序的运行结果中得到的数据等。输出（Output）是程序展示运算结果的方式。程序的输出方式包括控

制台输出、图形输出、文件或网络输出等。

下面主要介绍使用控制台的输入/输出,其他的输入/输出方式会在相关章节中逐一介绍。

3.5.1　输入语句

Python 的内置函数 input()用于取得用户的输入数据,其语法格式如下:

```
varname=input("promptMessage")
```

其中,varname 是 input()函数返回的字符串数据,promptMessage 是提示信息,其参数可以省略。当程序执行到 input()函数时,会暂停执行,等待用户输入,用户输入的全部数据均作为输入内容。需要注意的是,如果要得到整数或小数,可以使用 eval()函数得到表达式的值,也可以使用 int()或 float()函数进行转换。eval()函数会将字符串对象转化为有效的表达式,再参与求值运算,返回计算结果。

例 3-12　使用 input()函数输入数据。

```
>>> name=input("请输入姓名: ")
请输入姓名: Rose
#score1 为数值,需要参与数学计算,使用 eval()函数
>>> score1=eval(input("请输入科目 1 成绩: "))
请输入科目 1 成绩: 89
>>> score2=eval(input("请输入科目 2 成绩: "))
请输入科目 2 成绩: 60
>>> print("您的总成绩是: ",(score1+score2))
您的总成绩是: 149
```

3.5.2　输出语句

Python 3 中使用 print()函数可完成基本的输出操作。print()函数的基本格式如下:

```
print([obj1,…][,sep=' '][,end='\n'][,file=sys.stdout])
```

print()函数的所有参数均可省略,如果没有参数,print()函数将输出一个空行。根据 print()函数给出的参数,在实际应用中分为以下几种情况。

- 同时输出一个或多个对象,在输出多个对象时,对象之间默认用逗号分隔。
- 指定输出分隔符,使用 sep 参数指定特定符号作为输出对象的分隔符号。
- 指定输出结尾符号,默认以回车换行符作为输出结尾符号,可以用 end 参数指定输出结尾符号。
- 输出到文件,默认输出到显示器(标准输出),使用 file 参数可指定输出到特定文件。

例 3-13　print()函数的使用。

```
>>> x,y,z=100,200,300
>>> print(x,y,z)                    #print()函数中的多个参数用逗号分隔
100 200 300
>>> print(x,y,z,sep="##")           #设置 print()函数的输出分隔符为##
100##200##300
>>> print(x);print(y);print(z)      #3 个 print()语句,默认分行显示
100
200
```

```
300
# print()设置end参数，用空格分隔，不换行
>>> print(x,end="  ");print(y,end="  ");print(z)
100  200  300
```

本 章 小 结

　　Python 中的字符串是字符的集合，它被单引号、双引号或者三引号包围。转义字符可用于表示一些特殊字符。

　　既可以使用%操作符格式化字符串，又可以使用 str.format()方法格式化字符串，第 2 种方法更为常用。使用+、*、[]等运算符可以实现字符串的运算和切片操作。

　　字符串的函数包括大小写转换函数、查找和替换函数、字符串判断函数、计算函数、字符串拆分与合并函数等，必要时读者可查阅 Python 的帮助文档。

　　除了字符串操作的函数，本章还介绍了 input()函数和 print()函数。

　　Python 的内置函数 input()用于取得用户输入的数据，print()函数用于基本的输出操作。

习　题　3

1. 选择题

（1）下列关于字符串的表述中，不合法的是哪一项？（　　　）

　　A. '''python'''　　　　B. [python]　　　　C. "p'yth'on"　　　　D. 'py"th"on'

（2）下列代码的输出结果是哪一项？（　　　）

```
print("数量{1},单价{0}".format(23.4,34.2))
```

　　A. 数量 34.2，单价 23.4　　　　　　B. 数量，单价 34.2

　　C. 数量 34，单价 23　　　　　　　　D. 数量 23，单价 34

（3）下列代码的输出结果是哪一项？（　　　）

```
print('a'.rjust(10,"*"))
```

　　A. a*********　　　　　　　　　　　B. *********a

　　C. aaaaaaaaaa　　　　　　　　　　　D. a*(前有 9 个空格)

（4）下列代码的输出结果是哪一项？（　　　）

```
>>> str1="helloPython"
>>> min(str1)
```

　　A. y　　　　　　　　B. P　　　　　　　　C. e　　　　　　　　D. 运行异常

2. 简答题

（1）字符串有哪几种表示形式？

（2）format()方法的参数有哪些？

（3）字符串的合并与拆分是两种重要的运算，支持合并与拆分的函数是什么，请通过示例来验证。

3. 编程题

（1）编写程序，给出一个英文句子，统计单词个数。

（2）编写程序，给出一个字符串，将其中的字符"E"用空格替换后输出。

（3）从键盘交互式输入一个人的 18 位的身份证号，以类似于"2001 年 09 月 12 日"的形式输出该人的出生日期。

第4章
Python 程序的流程

程序是由若干语句组成的，其目的是实现一定的计算或处理功能。程序中的语句可以是单一的一条语句，也可以是一个语句块（复合语句）。编写程序要解决特定的问题，这些问题通过多种形式输入，程序运行并处理，形成结果并输出，所以，输入、处理、输出是程序的基本结构。在程序内部，存在逻辑判断与流程控制的问题。Python 的流程控制包括顺序、分支和循环 3 种结构。本章主要介绍 Python 程序的流程控制及其相关知识。

4.1　程序设计流程

计算机程序设计包括面向过程和面向对象两种方法。面向对象程序设计在细节实现上，也需要面向过程的内容。结构化程序设计是公认的面向过程的编程方法，按照自顶向下、逐步求精和模块化的原则进行程序的分析与设计。为提高程序设计的质量和效率、增强程序的可读性，可以使用程序流程图、PAD 图、N-S 图等作为辅助设计工具。

4.1.1　程序流程图

流程图是一种传统的、应用广泛的程序设计表示工具，也称程序框图。程序流程图表达直观、清晰，易于学习和掌握，独立于任何一种程序设计语言。

构成程序流程图的基本元素如图 4-1 所示。

（a）控制流　　　（b）处理流　　　（c）判断框　　　（d）起始/结束框

图 4-1　程序流程图的基本元素

4.1.2　结构化程序设计的基本流程

结构化程序设计大致包含 3 种基本流程：顺序结构、分支结构和循环结构，这 3 种结构的框架如图 4-2 所示。

顺序结构是 3 种结构中最简单的一种，即语句按照书写的顺序依次执行；分支结构又称选择结构，它根据计算所得的表达式的值来判断执行哪一个流程的分支；循环结构则是在一定条件下反复执行一段语句的流程结构。

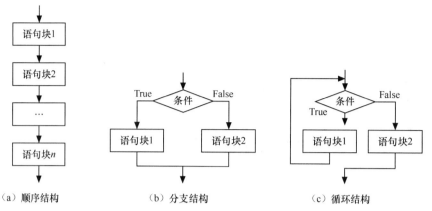

图 4-2 结构化程序设计的 3 种框架

无论是面向对象的计算机语言，还是面向过程的计算机语言，在局部的语句块内部，仍然需要使用流程控制语句来编写程序，完成相应的逻辑功能。Python 语言提供了实现分支结构的条件分支语句和实现循环结构的循环语句。

4.2　分　支　结　构

Python 使用 if 语句来实现分支结构。根据分支的条件，如果是一个条件，形成简单分支结构；如果是两个条件，形成选择分支结构；如果是多个条件，形成多重分支结构。分支语句中还可以包含分支结构，形成分支的嵌套结构。

1. 简单分支结构：if 语句

if 语句的语法格式如下：

```
if <boolCondition>:
    <statements>
```

其中，boolCondition 是一个逻辑表达式，用来选择程序的流程走向，在程序的实际执行过程中，如果表达式的值为 True，则执行 if 分支的语句块 statements；否则，绕过 if 分支，执行 if 语句块后面的其他语句。

2. 选择分支结构：if…else 语句

Python 使用 if…else 语句实现选择分支结构，其语法格式如下：

```
if <boolCondition>:
    <statements1>
else:
    <statements2>
```

在程序执行过程中，如果 boolCondition 的值为 True，则执行 if 分支的 statements1 语句块；否则执行 else 分支的 statements2 语句块。

例 4-1　分支语句的示例，分段函数计算，根据 x 的值，输出 y 的值。

```
1    #ex0401.py
2    import math
3    x = -37
4    if x<0:
```

```
5        y=math.fabs(x)
6    else:
7        y=math.sqrt(x)
8    print("计算的结果是: ",y)
```

其中，import math 语句用于导入 math 模块，然后调用其中的 fabs()函数和 sqrt()函数。

3. 多分支结构：if…elif…else 语句

多分支 if 结构是选择分支的扩展，程序根据条件判断执行相应的分支，但只执行第一个条件为 True 的语句块，即执行一个分支后，其余分支不再执行。如果所有条件均为 False，就执行 else 后面的语句块，else 分支是可选的。其语法格式如下：

```
if <boolCondition1>:
    <statements1>
elif <boolCondition2>:
    <statements2>
...
else:
    <statementsN>
```

例 4-2　多分支程序的示例，根据月份计算该月的天数（未考虑闰年的情况）。

```
1    #ex0402.py
2    month=eval(input("请输入您选择的月份:  "))
3    days = 0;
4
5    if (month ==1 or month == 3 or month == 5 or month == 7 or month == 8
6        or month == 10 or month == 12):
7        days = 31
8    elif(month == 4 or month == 6 or month == 9 or month == 11):
9        days = 30
10   else:
11       days=28
12   print("{}月份的天数为{}".format(month,days))
```

4. 分支的嵌套

分支的嵌套是指分支中还存在分支的情况，即 if 语句中还包含着 if 语句。

例如，一个计算购书款的程序。如果有会员卡，购书 5 本以上，书款按 7.5 折结算，5 本以下，按 8.5 折结算；如果没有会员卡，购书 5 本以上，书款按 8.5 折结算，5 本以下，按 9.5 折结算。

例 4-3　使用分支的嵌套计算购书款。

```
1    #ex0403.py
2    flag=1              # flag=1 表示有会员卡
3    books=8             # 购书数量
4    price=234           # 单价
5    actualpay=0
6
7    if flag==1:
8        if books>=5:
9            actualpay=price*0.75*books
10       else:
11           actualpay=price*0.85*books
12   else:
13       if books>=5:
```

```
14        actualpay=price*0.85*books
15    else:
16        actualpay=price*0.95*books
17
18  print("您的实际付款金额是: ",actualpay)
```

这个例子中，读者可以尝试输入不同的 flag、books、price 等变量内容，然后运行程序，查看各分支的运行情况，完成程序的调试运行。

4.3　循 环 结 构

循环结构是在一定条件下，反复执行某段程序的控制结构，反复执行的程序块称为循环体。循环结构是程序中非常重要的一种结构，它是由循环语句来实现的。Python 的循环共包括 for 循环和 while 循环两种。

4.3.1　遍历循环：for 语句

for 循环是 Python 语言中使用较广泛的一种循环，它是一种遍历循环，主要用于遍历一个序列，如一个列表或一个字典。

1. for 循环结构

for 循环的流程结构参见图 4-2（c），其语法格式如下：

```
for <var> in <seq>:
    <statements>
```

其中，var 是一个变量，seq 是一个序列。for 循环的执行次数是由序列中的元素个数决定的。可以理解为 for 循环从序列中逐一提取元素，放在循环变量中，对于序列中的每个元素执行一次语句块。序列可以是字符串、列表、文件或 range() 函数等。我们经常使用的遍历方式如下。

（1）有限次遍历

```
for i in range(n):  #n 为遍历次数
    <statements>
```

（2）遍历文件

```
for line in myfile: #myfile 为文件的引用
    <statements>
```

（3）遍历字符串

```
for ch in mystring: #mystring 为字符串的引用
    <statements>
```

（4）遍历列表

```
for item in mylist: #mylist 为列表的引用
    <statements>
```

2. range() 函数

range()函数是 Python 的内置函数，用于创建一个整数列表，一般用于 for 循环中。range()函数的语法格式如下：

```
range(start, stop[, step])
```

函数的参数说明如下。

- start：计数从 start 开始（默认是从 0 开始）。例如，range(5)等价于 range(0,5)。
- stop：计数到 stop 结束，但不包括 stop。例如，range(0,5)是[0,1,2,3,4]，不包括 5。
- step：步长（默认为 1）。例如，range(0,5)等价于 range(0,5,1)。

例 4-4　range()函数的应用。

```
>>>range(10)            # 从 0 开始到 10
[0, 1, 2, 3, 4, 5, 6, 7, 8, 9]
>>> range(1,11)        # 从 1 开始到 11
[1, 2, 3, 4, 5, 6, 7, 8, 9, 10]
>>> range(0,30,5)      #步长为 5
[0, 5, 10, 15, 20, 25]
>>> range(0,10,3)      #步长为 3
[0, 3, 6, 9]
>>> range(0,-10,-1)    # 负数
[0, -1, -2, -3, -4, -5, -6, -7, -8, -9]
```

3. for 循环示例

例 4-5　for 循环示例。计算 1～100 中能被 3 整除的数之和。

```
1    #ex0405.py
2    s=0
3    for i in range(100):
4        if i%3==0:
5            s+=i
6            print(i)
7    print(s)
```

例 4-6　for 循环示例。计算 1!+2!+…+5!。

```
1    #ex0406.py
2    '''计算 1! +2! +…+5!'''
3    def factorial(n):          #计算阶乘的函数
4        t = 1
5        for i in range(1,n+1):
6            t = t * i
7        return t
8    #计算阶乘和
9    k = 6
10   sum1 = 0
11   for i in range(1,k):
12       sum1 += factorial(i)
13   print("1! +2! +…+5!=",sum1)
```

4.3.2　条件循环：while 语句

程序有时需要根据初始条件进行循环，当条件不满足时，循环结束。这种循环结构可以用 while 语句实现。其语法格式如下：

```
while <boolCondition>:
    <statements>
```

其中，boolCondition 为逻辑表达式，statements 语句块是循环体。

while 语句的执行过程是先判断逻辑表达式的值，若为 True，则执行循环体，循环体执行完后再转向逻辑表达式并进行计算与判断；当计算出逻辑表达式的值为 False 时，跳过循环体，执行 while 语句后面的循环体外的语句。

例 4-7 while 循环示例。将一个列表中的元素进行头尾置换，即列表中第 1 个元素和倒数第 1 个元素交换，第 2 个元素和倒数第 2 个元素交换，依次进行，最后打印输出列表。

```
1    #ex0407.py
2    lst = [1,3,7,-23,34,0,23,2,9,7,79]
3
4    head = 0
5    tail = len(lst)- 1
6    while head <len(lst)/2 :
7        lst[head],lst[tail]=lst[tail],lst[head]        #头尾互换
8        head+=1    #调整头指针后移
9        tail-=1    #调整尾指针前移
10
11   for item in lst:
12       print(item,end="  ")
```

语句 lst[head],lst[tail]=lst[tail],lst[head]，也可以用下面的语句来替换：

```
temp = lst[head]
lst[head] = lst[tail]
lst[tail] = temp
```

由于这个程序的操作数据是个列表，循环执行的次数也可以用 for 循环来遍历。下面代码中的表达式 int(len(lst)/2)，是因为 range()函数的参数必须是整数，所以使用 int()函数进行了转换。

```
lst = [1,3,7,-23,34,0,23,2,9,7]
head = 0
tail = len(lst)- 1
for head in range(0,int(len(lst)/2)):
    lst[head],lst[tail]=lst[tail],lst[head]
    head+=1
    tail-=1

for item in lst:
    print(item,end="  ")
```

4.3.3 循环的嵌套

无论是 for 循环还是 while 循环，其中都可以再包含一个循环，从而构成了循环的嵌套。例 4-8 通过函数 factorial(n)计算阶乘，然后再计算阶乘之和，也可以使用二重循环来计算阶乘之和。

例 4-8 使用嵌套的 for 循环计算 $1!+2!+\cdots+n!$。

```
1    #ex0408.py
2    k=eval(input("请输入计算阶乘的数值:"))
3    sum1=0
4    for i in range(1,k+1):
5        t = 1
6        for j in range(1,i+1):
7            t *= j
```

```
8       sum1 += t
9    print(sum1)
```

for 循环和 while 循环有时也可以相互替代，下面使用 while 的嵌套循环计算阶乘之和。

例 4-9 使用嵌套的 while 循环计算 1!+2!+⋯+n!。

```
1    #ex0409.py
2    k=eval(input("请输入计算阶乘的数值: "))
3    sum1 = 0
4    i=1
5    while i<=k:
6        t=j=1
7        while j<=i:
8            t*=j
9            j+=1
10
11       sum1+=t
12       i+=1
13
14   print(sum1)
```

4.4 流程控制的其他语句

4.4.1 跳转语句

跳转语句可用来实现程序执行过程中流程的转移，主要包括 break 语句和 continue 语句。

1. break 语句

break 语句的作用是从循环体内部跳出，即结束循环。有时也称为断路语句，就是循环被中断，不再执行循环体。

例 4-10 break 语句示例。求 99 的最大真约数。

```
1    #ex0410.py
2    a=eval(input("请输入的数值: "))
3    i= a//2                         #等价于i=int(a/2)
4    while i>0:
5        if a%i==0: break
6        i-=1
7    print(a,"的最大真约数为: ",i)
```

一个数的最大真约数不会大于这个数的 1/2，所以，从输入数据的 1/2 开始测试。如果能整除，这个数就是最大真约数，程序中断；否则，减 1 后继续测试，直到程序执行完毕。

2. continue 语句

continue 语句必须用于循环结构中，它的作用是终止当前这一轮的循环，跳过本轮剩余的语句，直接进入下一轮循环。continue 语句有时也被称为短路语句，指的是只对本次循环短路，并不终止整个循环。

例 4-11 continue 语句示例。求输入数值中正数之和，负数忽略。

```
1    #ex0411.py
2    s=0
```

```
3    for i in range(6):
4        x=eval(input("请输入数值数据:    "))
5        if x<0:continue
6        s+=x
7
8    print("正数之和是: ",s)
```

4.4.2　pass 语句

pass 语句的含义是空语句，主要是为了保持程序结构的完整性而设计的。pass 语句一般用作占位语句，该语句不影响其后语句的执行。下面是使用 pass 语句的一个例子，程序运行结果如下。

例 4-12　pass 语句示例。打印列表中的奇数。

```
1    #ex0412.py
2    for i in [1,4,7,8,9]:
3        if i%2==0:
4            pass
5            print("pass 语句处将来可以添加偶数处理的代码")
6            continue
7        print("奇数",i)
```

程序运行结果如下。

```
>>>
奇数 1
pass 语句处将来可以添加偶数处理的代码
奇数 7
pass 语句处将来可以添加偶数处理的代码
奇数 9
```

如果程序省略了 pass 语句，运行结果没有任何变化。但使用 pass 语句，可以作为将来添加偶数处理的代码的占位符，提高了程序的可读性。

4.4.3　循环结构中的 else 语句

在除 Python 外的各种计算机语言中，else 语句主要用在分支结构中。在 Python 中，for 循环、while 循环、异常处理结构中都可以使用 else 语句。在循环中使用时，else 语句在循环正常结束后被执行，也就是说，如果有 break 语句，也会跳过 else 语句块。

例 4-13　在循环结构中使用 else 语句。

```
str1="Hi,Python"
for ch in str1:
    print(ch,end="")
else:
    print("字符串遍历结束")
```

程序运行结果如下。

```
>>>
Hi,Python 字符串遍历结束
```

else 语句用在二重循环中，有时有更好的作用，下面代码的功能是计算 50 以内的质数，内层循环用于判断一个数是否为质数，如果循环正常结束，表明该数为质数，向列表中添加这个元素。

否则在外层循环继续判断下一个数。

例 4-14　在二重循环中使用 else 语句。

```
1   #ex0414.py
2   num=[];
3   i=2
4   for i in range(2,100):
5       j=2
6       for j in range(2,i):
7           if(i%j==0):
8               break
9       else:
10          num.append(i)
11  print(num)
```

程序运行结果如下。

```
>>>
[2, 3, 5, 7, 11, 13, 17, 19, 23, 29, 31, 37, 41, 43, 47]
```

4.5　流程控制语句的应用

1. 使用蒙特卡罗方法计算圆周率

蒙特卡罗使用随机数和概率来解决问题。这个方法在数学、物理和化学等方面有着广泛的应用。

为了使用蒙特卡罗方法来计算圆周率 π，可绘制一个圆的外接正方形，如图 4-3 所示。假设圆的半径是 1，那么圆的面积是 π，外接正方形的面积是 4。任意产生正方形内的一个点，该点落在圆内的概率是：圆面积/正方形面积，即 π/4。

编写程序，在正方形内随机产生 10000 个点，落在圆内点的数量用 n 表示。因此，n 的值约为 $10000 \times \pi/4$。可以估算 π 的值约为 $4 \times n/10000$。判断点(x,y)落在圆内的公式是 $x^2+y^2 \leqslant 1$。产生随机数使用了 random 模块中的 random()函数。

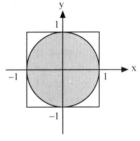

图 4-3　绘制圆及外接正方形

例 4-15　使用蒙特卡罗方法计算圆周率。

```
1   #ex0415.py
2   import random
3   NUMBER = 100000
4   n = 0
5   for i in range(NUMBER):
6       x = random.random() * 2 - 1
7       y = random.random() * 2 - 1
8       if ((x * x + y * y) <= 1):
9           n+=1
10  pi = 4.0 * n / NUMBER
11  print("使用蒙特卡罗方法计算圆周率的值是: ",pi)
```

程序运行结果如下。

```
>>>
```

使用蒙特卡罗方法计算圆周率的值是：3.14084

2. 使用循环控制输出格式

例4-16 使用*号输出金字塔形状。

在程序的第 i 行，每行打印（$2i-1$）个星号（*），在之前输出 $n-i$ 个空格，n 是用户申请打印的行数。程序运行结果如图4-4所示。

```
n=eval(input("请输入打印的行数: "))
for i in range(1,n+1):
    print(' '*(n-i)+'*'*(2*i-1))
```

例4-17 输出数字金字塔。

程序的外循环控制输出行数。内循环分为两个：第一个 while 循环从变量 x 开始，递减在同行内输出，直至输出 1 为止；第二个 while 循环从初始值 2 开始，递增在行内输出，直到输出变量 x。

两部分都输出后，执行 print()换行，输出下一行的内容。程序运行结果如图4-5所示。

图 4-4　程序运行结果

图 4-5　程序运行结果

```
1    #ex0417.py
2    n=eval(input("请输入打印的行数: "))
3    for x in range(1,n+1):
4        print(' '*(10-x),end="")
5        n=x
6        while n>=1:
7            print(n,sep="",end="")
8            n-=1
9
10       n=2
11       while n<=x:
12           print(n,sep="",end="")
13           n+=1
14       print()
```

本 章 小 结

本章主要介绍了 Python 的流程控制语句。

结构化程序设计使用程序流程图、PAD 图、N-S 图等作为设计工具，结构化程序设计包括顺序结构、分支结构和循环结构 3 种流程。

Python 使用 if 语句来实现分支结构，使用 for 语句和 while 语句实现循环结构。分支和循环都可以嵌套。

　　跳转语句包括 break 语句和 continue 语句，break 语句的作用是从循环体内部跳出，continue 语句必须用于循环结构中，它的作用是跳过当前循环，进入下一轮循环。pass 语句的含义是空语句，主要是为了保持程序结构的完整性而设计的。

　　本章的内容是编程的基础，读者需要通过不断地书写程序和阅读程序来提高自身的编码能力。

习　题　4

1. 选择题

（1）下列选项中，不属于 Python 循环结构的是哪一项？（　　　）

　　A. for 循环　　　　　B. while 循环　　　C. do…while 循环　　D. 嵌套的 while 循环

（2）以下代码段，运行结果正确的是哪一项？（　　　）

```
x=2
y=2.0
if x==y:print("Equal")
else:print("Not Equal")
```

　　A. Equal　　　　　B. Not Equal　　　C. 运行异常　　　D. 以上结果都不对

（3）以下代码段，运行结果正确的是哪一项？（　　　）

```
x=2
if x: print(True)
else:print(False)
```

　　A. True　　　　　B. False　　　　　C. 运行异常　　　D. 以上结果都不对

（4）关于下面代码的叙述，正确的是哪一项？（　　　）

```
x=0
while x<10:
    x+=1
    print(x)
    if x>3:
        break
```

　　A. 代码编译异常　　B. 输出：0 1 2　　C. 输出：1 2 3　　D. 输出：1 2 3 4

（5）以下代码段，运行结果正确的是哪一项？（　　　）

```
for i in range(4):
    if i==3:
        break
    print(i)
print(i)
```

　　A. 0123　　　　　B. 0122　　　　　C. 123　　　　　D. 234

（6）以下代码段，运行结果正确的是哪一项？（　　　）

```
a=17
b=6;
result=a%b if(a%b>4) else a/b
print(result)
```

A. 0   B. 1   C. 2   D. 5

（7）以下代码段，运行结果正确的是哪一项？（   ）

```
i = 3;
j = 0;
k=3.2;
if(i < k):
    if( i== j):
        print(i)
    else:
        print(j)
else:
    print(k)
```

A. 3   B. 0   C. 3.2   D. 以上结果都不对

（8）下列选项的功能是求两个数值 x、y 中的最大数，不正确的是哪一项？（   ）

A. result=x if x>y else y   B. result=max(x,y)

C. if x>y:result=x   D. if y>=x:result=y

         else:result=y   result=x

2. 简答题

（1）简述 pass 语句的作用。

（2）跳转语句 break 和 continue 的区别是什么？

（3）简述 for 循环和 while 循环的执行过程。

3. 编程题

（1）给定某一字符串 s，对其中的每一字符 c 进行大小写转换：如果 c 是大写字母，则将它转换成小写字母；如果 c 是小写字母，则将它转换成大写字母；如果 c 不是字母，则不进行转换。

（2）输入一个整数，将各位数字反转后输出。

（3）计算 $1^2-2^2+3^2-4^2+\cdots+97^2-98^2+99^2$。

（4）一个数如果恰好等于它的因子之和，这个数就称为"完数"。例如，6 的因子为 1、2、3，而 6=1+2+3，因此 6 就是"完数"。请编程找出 100 内的所有完数。

（5）输入两个正整数 m 和 n，求其最大公约数和最小公倍数。

提示：在循环中，只要除数不等于 0，用较大数除以较小的数，将小的一个数作为下一轮循环的大数，取得的余数作为下一轮循环的较小的数，如此循环直到较小的数的值为 0，返回较大的数，此数即为最大公约数。最小公倍数为两数之积除以最大公约数。

（6）输入一元二次方程的 3 个系数 a、b、c，求 $ax^2+bx+c=0$ 方程的根。

第5章
Python 的组合数据类型

除整数类型、浮点数类型等基本的数据类型外，Python 还提供了列表、元组、字典、集合等组合数据类型。组合数据类型能将不同类型的数据组织在一起，实现更复杂的数据表示或数据处理功能。

根据数据之间的关系，组合数据类型可以分为 3 类：序列类型、映射类型和集合类型。序列类型包括列表、元组和字符串 3 种；映射类型用键值对表示数据，典型的映射类型是字典；集合类型的数据中元素是无序的，集合中不允许有相同的元素存在。

5.1 序列类型

序列类型的元素之间存在先后关系，可以通过索引来访问。当需要访问序列中的某个元素时，只要找出其索引即可。

序列类型支持成员关系操作符（in）、分片运算符（[]），序列中的元素也可以是序列类型。

Python 中典型的序列类型包括字符串（str）、列表（list）和元组（tuple）。字符串可以看作是单一字符的有序组合，属于序列类型。由于字符串类型十分常用且单一字符串只能表达一个含义，也被看作是基本的数据类型。列表和元组我们将在下面进行介绍。无论哪种具体的数据类型，只要它是序列类型，都可以使用相同的索引体系，即正向递增序号和反向递减序号，通过索引可以非常容易地查找序列中的元素。序列类型元素的索引如图 5-1 所示。

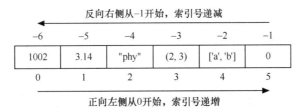

图 5-1　序列的正向索引和反向索引

序列类型的常用操作符和方法如表 5.1 所示，其中，s 和 t 是序列，x 是引用序列元素的变量，i、j 和 k 是序列的索引，这些操作符和方法是学习列表和元组的基础。

表 5.1　　　　　　　　　　　　　　　　　序列类型的常用操作符

操作符或方法	功 能 描 述
x in s	如果 x 是 s 的元素，返回 True，否则返回 False
x not in s	如果 x 不是 s 的元素，返回 True，否则返回 False

操作符或方法	功　能　描　述
s+t	返回 s 和 t 的连接
s*n	将序列 s 复制 n 次
s[i]	索引，返回序列 s 的第 i 项元素
s[i:j]	分片，返回包含序列 s 第 i 到第 j 项元素的子序列（不包含第 j 项元素）
s[i:j:k]	返回包含序列 s 第 i 到第 j 项元素中以 k 为步长的子序列
len(s)	返回序列 s 的元素个数（长度）
min(s)	返回序列 s 中的最小元素
max(s)	返回序列 s 中的最大元素
s.index(x[,i[,j]])	返回序列 s 中第 i 到第 j 项元素中第一次出现元素 x 的位置
s.count(x)	返回序列 s 中出现 x 的总次数

5.2　列　　表

列表是 Python 中最常用的序列类型，列表中的元素（又称数据项）不需要具有相同的类型。创建列表时，只要把逗号分隔的元素使用方括号括起来即可。列表是可变的，用户可在列表中任意增加元素或删除元素，还可对列表进行遍历、排序、反转等操作。

5.2.1　列表的基本操作

列表是一种序列类型，标记"[]"可以创建列表。使用序列的常用操作符可以完成列表的切片、检索、计数等基本操作。

例 5-1　列表的基本操作。

```
>>> lst1=[]              #创建空列表
>>> lst2=["python",12,2.71828,[0,0],12] #创建由不同类型元素组成的列表
>>> lst3=[21,10,55,100,2]

>>> "python" in lst2
True
>>> lst2[3]             #通过索引访问列表中的元素
[0, 0]
>>> lst2[1:4]           #通过切片访问列表中的元素
[12, 2.71828, [0, 0]]
>>> lst2[-4:-1]         #通过切片访问列表中的元素
[12, 2.71828, [0, 0]]

>>> len(lst2)           #计算列表的长度
5
>>> lst2.index(12)      #检索列表中的元素
1
>>> lst2.count(12)      #计算列表中出现元素的次数
2
>>> max(lst3)           #计算列表中的最大值
100
```

5.2.2　列表的方法

除了使用序列操作符操作列表，列表还有特有的方法，如表 5.2 所示，它们的主要功能是完成列表元素的增删改查，其中，ls、lst 分别为两个列表，x 是列表中的元素，i 和 j 是列表的索引。

表 5.2　　　　　　　　　　　　　序列类型的常用操作符和方法

操 作 符	功 能 描 述
ls[i]=x	将列表 ls 的第 i 项元素替换为 x
ls[i:j]=lst	用列表 lst 替换列表 ls 中第 i 到第 j 项元素（不含第 j 项）
ls[i:j:k]=lst	用列表 lst 替换列表 ls 中第 i 到第 j 项以 k 为步长的元素（不含第 j 项）
del ls[i:j]	删除列表 ls 第 i 到第 j 项元素
del ls[i:j:k]	删除列表 ls 第 i 到第 j 项以 k 为步长的元素
ls+=lst 或(ls.extend(lst)	将列表 lst 元素追加到列表 ls 中
ls*=n	更新列表 ls，其元素重复 n 次
ls.append(x)	在列表 ls 最后增加一个元素 x
ls.clear()	删除列表 ls 中的所有元素
ls.copy()	复制生成一个包括 ls 中所有元素的新列表
ls.insert(i,x)	在列表 ls 的第 i 位置增加元素 x
ls.pop(i)	返回列表 ls 中的第 i 项元素并删除该元素
ls.remove(x)	删除列表中出现的第一个 x 元素
ls.reverse(x)	反转列表 ls 中的元素
ls.sort()	排序列表 ls 中的元素

例 5-2　列表的常用方法。

```
# 初始化 3 个列表
>>> lst2=["python",12,2.71828,[0,0],12]
>>> lst3=[21,10,55,100,2]
>>> lst=['aaa','bbb']
# 替换列表元素
>>> lst2[2]=3.14
>>> lst2
['python', 12, 3.14, [0, 0], 12]
>>> lst2[0:3]=lst
>>> lst2
['aaa', 'bbb', [0, 0], 12]
# 追加（合并）列表
>>> lst2+=lst3
>>> lst2
['aaa', 'bbb', [0, 0], 12, 21, 10, 55, 100, 2]
>>> del lst2[:3]    # 删除 0，1，2 等 3 个列表元素
>>> lst2
[12, 21, 10, 55, 100, 2]
>>> lst2.append(99) #追加列表元素
>>> lst2
[12, 21, 10, 55, 100, 2, 99]
>>> lst4=lst2.copy()   # 复制列表
```

```
>>> lst4
[12, 21, 10, 55, 100, 2, 99]
>>> lst4.clear()           # 清除列表
>>> lst4
[]
>>> lst2.pop(6)            # 删除列表指定位置上的元素，并返回删除元素值
99
>>> lst2
[12, 21, 10, 55, 100, 2]
>>> id(lst2)
55026272
>>> lst2.reverse()         #翻转列表
>>> lst2
[2, 100, 55, 10, 21, 12]
>>> id(lst2)
55026272
>>> lst2.sort()            # 排序列表
>>> lst2
[2, 10, 12, 21, 55, 100]
>>> id(lst2)
55026272
```

5.2.3 遍历列表

遍历列表可以逐个处理列表中的元素，通常使用 for 循环和 while 循环来实现。例 5-3 遍历了列表中的所有元素，显示时以逗号分割。

例 5-3 用 for 循环遍历列表。

```
#ex0503.py
lst=['primary school','secondary school','high school','college']
for item in lst:
    print(item,end=",")
```

使用 while 循环遍历列表，需要先获取列表的长度，将获得的长度作为循环的条件。例 5-4 首先构造一个初始值为 2，步长为 3，终值为 21 的列表，即[2,5,8,11,14,17,20]，然后在 while 循环中遍历，将计算得到的新值添加到空列表 result 中。

例 5-4 用 while 循环遍历列表。

```
#ex0504.py
lst=list(range(2,21,3))
i=0
result=[]
while i<len(lst):
    result.append(lst[i]*lst[i])
    i+=1
print(result)
```

5.3 元   组

元组是包含 0 个或多个元素的不可变序列类型。元组生成后是固定的，其中任意元素都不能

被替换或删除。元组与列表的区别在于元组中的元素不能被修改。创建元组时，只要将元组的元素用小括号括起来，并使用逗号隔开即可。

5.3.1 元组的基本操作

元组通常使用标记"( )"创建。使用表 5.1 中序列类型的常用操作符，可以完成元组的基本操作。

例 **5-5** 元组的基本操作。

```
# 创建元组
tup1 = ('physics', 'chemistry', 1997, 2000)    #元组中包含不同类型的数据
tup2 = (1, 2, 3, 4, 5 )
tup3 = "a", "b", "c", "d"                        #声明元组的括号可以省略
tup4 = (50,)                                     #元组只有一个元素时，逗号不可省略
tup5=((1,2,3),(4,5),(6,7),9)
>>> type(tup3),type(tup4)                        #变量类型测试
(<class 'tuple'>, <class 'tuple'>)

>>> 1997 in tup1
True
>>> tup2+tup3                                    #元组连接
(1, 2, 3, 4, 5, 'a', 'b', 'c', 'd')
>>> tup1[1]                                      #使用索引访问元组中元素
'chemistry'
>>> len(tup1)
4
>>> max(tup3)
'd'
>>> tup1.index(2000)                             #检索元组中元素的位置
3
>>> help(tuple)                                  #显示元组的属性和方法
>>> tup3.index(2000)                             #检索的元素不存在，运行报异常
Traceback (most recent call last):
  File "<pyshell#130>", line 1, in <module>
    tup3.index(2000)
ValueError: tuple.index(x): x not in tuple
```

5.3.2 元组与列表的转换

元组与列表非常类似，只是元组中的元素值不能被修改。如果想要修改其元素值，可以将元组转换为列表，修改完后，再转换为元组。列表和元组相互转换的函数是 tuple(lst)和 list(tup)，其中的参数分别是被转换对象。

例 **5-6** 元组与列表相互转换。

```
>>> tup1 = (123, 'xyz', 'zara', 'abc')
>>> lst1=list(tup1)
>>> lst1.append(999)
>>> tup1=tuple(lst1)
>>> tup1
(123, 'xyz', 'zara', 'abc', 999)
```

5.4 字　　典

字典是 Python 中内置的映射类型。映射是通过键值查找一组数据值信息的过程，由 key-value 的键值对组成，通过 key 可以找到其映射的值 value。

字典可以看作是由键值对构成的列表。在搜索字典时，首先查找键，当查找到键后就可以直接获取该键对应的值。这是一种高效、实用的查找方法。这种数据结构之所以被命名为字典，是因为它的存储和检索过程与真正的字典类似。键类似于字典中的单词，根据字典的组织方式（例如，按字母顺序排列）找到单词（键）非常容易，找到键就能找到相关的值（定义）。但反向的搜索，使用值去搜索键则难以实现。

字典中的值并没有特殊的顺序，它们都存储在一个特定的键（key）里。键可以是数字、字符串以及元组等。此外，字典中的元素（键值对）是无序的。当添加键值对时，Python 会自动修改字典的排列顺序，以提高搜索效率，且这种排列方式对用户是隐藏的。

5.4.1　字典的基本操作

字典的基本操作包括创建字典、检索字典元素、添加与修改字典元素等。

1. 创建字典

字典可以用标记"{}"创建，字典中每个元素都包含键和值两部分，键和值用冒号分开，元素之间用逗号分隔。dict()是用于创建字典的函数，下面的示例给出了创建字典的代码。

例 5-7　创建字典。

```
>>> dict1={}
>>> dict2={"id":101,"name":"Rose","address":"Changjianroad","pcode":"116022"}
>>> dict3=dict(id=101,name="Rose",address="changjianroad",pcode="116022")
>>> dict4=dict([('id',101),('name','Rose'),('address','changjianroad'),
('pcode','116022')])
>>> dict2        #显示字典内容
{'id': 101, 'name': 'Rose', 'address': 'Changjianroad', 'pcode': '116022'}
```

第 1 行用于创建一个空的字典，该字典不包含任何元素，可以向字典中添加元素。

第 2 行是典型的创建字典的方法，是用"{}"括起来的键值对。

第 3 行使用 dict()函数，通过关键字参数创建字典。

第 4 行使用 dict()函数，通过键值对序列创建字典。

2. 检索字典元素

使用 in 运算符可以测试一个指定的键值是否存在于字典中。格式为：

```
key in dicts
```

其中，dicts 是字典名，key 是键名。如果需要通过键来查找值，可以使用表达式 dicts['key']，将返回 key 所对应的值。

例 5-8　检索字典元素。

```
#使用 in 运算符检索
>>> dict={"id":101,"name":"Rose","address":"Changjianroad","pcode":"116022"}
>>> "id" in dict
True
```

```
>>> "address" in dict
True
>>> "Rose" in dict
False
#使用关键字检索
>>> dict["id"]
101
>>> dict["pcode"]
'116022'
>>> t1=dict["id"],dict["pcode"]
>>> t1,type(t1)
((101, '116022'), <class 'tuple'>)
```

3. 添加与修改字典元素

字典的大小是动态的，用户可以随时向字典中添加新的键值对，或者修改键所关联的值。添加字典元素与修改字典元素的方法相同，都是使用 "dicts[key]=value" 的形式，如果字典中存在该键值对，则完成修改字典元素的值，否则实现的即是字典元素的添加功能。

例 5-9　添加与修改字典元素。

```
>>> dict1={"id":101,"name":"Rose","address":"Changjianroad"}
# 修改字典元素
>>> dict1["address"]="Huangheroad"
>>> dict1
{'id': 101, 'name': 'Rose', 'address': 'Huangheroad'}
# 添加字典元素
>>> dict1["email"]="python@learning.com"
>>> dict1
{'id':101,'name':'Rose','address':'Huangheroad','email':'python@learning.com'}
```

在上述代码中，字典 dict1 已经存在 "address" 键值对，所以语句 dict1["address"]="Huangheroad" 仅仅是修改元素值。字典 dict1 没有 "email" 键值对，所以语句 dict1["email"]=" python@learning.com " 是向字典中添加了一个元素的值。

5.4.2　字典的常用方法

Python 内置了一些字典的常用方法，如表 5.3 所示，其中，dicts 为字典名，key 为键，value 为值。

表 5.3　　　　　　　　　　　　　　字典类型的常用方法

方法或操作	功 能 描 述
dicts.keys()	返回所有的键信息
dicts.values()	返回所有的值信息
dicts.items()	返回所有的键值对
dicts.get(key, defualt)	键存在则返回相应值，否则返回默认值
dicts.pop(key, default)	键存在则返回相应值，同时删除键值对，否则返回默认值
dicts.popitem()	随机从字典中取出一个键值对，以元组(key, value)的形式返回
dicts.clear()	删除所有的键值对
del dicts[key]	删除字典中的某个键值对
key in dicts	如果键在字典中则返回 True，否则返回 False
dicts.copy()	复制字典
dicts.update(dicts2)	更新字典，参数 dict2 为更新的字典

下面通过一些示例介绍字典的常用方法。

1. keys()、values()和items()方法

通过 keys()、values()和 items()这 3 个方法可以分别返回字典的键的视图、值的视图和键值对的视图。视图对象与列表不同，它不支持索引，但可以迭代访问，通过遍历视图可以获得字典的信息。

例 5-10 字典的常用方法 keys()、values()和 items()。

```
>>> dicts={"id":101,"name":"Rose","address":"Changjianroad","pcode":"116022"}
#获得键的视图
>>> key1=dicts.keys():
>>> type(key1)
<class 'dict_keys'>
>>> key1=dicts.keys()
>>> for k in key1:
    print(k,end=",")
id,name,address,pcode,
#获得值的视图
>>> values1=dicts.values()
>>> type(values1)
<class 'dict_values'>
>>> for v in values1:
    print(v,end=",")
101,Rose,Changjianroad,116022,
#获得键值对的视图
>>> items=dicts.items()
>>> type(items)
<class 'dict_items'>
>>> for item in items:
    print(item,end=",")
('id', 101),('name', 'Rose'),('address', 'Changjianroad'),('pcode', '116022'),
```

2. get()、pop()、popitem()方法

通过 get()方法可以返回键对应的值。如果 key 不存在，返回空值。default 参数可以指定键不存在时的返回值。

通过 pop()方法可以从字典中删除键，并返回对应的值。如果 key 不存在，返回 default 值，如果未指定 default 参数，则代码运行时会产生异常。

通过 popitem()方法可以从字典中删除并返回键值对。字典为空时，会产生 keyerror 异常。

例 5-11 字典的常用方法 get()与 pop()。

```
>>> dicts={"id":101,"name":"Rose","address":"Changjianroad"}
# get()方法
>>> dicts.get("address")
'Changjianroad'
>>> dicts.get("pcode")
>>> dicts.get("pcode","116000")          #pcode 在字典中不存在，返回默认值
'116000'
>>> dicts
{'id': 101, 'name': 'Rose', 'address': 'Changjianroad'}
# pop()方法
>>> dicts.pop('name')
'Rose'
>>> dicts
```

```
{'id': 101, 'address': 'Changjianroad'}
>>> dicts.pop("email","u1@u2")          #email 在字典中不存在, 返回默认值
'u1@u2'
>>> dicts
{'id': 101, 'address': 'Changjianroad'}
>>> dicts={"id":101,"name":"Rose","address":"Changjianroad"}
#使用 popitem()函数逐一删除键值对
>>> dicts.popitem()
('address', 'Changjianroad')
>>> dicts.popitem()
('name', 'Rose')
>>> dicts.popitem()
('id', 101)
>>> dicts
{}
```

3. copy()和 update()方法

通过 copy()方法可以返回一个字典的复本, 但新产生的字典与原字典的 id 是不同的, 用户修改一个字典对象时, 不会对另一个字典对象产生影响。

通过 update()方法可以使用一个字典更新另一个字典, 如果两个字典有相同的键存在, 则键值对会进行覆盖。

例 5-12　字典的常用方法 copy()与 update()应用实例。

```
>>> dict1={"id":101,"name":"Rose","address":"Changjianroad"}
# copy()方法
>>> dict2=dict1.copy()
>>> id(dict1),id(dict2)
(62627152, 68030112)
>>> dict1 is dict2
False
>>> dict2["id"]=102
>>> dict2
{'id': 102, 'name': 'Rose', 'address': 'Changjianroad'}
>>> dict1
{'id': 101, 'name': 'Rose', 'address': 'Changjianroad'}
# update()方法
>>> dict3={"name":"John","email":"u1@u2"}
>>> dict1.update(dict3)
>>> dict1
{'id': 101, 'name': 'John', 'address': 'Changjianroad', 'email': 'u1@u2'}
```

5.5　集　　合

集合是 0 个或多个元素的无序组合。集合是可变的, 可以很容易地向集合中添加元素或移除集合中的元素。集合中的元素只能是整数、浮点数、字符串等基本的数据类型, 而且这些元素是无序的, 没有索引位置的概念。

集合中的任何元素都没有重复的, 这是集合的一个重要特点。集合与字典有一定的相似之处, 但集合只是一组 key 的集合, 这些 key 不可以重复, 集合中没有 value。

5.5.1　集合的基本操作

1. 创建集合

使用函数 set()可以创建一个集合。与列表、元组、字典等数据结构不同，创建集合没有快捷方式，必须使用 set()函数。set()函数最多有一个参数，如果没有参数，则会创建一个空集合。如果有一个参数，那么参数必须是可迭代的类型，例如，字符串或列表，可迭代对象的元素将生成集合的成员。

例 5-13　创建集合。

```
>>> aset= set("python")       # 字符串作为参数创建集合
>>> bset=set([1,2,3,5,2])     # 列表作为参数创建集合
>>> cset=set()                # 创建空集合
>>> aset,bset,cset
({'o', 'p', 't', 'y', 'h', 'n'}, {1, 2, 3, 5}, set())
```

从运行结果可以看出，集合的初始顺序和显示顺序是不同的，这表明集合中的元素是无序的。

2. 集合的常用操作

Python 提供了众多内置操作集合的方法，用于向集合中添加元素、删除元素或复制集合等，常用的方法如表 5.4 所示，其中，S、T 为集合，x 为集合中的元素。

表 5.4　　　　　　　　　　　　　集合类型的方法

方　　法	功　能　描　述
S.add(x)	添加元素。如果元素 x 不在集合 S 中，将 x 增加到 S
S.clear()	清除元素。移除 S 中的所有元素
S.copy()	复制集合。返回集合 S 的一个副本
S.pop()	随机集合 S 中的一个元素，并在集合中删除该元素。S 为空时产生 KeyError 异常
S.discard(x)	如果 x 在集合 S 中，移除该元素；x 不存在时，不报异常
S.remove(x)	如果 x 在集合 S 中，移除该元素；x 不存在时，会产生 KeyError 异常
S.isdisjoint(T)	判断集合中是否存在相同元素。如果集合 S 与 T 没有相同元素，则返回 True
len(S)	返回集合 S 的元素个数

例 5-14　集合操作的常用方法。

```
# 创建两个集合
>>> aset= set("python")
>>> bset=set([1,2,3,5,2])
>>> cset=bset.copy()
>>> aset,bset,cset
({'o', 'p', 't', 'y', 'h', 'n'}, {1, 2, 3, 5}, {1, 2, 3, 5})
# 向集合中添加元素
>>> bset.add("y")
>>> bset
{1, 2, 3, 5, 'y'}
>>> bset.pop()
1
>>> bset
{2, 3, 5, 'y'}
#判断集合中是否存在重复元素
```

```
>>> bset.isdisjoint(aset)
False
>>> len(aset)
6
>>> cset.clear()
>>> cset
set()
```

从运行结果可以看出，重复元素在 bset 中自动被过滤，另外，通过 add(x)方法可以添加元素到 set 中，可以重复添加，但重复的元素不会被加入。

除表中列出的方法外，使用 in 运算符判断集合中是否存在指定元素，从而可以实现集合的遍历。

例 5-15　集合的遍历。

```
>>> aset= set("python")
>>> for x in aset:
        print(x,end=" ")
o p t y h n
```

集合类型主要用于 3 个场景：成员关系测试、元素去重和删除数据项。因此，如果需要对一维数据进行去重或数据重复处理时，一般可以通过集合来完成。

5.5.2　集合运算

Python 中的集合与数学中集合的概念是一致的，因此，两个集合可以做数学意义上的交集、并集、差集计算等。集合的运算符或方法如表 5.5 所示。

表 5.5　　　　　　　　　　　　　　集合的运算符

方　　法	功　能　描　述
S&T 或 S.intersaction(T)	交集。返回一个新集合，包括同时在集合 S 和 T 中的元素
S|T 或 S.union(T)	并集。返回一个新集合，包括集合 S 和 T 中的所有元素
S-T 或 S.difference(T)	差集。返回一个新集合，包括在集合 S 中但不在集合 T 中的元素
S^T 或 s.symmetric_difference_update(T)	补集。返回一个新集合，包括集合 S 和 T 中的元素，但不包括同时在其中的元素
S<=T 或　S.issubset(T)	子集测试。如果 S 与 T 相同或 S 是 T 的子集，返回 True，否则返回 False。可以用 S<T 判断 S 是否是 T 的真子集
S>=T 或　S.issuperset(T)	超集测试。如果 S 与 T 相同或 S 是 T 的超集，返回 True，否则返回 False。可以用 S>T 判断 S 是否是 T 的真超集

例 5-16　集合的运算。

```
>>> aset=set([10,20,30])
>>> bset=set([20,30,40])
>>> set1=aset&bset        # 交集运算
>>> set2=aset|bset        # 并集运算
>>> set3=aset-bset        # 差集运算
>>> set4=aset^bset        # 补集运算
>>> set1
{20, 30}
>>> set2
{40, 10, 20, 30}
```

```
>>> set3
{10}
>>> set4
{40, 10}
>>> set1<aset                # 子集测试
True
>>> aset<set2                # 超集测试
False
```

5.6　组合数据类型的应用

1. 英文句子中的词频统计

词频统计需要考虑下列几个问题。

（1）英文单词的分隔符可以是空格、标点符号或者特殊符号，使用字符串的 replace()方法可以将标点符号替换为空格，以提高获取单词的准确性。

（2）用 split()函数可以拆分字符串，生成单词的列表。

（3）逐个读取列表中的单词，并重复下面的操作。

如果字典 map1 的 key 值中没有这个单词，向字典中添加元素，关键字是这个单词，值是 1，即 map1［word］=1；如果字典的 key 值中有这个单词，则该单词计数加 1，即 map1［word］+=1；

当列表中的单词全部读取完后，每个单词出现的次数会被放在字典 map1 中，map1 的 key 是单词，map1 的 value 是单词出现的次数。

（4）为了得到比较好的输出结果，将字典转换为列表后，排序输出。

例 5-17　统计英文句子中的单词出现的次数。

```
1   #ex0517.py
2   sentence='Beautiful is better than ugly.Explicit is better than implicit.\
3   Simple is better than complex.Complex is better than complicated.'
4   #将文本中涉及的标点用空格替换
5   for ch in ",.?!":
6       sentence=sentence.replace(ch," ")
7   #利用字典统计词频
8   words=sentence.split()
9   map1={}
10  for word in words:
11      if word in map1:
12          map1[word]+=1
13      else:
14          map1[word]=1
15  #对统计结果排序
16  items=list(map1.items())
17  items.sort(key=lambda x:x[1],reverse=True)
18  #打印控制
19  for item in items:
20      word,count=item
21      print("{:<12}{:>5}".format(word,count))
```

程序运行结果如下。

```
>>>
is            4
better        4
than          4
Beautiful     1
ugly          1
Explicit      1
implicit      1
Simple        1
complex       1
Complex       1
complicated   1
>>>
```

2. 二分查找

二分查找是一种效率比较高的查找方法。但二分查找要求原始数据是有序的，程序首先使用列表的 sort()方法对数据进行排序，然后再进行查找。二分查找的基本思想是将要查找的数值 find 与中间位置的数据进行比较，若相等，查找结束。否则，将 find 值与中间数据进行比较，如果小于中间数据，则继续在左边的数据区重复二分查找；如果大于中间数据，则继续在右边的数据区重复二分查找。二分查找需要比较的次数为 $\log_2 n$。

程序中通过一个标记 flag 能表示查找是否成功，如果成功，则跳出 while 循环。

例 5-18　使用二分法查找的 Python 程序。

```
1    #ex0518.py
2    list1 = [1,42,3,-7,8,9,-10,5]
3    #二分查找要求查找的序列是有序的，假设是升序列表
4    list1.sort()
5    print(list1)
6
7    find=eval(input("请输入要查看的数据： "))
8
9    low = 0
10   high = len(list1)-1
11   flag=False
12   while low <= high :
13       mid = int((low + high) / 2)
14
15       if list1[mid] == find :
16           flag=True
17           break
18       #左半边
19       elif list1[mid] > find :
20           high = mid -1
21       #右半边
22       else :
23           low = mid + 1
24
25   if flag==True:
26       print("您查找的数据{},是第{}个元素".format(find,mid+1))
27   else:
28       print("没有您要查找的数据")
```

本 章 小 结

本章主要介绍了列表、元组、字典和集合等组合数据类型。

列表和元组属于序列类型，本章重点讲解了序列操作的运算符和方法。根据不同组合数据类型的特点，还讲解了循环遍历、增删改查、排序等内容。注意，元组是无法修改的，其重点在于增删查操作。

字典是 Python 中内置的映射类型，由 key-value 的键值对组成，通过 key 可以找到其映射的值 value。本章重点讲解了字典元素的获取，包括键和值的获取，以及字典的增删改查、遍历。

通过对本章内容的学习，读者应当能应用这些数据结构解决一些复杂的问题。此外，读者应能够清楚地知道不同类型数据的结构特点，以便在后续的开发过程中选择合适的组合数据类型操作数据。

习 题 5

1. 选择题

（1）下列选项中，不属于字典操作的方法是哪一项？（　　　）

    A. dicts.keys()　　　　B. dicts.pop()　　　　C. dicts.values()　　　　D. dicts.items()

（2）Python 语句 print(type(['a','1',2,3])) 的输出结果是哪一项？（　　　）

    A. <class 'list'>　　　B. <class 'disc'>　　C. <class tuple'>　　　D. <class 'set'>

（3）Python 语句 print(type({'a','1',2,3})) 的输出结果是哪一项？（　　　）

    A. <class 'list'>　　　　B. <class 'disc'>　　　C. <class tuple'>　　　D. <class 'set'>

（4）Python 语句 temp=['a','1',2,3,None,]; print(len(temp)) 的输出结果是哪一项？（　　　）

    A. 3　　　　　　　　B.4　　　　　　　　C. 5　　　　　　　　D. 6

（5）Python 语句 temp=set([1,2,3,2,3,4,5]); print(len(temp)) 的输出结果是哪一项？（　　　）

    A. 7　　　　　　　　B. 1　　　　　　　　C. 4　　　　　　　　D. 5

（6）执行下面的操作后，lst 的值是多少？（　　　）

```
lst1=[3,4,5,6]
lst2=lst1
lst1[2]=100
print(lst2)
```

    A. [3, 4, 5, 6]　　　　C. [3, 4, 100, 6]　　　B. [3, 100, 5, 6]　　　D. [3, 4, 100,5 ,6]

（7）下列选项中，正确定义了一个字典的是哪个选项？（　　　）

    A. a=['a',1,b',2,'c',3]　　　　　　　　B. d=('a':1, 'b':2, 'c':3)

    C. {a:1, b:2, c:3}　　　　　　　　　　D. d={'a':1, 'b':2, 'c':3}

（8）下列选项中，不能使用索引运算的是哪一项？（　　　）

    A. 列表（list）　　B. 元组（tuple）　C. 集合（set）　　　D. 字符串（str）

（9）下列关于列表的说法中，错误的是哪一项？（　　　）

    A. list 是一个有序集合，可以添加或删除元素

　　B.　list 可以存放任意类型的元素

　　C.　使用 list 时，其下标可以是负数

　　D.　list 是不可变的数据结构

（10）Python 语句 s={'a',1,'b',2};print(s[b])的输出结果是哪一项？（　　　　）

　　A.　2　　　　　　　　B.　1　　　　　　　　C.　'b'　　　　　　　　D.　语法错误

2.　简答题

（1）列表、元组、字典都用什么标记或什么函数创建？

（2）列表和元组两种序列结构有什么区别？

（3）字典有什么特点？请列出任意 5 种字典的操作方法。

（4）遍历列表和元组有哪几种方法？

3.　编程题

（1）编写程序，随机生成由英文字符和数字组成的 4 位验证码。

（2）使用字典描述学生信息，包括 no（学号），name（姓名），score（成绩）等。使用列表存储学生的信息，并根据给定学生姓名查找学生的信息。

（3）使用 input 函数，输入若干单词，然后按字典顺序输出单词（既使某个单词出现多次，也只输出一次）。

（4）使用元组创建一个存储 Python 关键字的对象，并检测给定的单词是否是 Python 的关键字。

（5）编写程序，删除一个 list 中的重复元素。

第6章
用函数实现代码复用

在计算机语言中，函数是实现某一特定功能的语句集合。函数可以重复使用，提高了代码的可重用性；函数通常实现较为单一的功能，提高了程序的独立性；同一个函数，通过接收不同的参数，实现不同的功能，提高了程序的适应性。Python 提供了很多内置函数，用户也可以定义和使用自己的函数。本章主要介绍函数的定义、调用及参数传递，以及一些内置函数的应用。

6.1　函数的定义和调用

6.1.1　函数的定义

在 Python 中定义函数要使用 **def** 关键字，其语法格式如下：

```
def funcname(paras):
    statements
    return [expression]
```

关于函数定义说明如下。

- 函数定义以 def 关键字开头，后接函数名称和圆括号()。
- paras 是函数的参数，放在函数名后面的圆括号内，参数之间用逗号分隔。
- statements 是函数体，函数体的前部可以选择性地使用字符串，用于说明函数功能。
- 函数声明以冒号结束，函数体内需要缩进。
- return 语句用于结束函数，将返回值传递给调用语句。不带表达式的 return 返回 None 值。

需要说明的是，如果函数的参数是多个，默认情况下，函数调用时，传入的参数和函数定义时参数定义的顺序是一致的。

下面的代码定义了两个函数，第一个函数 hello()没有参数，也没有返回值；第二个函数 getarea()包含两个参数，在函数体内还包括了函数的说明信息。函数调用时，根据参数，可以计算两个参数 x、y 之积，也可以将字符串 x 重复 y 次后返回。

另外，执行 help(函数名)命令，将显示函数的说明信息。

例 **6-1**　函数的定义。

```
>>> def hello():
    print("Hello Python!")
>>> hello()
Hello Python!
```

```
>>> def getarea(x,y):
    '''
    参数为两个数值数据,或者一个字符串和一个整数。
    '''
    return x * y

>>> getarea(3.0,2.0)
6.0
>>> getarea("hello",2)
'hellohello'
>>> help(getarea)
Help on function getarea in module __main__:

getarea(x, y)
    参数为两个数值数据,或者一个字符串和一个整数。
```

6.1.2　函数的调用

例 6-1 已经调用（执行）了函数。函数通过函数名加上一组圆括号来调用，参数放在圆括号内，多个参数之间用逗号分隔。需要注意的是，Python 中的所有语句都是解释执行的，def 也是一条可执行语句，使用函数时，要求函数的调用必须在函数定义之后。

另外，在 Python 中，函数名也是一个变量，如果 return 语句没有返回值，则函数值为 None。

例 6-2　函数的调用和类型测试。

```
>> def getcirclearea(r):
    print("圆的面积是: {:>8.2f}".format(3.14*r*r))
    return

>>> getcirclearea(3)
圆的面积是:    28.26
>>> getcirclearea                     # 函数名变量在内存中的地址
<function getcirclearea at 0x03916CD8>
>>> type(getcirclearea)               # 返回 getcirclearea 的类型
<class 'function'>
>>> print(getcirclearea(3))           # return 语句无返回值时, 返回 None
圆的面积是:    28.26
None
```

6.1.3　函数的嵌套

函数的嵌套可以从嵌套定义和嵌套调用两方面理解，但通常情况下，嵌套是指函数的嵌套定义。

1. 函数的嵌套定义

函数的嵌套定义指的是在函数内部定义的函数，但内嵌的函数只能在该函数内部使用，闭包应用了函数的嵌套定义。闭包将在 6.3 节中介绍。

例 6-3　使用嵌套定义的函数求阶乘和。

```
>>> def sum(n):
    def fact(a):                      # 嵌套函数, 求阶乘
        t=1
        for i in range(1,a+1):
```

```
            t*=i
        return t
    s=0
    for i in range(1,n+1):
        s+=fact(i)    # 调用嵌套函数 fact()
    return s

>>> n=5
>>> print("{}以内的阶乘之和为{}".format(n,sum(n)))
5以内的阶乘之和为 153
```

2. 函数的嵌套调用

函数的嵌套调用是指在一个函数的内部调用其他函数的过程。嵌套调用是模块化程序设计的基础，合理划分不同的函数，有利于实现程序的模块化。

下面是模拟模块化程序设计的例子，main()函数中嵌套调用了 userinput()、userprocessing()、useroutput()等 3 个函数，在实际应用中，还会涉及参数如何传递的问题。

例 6-4 函数的嵌套调用，体现了模块化程序设计思想。

```
1   #ex0604.py
2   def main():
3       print("输入数据")
4       userinput()
5       print("处理数据")
6       userprocessing()
7       print("输出数据")
8       useroutput()
9
10  def userinput():
11      pass
12
13  def userprocessing():
14      pass
15
16  def useroutput():
17      pass
18
19  main()
```

6.2 函数的参数和返回值

6.2.1 函数的参数

在定义函数时，参数表中的参数称为形式参数，也称形参。调用函数时，参数表中提供的参数称为实际参数，也称实参。Python 中的变量保存的是对象的引用，调用函数的过程就是将实参传递给形参的过程。函数调用时，实参可分为位置参数和赋值参数两种情况。

1. 位置参数

函数调用时，默认情况下，实参将按照位置顺序传递给形参。例如，下面的代码：

```
def getvolume(r,h):
    print("圆的体积是: {:>8.2f}".format(3.14*r*r*h))
```

调用函数时，执行 getvolume(3,4) 命令，将按照 r=3、h=4 的对应关系来传递参数值，如果参数顺序发生改变，例如 getvolume(4,3)，则整个函数的逻辑含义就发生了变化。如果函数不同参数的数据类型不一样，改变实参的顺序，调用时可能还会发生语法错误。

2. 赋值参数

通常情况下，函数调用时，实参默认采用按照位置顺序的方式传递函数。如果参数很多，按位置传递参数的方式可读性较差。例如，计算总成绩的 getscore() 函数有 5 个参数，函数代码如下，其中的参数表示 5 科成绩，每科成绩在计算总分时的权重是不一样的。

```
getscore(pe,eng,math,phy,chem):
    pass
```

它的一次实际调用过程描述如下：

```
scores = getscore(93,89,78,89,72)
```

如果只看实际调用而不看函数定义，则很难理解这些参数的实际含义。在规模较大的程序中，函数定义可能在函数库中，也可能与调用函数相距甚远，因而可读性较差。

为了解决上述问题，Python 提供了按照形参名称输入实参的方式，这种参数称为赋值参数。针对上面的问题，程序如下。

例 6-5　使用赋值参数计算总分。

```
>>> def getscore(pe,eng,math,phy,chem):
    return pe*0.5+eng*1+math*1.2+phy*1+chem*1

>>> getscore(93,89,78,89,72)                      #按位置传递
390.1
>>> getscore(pe=93,math=78,chem=72,eng=89,phy=89)  #使用赋值参数
390.1
```

上述程序调用函数时指定了参数名称，参数之间的顺序可以任意调整，这样就提高了代码的可读性。

3. 参数值的类型

参数值的类型是指函数调用时，传递的实际参数是基本数据类型还是组合数据类型。参数类型不同，在函数调用后，参数值的变化也是不同的。

基本数据类型的变量在函数体外，是全局变量，作为实际参数时，是将常量或变量的值传递给形参，是一种值传递的过程，实参和形参是两个独立不相关的变量，因此，实参值一般是不会改变的。

例 6-6　基本数据类型作为实参进行参数传递。

```
>>> a=10                    #全局变量
>>> def func(num):
    num+=1
    print("形参的地址 {}".format(id(num)))
    print("形参的值 {}".format(num))
    a=1                     #局部变量，只在函数内部有效

>>> func(a)
```

```
形参的地址 1599690640
形参的值 11
>>> a,id(a)              #函数调用后，变量 a 的值不发生变化
(10, 1599690624)
```

例 6-6 是一种值传递。如果想在函数中修改实参 a 的值，需要使用关键字 global 声明，关于全局变量的内容，请参考本书的 6.4 节。

列表、元组、字典等组合数据类型的变量用作函数参数时，这些变量在函数体外，是全局变量。形参和实参之间传递的只是组合数据类型变量的地址（引用），如果在函数内部修改了参数的值，参数的地址是不发生改变的，这种修改将影响到外部的全局变量。

例 6-7 组合数据类型作为实参进行参数传递。

```
#计算序列中的奇数，保存到参数 ls1 中
>>> tup=(1,5,7,8,12,9)
>>> ls=[]
>>> def getodd(tup1,ls1):        #参数为组合数据类型
    for i in tup1:
        if i%2:
            ls1.append(i)
    return ls1

>>> getodd(tup,ls)              #函数调用前后，ls 的值发生了变化，但 id 值不变
[1, 5, 7, 9]
>>> print(ls)
[1, 5, 7, 9]
```

6.2.2 默认参数

定义函数时，可以给函数的形式参数设置默认值，这种参数被称为默认参数。当调用函数的时候，由于默认参数在定义时已被赋值了，所以可以直接忽略，而其他参数是必须要传入值的。

如果默认参数没有传入值，则直接使用默认值；如果默认参数传入了值，则使用传入的新值替代。

例 6-8 默认参数的应用。

```
1    #ex0608.py
2
3    def showmessage(name,age=18):
4        "打印任何传入的字符串"
5        print ("姓名: ",name)
6        print ("年龄: ",age)
7        return
8
9    #调用 showmessage 函数
10   showmessage(age=19,name="Kate" )
11   print ("------------------------")
12   showmessage(name="John")
```

程序运行结果如下。

```
>>>
姓名:  Kate
```

```
年龄：  19
------------------------
姓名：  John
年龄：  18
```

在例 6-8 中，第 3~7 行代码定义了带有两个参数的 showmessage()函数。其中，name 参数没有设置默认值，age 作为默认参数已经设置了默认值。在调用 showmessage()函数时，如果只传入name 的参数值，程序会使用 age 参数的默认值；在调用 showmessage()函数时，如果同时传入了name 和 age 两个参数的值，程序会使用传递给 age 参数的新值。

需要注意的是，带有默认值的参数一定要位于参数列表的最后面，否则程序运行时会报异常。

6.2.3　可变参数

在 Python 的函数中，可以定义可变参数。可变参数指的是在函数定义时，该函数可以接受任意个数的参数，参数的个数可能是 1 个或多个，也可能是 0 个。可变参数有两种形式，参数名称前加星号（*）或者加两个星号（**）。定义可变参数的函数语法格式如下：

```
def funname(formal_args,*args,**kwargs):
    statements
    return expression
```

在上面的函数定义中，formal_args 为定义的传统参数，代表一组参数，*args 和**kwargs 为可变参数。函数传入的参数个数会优先匹配 formal_args 参数的个数，*args 以元组的形式保存多余的参数，**kwargs 以字典的形式保存带有指定名称形式的参数，这种参数也称为关键字参数。

调用函数的时候，如果传入的参数个数和 formal_args 参数的个数相同，可变参数会返回空的元组或字典；如果传入参数的个数比 formal_args 参数的个数多，可以分为如下两种情况：

*   如果传入的参数没有指定名称，那么*args 会以元组的形式存放这些多余的参数；
*   如果传入的参数指定了名称，如 score=90，那么**kwargs 会以字典的形式存放这些被命名的参数。

为了更好地理解可变参数，下面通过例 6-9 和例 6-10 加以说明。

例 6-9　可变参数的应用。

```
1   #ex0609.py
2   def showmessage(name, *p_info):
3       print ("姓名: ",name)
4       for e in p_info:
5           print(e,end=",")
6       return
7
8   #调用 showmessage 函数
9   showmessage("Kate" )
10  print ("------------------------")
11  showmessage("Kate","male",18,"Dalian")
```

程序运行结果如下。

```
>>>
姓名：  Kate
------------------------
```

```
姓名：Kate
male 18 Dalian
```

在上述示例中，定义了 showmessage() 函数，其中，*P_info 为可变参数。调用 showmessage() 函数时，如果只传入 1 个参数，那么这个参数会从左向右匹配 name 参数。此时 *P_info 参数没有接收到数据，所以为一个空元组。

调用 showmessage() 函数时，如果传入多个参数（参数个数多于传统参数的个数，本例中是大于 1），从运行结果可以看出多余的参数组成了一个元组，在程序中遍历了这个元组，显示出更多的信息。

下面继续完善这个例子，这里会使用另一个可变参数——关键字参数。

例 6-10 关键字参数的应用。

```
1   #ex0610.py
2   def showmessage(name,*p_info,**scores):
3     print ("姓名：",name)
4     for e in p_info:
5       print(e,end=" ")
6     for item in scores.items():
7       print(item,end=" ")
8     print()
9     return
10
11  #调用 showmessage 函数
12  showmessage("Kate","male",18,"Dalian");
13  print("-----------------------------")
14  showmessage("Kate","male",18,"Dalian",math=86,pe=92,eng=88);
```

程序运行结果如下。

```
>>>
姓名：Kate
male 18 Dalian
-----------------------------
姓名：Kate
male 18 Dalian ('math', 86) ('pe', 92) ('eng', 88)
```

在上述示例中，**scores 在调用时指定参数名称的参数就是关键字参数，这种参数极大地扩展了函数的功能。例如，在 showmessage() 函数中，调用者必须要接收到 name 参数，如果调用者希望提供更多的参数，示例中是个人信息，通过 *p_info 参数以元组的形式接收，如果调用者希望提供指定科目的成绩，参数 **score 提供了可能，将成绩信息保存在字典中。程序执行时，遍历元组和字典，并可以根据需要操作数据。

6.2.4　函数的返回值

用户可以为函数指定返回值，返回值可以是任意数据类型，return [expression] 语句用于退出函数，将表达式值作为返回值传递给调用方。不带参数值的 return 语句返回 None。

例 6-11 return 关键字的应用。

```
>>> def compare( arg1, arg2 ):
      "比较两个参数的大小"
      result = arg1 >arg2
```

```
        return result      # 函数体内 result 值
# 调用 sum 函数
>>> btest= compare(10,9.99)
>>> print ("函数的返回值: ",btest)
函数的返回值:  True
```

例 6-12　统计字符串中含有'e'的单词。

```
 1  #ex0612.py
 2  def findwords(sentence):
 3      "统计参数中含有字符 e 的单词, 保存到列表中, 并返回"
 4      result=[]
 5      words=sentence.split()
 6      for word in words:
 7          if word.find("e")!=-1:
 8              result.append(word)
 9
10      return result
11
12  ss="Return the lowest index in S where substring sub is found,"
13  print(findwords(ss))
```

程序运行结果如下。

```
>>>
['Return', 'the', 'lowest', 'index', 'where']
```

函数 findwords()的参数是字符串，在函数体中定义了一个空列表 result，并对参数字符串进行拆分，生成的单词列表在变量 words 中。遍历这个列表，将其中包含字符 e 的单词添加到列表 result，并将列表 result 作为函数的返回值。

6.2.5　lambda 函数

lambda 函数是 Python 中的匿名函数，该函数实质上是一个 lambda 表达式，是不需要使用 def 关键字定义的函数，lambda 函数的语法格式如下：

```
lambda parameters:expression
```

其中，parameters 是可选的参数表，通常是用逗号分隔的变量或表达式，即位置参数。expression 是函数表达式，该表达式中不能包含分支或循环语句。expression 表达式的值将会作为 lambda 函数的返回值。

lambda 函数的应用场景是定义简单的、能在一行内表示的函数，返回一个函数类型。

Python 提供了很多函数式编程的特性，例如 map、reduce、filter、sorted 等函数都支持函数作为参数，lambda 函数也可以很方便地应用在函数式编程中。

例 6-13　应用 lambda 函数求圆柱体体积。

```
>>> import math
>>> area=lambda r:math.pi*r*r
>>> volume=lambda r,h:math.pi*r*r*h
>>> print("{:6.2f}".format(area(2)))
 12.57
>>> print(volume(2,5))
62.83185307179586
```

例 6-14　应用 lambda 函数，将列表中的元素按照绝对值大小进行升序排列。

```
>>> lst1 = [3,5,-4,-1,0,-2,-6]
>>> lst2 = sorted(lst1, key=lambda x: abs(x))
>>> type(lst2)
<class 'list'>
>>> lst2
[0, -1, -2, 3, -4, 5, -6]
```

当然，也可以写成下面的代码。

```
lst1 = [3,5,-4,-1,0,-2,-6]
def get_abs(x):
    return abs(x)
lst2=sorted(list1,key=get_abs)
>>> lst2
[0, -1, -2, 3, -4, 5, -6]
```

6.3　闭包和递归函数

6.3.1　闭包*

闭包（Closure）是一种重要的语法结构，Python 支持闭包这种结构。

如果一个内部函数引用了外部函数作用域中的变量，那么这个内部函数就被称为闭包。被引用的变量将和这个闭包函数一同存在，即使离开了创建它的外部函数也不例外。所以，闭包是由函数和与其相关的引用环境组合而成的实体。

在 Python 中创建一个闭包需要满足以下条件。

- 闭包函数必须有嵌套函数。
- 嵌套函数需要引用外部函数中的变量。
- 外部函数需要将嵌套函数名作为返回值返回。

例 6-15　闭包示例。

```
1    #ex0615.py
2    def greeting_conf(prefix):
3        def greeting(name):
4            print(prefix, name)
5        return greeting
6
7    mGreeting = greeting_conf("Good Morning")
8    mGreeting("Wilber")
9    mGreeting("Will")
10   print()
11   aGreeting = greeting_conf("Good Afternoon")
12   aGreeting("Wilber")
13   aGreeting("Will")
```

程序运行结果如下。

```
>>>
Good Morning Wilber
Good Morning Will
```

```
Good Afternoon Wilber
Good Afternoon Will
```

第 2 行至第 5 行代码定义了一个嵌套函数。其中，greeting_conf()函数是外部函数，greeting()函数是内部函数。greeting_conf()函数的参数 prefix 在其内部函数 greeting()中引用，最后将 greeting()函数的名称 greeting 作为外部函数的返回值。

greeting()函数的功能是，打印外部函数的 prefix 值和自身的参数 name。第 7 行的变量 mGreeting 指向 greeting_conf()函数，实际引用的是闭包函数 greeting()占用的内存空间。所以，语句 greeting_conf("Good Morning")实际上执行的是 greeting()函数。

从变量生命周期的角度来讲，在 greeting_conf()函数执行结束以后，变量（参数）prefix 已经被销毁了。greeting_conf()函数执行完后，因为返回值是内部函数 greeting()，会再次执行内部的 greeting()函数。由于 greeting()函数使用了 prefix 变量，所以程序应该出现运行时错误。然而，程序却能正常运行，这是为什么呢?究其原因，主要在于函数闭包会记得外层函数的作用域，在 greeting()函数（闭包）中引用了外部函数的 prefix 变量，所以程序是不会释放这个变量的。

6.3.2　递归函数

如果一个函数调用其他函数，会形成函数的嵌套调用；如果一个函数调用自身，则会形成函数的递归调用。

1. 递归的定义

递归是函数在其定义或声明中直接或间接调用自身的一种方法。递归的基本思想是：在求解一个问题时，将这个问题递退简化为规模较小的同一问题，并设法求得这个规模较小的问题的解，在此基础上再递进求解原来的问题。如果经递退简化的问题还难以求解，可以再次进行递退简化，直至将问题递退简化成一个容易求解的基本问题为止。在此基础上进行递进求解，直至求得原问题的解。

斐波那契数列是以数学家 Leonardo Fibonacci 的名字命名的，是为兔子繁殖数量的增长模型构造的数列。该数列递归定义如下：

$$fib(i) = \begin{cases} 0 & (i = 0) \\ 1 & (i = 1) \\ fib(i-2) + fib(i-1) & (i \geq 2) \end{cases}$$

该数列的前 8 项分别为：0，1，1，2，3，5，8，13。

递归的思想反映在程序设计中，就表现为"自己调用自己"的方法，含有递归方法的程序即为递归程序。递归特点如下：

- 一个递归的方法即为直接或间接地调用自身的方法；
- 任何一个递归方法都必须有一个递归出口。

在斐波那契数列中，最基本的情况是 fib(0) = 0 和 fib(1) = 1，当 i≥2 时，通过递归调用可以把问题分解为 fib(i) = fib(i−2)+fib(i−1)。

例 6-16　求斐波那契数列第 i 个元素的递归函数。

```
1    #ex0616.py
2    def fib(i):
3        if i==0:
4            return 0
```

```
 5        elif i==1:
 6            return 1
 7        else:
 8            return fib(i-1)+fib(i-2)
 9
10    print(fib(8))
```

2. 递归的调用过程

阶乘是递归经典的例子，其定义如下：

$$n!=n(n-1)(n-2)\cdots(1)$$

按照上面的定义，用迭代法给出 $n!$ 的程序实现。

例 6-17 阶乘的迭代实现。

```
 1    #ex0617.py
 2    def factorial(i):
 3        "求指定参数的阶乘"
 4        t=1
 5        for i in range(1,i+1):
 6            t*=i
 7        return t
 8
 9    print(factorial(6))        #720
```

如果用递归方式给出阶乘的定义，格式如下：

$$factorial(i) = \begin{cases} 1 & (i=0) \\ i(i-1) & (i \geqslant 1) \end{cases}$$

例 6-18 阶乘的递归实现。

```
 1    #ex0618.py
 2    def factorial(i):
 3        if i==0:
 4            return 1
 5        else:
 6            return i*factorial(i-1)
 7
 8    print(factorial(6))
```

6.4 变量的作用域

在函数的参数传递过程中，形参和实参都是变量。变量的作用域即变量起作用的范围，是 Python 程序设计中一个非常重要的问题。变量可以分为局部变量和全局变量，其作用域与变量是基本数据类型还是组合数据类型有关。下面介绍基本数据类型变量的作用域。

6.4.1 局部变量

局部变量指的是定义在函数内的变量，其作用范围是从函数定义开始，到函数执行结束。局部变量定义在函数内，只在函数内使用，它与函数外具有相同名称的变量没有任何关系。不同的函数，可以定义相同名字的局部变量，并且各个函数内的变量不会产生影响。

例 6-19 中定义了函数 func1()和 func2()，两个函数都分别定义了变量 x1、y1、z，这些变量都是局部变量，在各自的函数中互不影响。从下列程序可以看出，函数 func1()调用了函数 func2()，这并不影响变量之间的关系。

另外，函数的参数也是局部变量，其作用域是在函数执行期内。

例 6-19　局部变量的作用域。

```
>>> def func1(x,y):
    x1=x
    y1=y
    z=100
    print("in func1(),x1=",x1)
    print("in func1(),y1=",y1)
    print("in func1(),z=",z)
    func2()
    return

>>> def func2():
    x1=10
    y1=20
    z=0
    print("in func2(),x1=",x1)
    print("in func2(),y1=",y1)
    print("in func2(),z=",z)

>>> func1('a','b')
in func1(),x1= a
in func1(),y1= b
in func1(),z= 100
in func2(),x1= 10
in func2(),y1= 20
in func2(),z= 0
```

6.4.2　全局变量

局部变量只能在声明它的函数内部访问，而全局变量可以在整个程序范围内访问。全局变量是定义在函数外的变量，它拥有全局作用域。全局变量可作用于程序中的多个函数，但其在各函数内部只是可访问的、只读的，全局变量的使用是受限的。

1. 在函数中读取全局变量

例 6-20　函数外定义的全局变量在函数内读取。

```
1   #ex0620.py
2   basis=100                #全局变量
3   def func1(x,y):          #计算总分
4       sum=basis+x+y
5       return sum
6
7   def func2(x,y):          #按某规则计算平均分
8       avg=(basis+x*0.9+y*0.8)/3
9       return avg
10
11  score1=func1(75,62)
12  score2=func2(75,62)
```

```
13    print("{:6.2f},{:6.2f}".format(score1,score2))
14    print(basis)
15    print("----------------------")
```

程序运行结果如下。

```
>>>
237.00, 72.37
100
----------------------
```

2. 在函数中定义了与全局变量同名的变量

例 6-21　函数中如果定义了与全局变量同名的变量，其实质是局部变量。

```
1    #ex0621.py
2    basis=100                #全局变量
3    def func3(x,y):
4        basis=90             #该局部变量与全局变量同名，但与全局变量无关
5        sum=basis+x+y
6        return sum
7
8    print("{:6.2f}".format(func3(75,62)))
9    print(basis)             #全局变量的值仍为100
10   print("----------------------")
```

程序运行结果如下。

```
>>>
227.00
100
------------------------------------------------
```

3. 不允许在函数中先使用与全局变量同名的变量

例 6-22　函数中使用局部变量，导致程序异常。

```
1    #ex0622.py
2    basis=100                #全局变量
3    def func4(x,y):
4        print(basis)
5        basis=90
6        sum=basis+x+y
7        return sum
8
9    print(func4(78,62))
10   print(basis)
```

程序运行结果如下。

```
>>>
Traceback (most recent call last):
  File "D:/pythonfile36/ch5/program0522.py", line 9, in <module>
    print(func4(78,62))
  File "D:/pythonfile36/ch5/program0522.py", line 4, in func4
    print(basis)
UnboundLocalError: local variable 'basis' referenced before assignment
>>>
```

在 func4()函数中，语句 print(basis)报异常，原因在于函数中的 basis 变量是局部变量。

6.4.3　global 语句

全局变量不需要在函数内声明即可在函数内部读取。当在函数内部给变量赋值时，该变量将被 Python 视为局部变量，如果在函数中先访问全局变量，再在函数内定义与全局变量同名的局部变量的值，程序也会报异常。为了能在函数内部读/写全局变量，Python 提供了 global 语句，用于在函数内部声明全局变量。

例 6-23　global 语句的应用。

```
1   #ex0623.py
2   basis=100                #全局变量
3   def func4(x,y):
4       global basis         #声明basis是函数外的全局变量
5       print(basis)         #100
6       basis=90
7       sum=basis+x+y
8       return sum
9
10  print(func4(75,62))
11  print(basis)             #90
```

因为在函数内部使用了 global 语句进行声明，所以代码中使用到的 basis 都是全局变量。需要说明的是，虽然 Python 提供了 global 语句，使得在函数内部可以修改全局变量的值，但从软件工程的角度来说，这种方式降低了软件质量，使程序的调试、维护变得困难，因此不建议用户在函数中修改全局变量或函数参数中的可修改对象。

Python 中还增加了 nonlocal 关键字，用于声明全局变量，但其主要应用在一个嵌套的函数中修改嵌套作用域中的变量。这里不再赘述，读者可查阅相关文档。

6.5　Python 的内置函数

内置函数是可以自动加载、直接使用的函数，Python 提供了很多能实现各种功能的内置函数。下面分类介绍常见内置函数的使用。

6.5.1　数学运算函数

与数学运算相关的常用 Python 内置函数如表 6.1 所示。

表 6.1　　　　　　　　　　　　常用的数学运算函数

函　数　名	功　能　说　明	示　　例
abs()	返回参数的绝对值	abs(−2)、abs(3.77)
divmod()	返回两个数值的商和余数	divmod(10,3)
max()	返回可迭代对象的元素的最大值或者所有参数的最大值	max(−1,1,2,3,4)、max('abcef989')
min()	返回可迭代对象的元素的最小值或者所有参数的最小值	min(−1,12,3,4,5)
pow()	求两个参数的幂运算值	pow(2,3)、pow(2,3,5)
round()	返回浮点数的四舍五入值	round(1.456778)、round(1.45677,2)
sum()	对元素类型是数值的可迭代对象的每个元素求和	sum((1,2,3,4))、sum((1,2,3,4),−10)

需要特别注意的是，pow(2,3,5) 的含义是 pow(2,3)%5，结果为 3。另外，max()函数还有另外一种形式：max(-9.9,0,key=abs)，其中的第 3 个参数是运算规则，结果是取绝对值后再求最大值数据。

6.5.2　字符串运算函数

字符串作为一种最常用的数据类型，它提供了大小写转换、查找替换、拆分合并等函数，详见第 3 章。

6.5.3　转换函数

转换函数主要用于不同数据类型之间的转换，常见的内置转换函数如表 6.2 所示。

表 6.2　　　　　　　　　　常用的转换函数

函 数 名	功 能 说 明	示 例
bool()	根据传入的参数返回一个布尔值	bool('str')、bool(0)
int()	根据传入的参数返回一个整数	int(3)、int(3.6)
float()	根据传入的参数返回一个浮点数	float(3)、float('3.4')
complex()	根据传入参数返回一个复数	complex('1+2j')、complex(1,2)
str()	返回一个对象的字符串表现形式	str(123)、str('abc')
ord()	返回 Unicode 字符对应的整数	ord('a')
chr()	返回整数所对应的 Unicode 字符	chr(97)
bin()	将整数转换成二进制字符串	bin(3)
oct()	将整数转换成八进制数字符串	oct(10)
hex()	将整数转换成十六进制字符串	hex(15)

需要特别注意的是：int()不传入参数时，返回值 0；float()不传入参数时，返回 0.0；complex()的两个参数都不提供时，返回复数 0j。

6.5.4　序列操作函数

序列作为一种重要的数据结构，包括字符串、列表、元组等，表 6.3 中的函数主要针对列表、元组两种数据结构。

表 6.3　　　　　　　　　　常用的序列操作函数

函 数 名	功 能 说 明
all()	判断可迭代对象的每个元素是否都为 True 值
any()	判断可迭代对象的元素是否有为 True 值的元素
range()	产生一个序列，默认从 0 开始
map()	使用指定方法去操作传入的每个可迭代对象的元素，生成新的可迭代对象
filter()	使用指定方法过滤可迭代对象的元素
reduce()	使用指定方法累积可迭代对象的元素
zip()	聚合传入的每个迭代器中相同位置的元素，返回一个新的元组类型迭代器
sorted ()	对可迭代对象进行排序，返回一个新的列表
reversed()	反转序列生成新的可迭代对象

序列操作相对较复杂，下面分类介绍各种函数。

1. all()和 any()函数

all()函数一般针对组合数据类型。如果函数中每个元素都是 True，则返回 True；否则返回 False。需要注意的是，整数 0、空字符串、空列表等都被当作 False。any()函数与 all()函数相反，只要组合数据类型中任何一个元素是 True，则返回 True，全部元素都是 False 时，返回 False。

例 6-24　all()和 any()函数的应用。

```
>>> all([1,2])        #列表中每个元素逻辑值均为 True，返回 True
True
>>> all([0,1,2])      #列表中元素 0 的逻辑值为 False，返回 False
False
>>> all(())           #空元组
True
>>> all({})           #空字典
True
>>> any([0,1,2])      #列表元素有一个为 True，则返回 True
True
>>> any([0,0])        #列表元素全部为 False，则返回 False
False
>>> any([])           #空列表
False
```

2. range()函数

range() 函数用于创建一个整数列表，多用于 for 循环中，其语法格式如下：

```
range(start, stop[, step])
```

其中，start 表示计数开始，默认值为 0，stop 表示计数结束（不包含 stop），step 表示步长，默认值为 1。

例 6-25　range()函数的应用。

```
>>> r1=range(10)          #从 0 开始到 9
>>> print(list(r1))
[0, 1, 2, 3, 4, 5, 6, 7, 8, 9]
>>> r2=range(1, 11)       #从 1 开始到 10
>>> print(list(r2))
[1, 2, 3, 4, 5, 6, 7, 8, 9, 10]
>>> r3=range(0, 10, 3)    # 步长为 3
>>> print(list(r3))
[0, 3, 6, 9]
>>> r4=range(0, -10, -1)  # 步长为负数
>>> print(list(r4))
[0, -1, -2, -3, -4, -5, -6, -7, -8, -9]
>>> type(r4)              # range 类型
<class 'range'>
>>>
```

3. map()函数

map()函数用于将指定序列中的所有元素作为参数，通过指定函数，将结果构成一个新的序列返回。其语法形式如下：

```
map(function,iter1[,iter2,…])
```

map()函数的参数可以有多个序列，序列个数由映射函数 function 的参数个数决定。简单地说，就是根据指定映射函数对多个参数序列进行运算，从而形成新的序列。例 6-26 中 map()函数的返回值是迭代器对象 map，通过 list()函数可以将其转换为列表对象以方便显示。

例 6-26 map()函数的应用。

```
>>> m1=map(lambda x,y:x*y,[3,4,5],[4,5,6])
>>> type(m1)
<class 'map'>
>>> print(m1)
<map object at 0x03EAC690>
>>> print(list(m1))
[12, 20, 30]
```

在上述代码中，匿名函数 lambda x,y:x*y 作为 map()函数的第一个参数，因为 lambda 函数有两个参数，map()函数后接两个列表作为 lambda 函数的参数。

运算结果类型为 map，最后将其转换为列表打印显示。

在例 6-27 的代码中，map()函数的第一个参数是一个求阶乘的函数，第二个参数是一个元组。

例 6-27 map()函数的应用。

```
>>> def fact(n):
    t=1
    for i in range(1,n+1):
        t=t*i
    return t

>>> m2=map(fact,(3,4,5,6))
>>> print(list(m2))
[6, 24, 120, 720]
```

4. filter()函数

filter()函数会对指定序列执行过滤操作，其语法格式如下：

```
filter(function, iter)
```

其中，第一个参数 function 是用于过滤的函数名称，该函数只能接收一个参数，且该函数的返回值为布尔值；第二个参数是列表、元组或字符串等序列类型。

filter()函数的作用是将序列参数中的每个元素分别调用 function 函数，并返回执行结果为 True 的元素。

例 6-28 filter()函数的应用。

```
# filter()函数第一个参数是 lambda 函数，筛选奇数
>>> f1=filter(lambda x:x%2,[1,2,3,4,5])
>>> print(list(f1))
[1, 3, 5]
# filter()函数第一个参数是 vowel()函数，筛选含有元音字符的单词
>>> def vowel(word):
    if word.find('a')>=0 or word.find('e')>=0 or word.find('i')>=0\
        or word.find('o')>=0 or word.find('u')>=0:
            return word
>>> f2=filter(vowel,["python","php","java","c++","html"])
>>> print(list(f2))
['python', 'java']
```

5. reduce()函数

reduce()函数用于将指定序列中的所有元素作为参数，并按一定的规则调用指定函数，其语法格式如下：

```
reduce(function,iter)
```

其中，function 是映射函数，必须有两个参数。reduce()函数首先以序列 iter 的第 1 个和第 2 个元素为参数调用映射函数，然后将返回结果与序列的第 3 个元素为参数调用映射函数，依此类推，直至应用到序列的最后一个元素，才将计算结果作为 reduce()函数的返回结果。

需要说明的是，自 Python 3 以后，reduce()函数就不再是 Python 的内置函数了，用户需要从 functools 模块中导入后才能调用 reduce()函数。

例 6-29　reduce ()函数的应用。

```
>>> from functools import reduce
>>> r1=reduce(lambda x,y:x+y,(1,2,3,4,5))
>>> print(r1)
15
# reduced()函数的第 3 个参数设置初值 10000
>>> r2=reduce(lambda x,y:x+y,(1,2,3,4,5),10000)
>>> print(r2)
10015
# 基于整数列表生成整数数值
>>> r3=reduce(lambda x,y: x*10+y, [1,2,3,4,5])
>>> print(r3)
12345
```

6. zip()函数

zip()函数以一个或多个序列作为参数，将序列中的元素打包成多个元组，并返回由这些元组组成的列表，其语法格式如下：

```
zip(iter1[,iter2,…])
```

例 6-30　zip()函数的应用。

```
# 由一个列表生成的元组
>>> z1=zip([1,3,5])
>>> print(list(z1))
[(1,), (3,), (5,)]
# 由两个列表生成的元组，参数是列表
>>> z2=zip([1,3,5],[2,4,6])
>>> print(list(z2))
[(1, 2), (3, 4), (5, 6)]
# 由三个列表生成的元组，参数是元组
>>> z3=zip((1,3,5),(2,4,6),('a','b','c'))
>>> print(list(z3))
[(1, 2, 'a'), (3, 4, 'b'), (5, 6, 'c')]
# 由不同长度序列生成的元组，返回列表长度与最短列表相同
>>> z4=zip([1,3,5,7],[2,4,6],['a','b','c'])
>>> print(list(z4))
[(1, 2, 'a'), (3, 4, 'b'), (5, 6, 'c')]
>>> type(z1)
<class 'zip'>
```

7. reversed()函数和 sorted 函数

reversed()函数用于反转序列，生成新的可迭代对象；sorted()函数对可迭代对象进行排序，返回一个新的列表。

例 6-31　reversed ()函数的应用。

```
>>> r1=range(10)
>>> r2=reversed(r1)            # r2 是反转的可迭代对象
>>> type(r2)
<class 'range_iterator'>
>>> list(r2)
[9, 8, 7, 6, 5, 4, 3, 2, 1, 0]
```

sorted()函数接受 3 个参数，返回一个排序之后的 list。

第 1 个参数是接受一个可迭代的对象，第 2 个参数 reverse 是一个布尔值，选择是否反转排序结果，第 3 个参数 key 接受一个回调函数，这个回调函数只能有一个参数，将这个函数的返回值作为排序依据。

例 6-32　sorted()函数的应用。

```
>>> str1=['a','b','d','c','B','A']
# 默认按字符的 ASCII 码排序
>>> sorted(str1)
['A', 'B', 'a', 'b', 'c', 'd']
# 转换成小写字母后再排序
>>> sorted(str1,key=str.lower)
['a', 'A', 'b', 'B', 'c', 'd']
>>> sorted(str1,reverse=True,key=str.lower)
['d', 'c', 'b', 'B', 'a', 'A']
```

6.5.5　Python 操作相关函数

Python 操作相关函数包括 help()、dir()、id()、hash()等，用于查询对象或方法的信息。

1. help()函数

help()函数用于显示指定参数的帮助信息，其语法格式如下：

```
help(parameters)
```

如果参数是一个字符串，则会自动搜索以参数命名的模块、方法等；如果参数是一个对象，则会显示这个对象的类型的帮助信息。

例 6-33　help()函数的应用。

```
# 显示 reduce 方法的相关信息
>>> help(reduce)
Help on built-in function reduce in module _functools:

reduce(...)
    reduce(function, sequence[, initial]) -> value

    Apply a function of two arguments cumulatively to the items of a sequence,
    from left to right, so as to reduce the sequence to a single value.
    For example, reduce(lambda x, y: x+y, [1, 2, 3, 4, 5]) calculates
    (((((1+2)+3)+4)+5).  If initial is present, it is placed before the items
    of the sequence in the calculation, and serves as a default when the
```

```
   sequence is empty.
# 显示列表对象的相关信息
>>> help([])
Help on list object:

class list(object)
 |  list() -> new empty list
...
```

2. dir()函数

dir()函数返回对象或者当前作用域内的属性列表，其语法格式如下：

```
dir(parameters)
```

例 6-34　dir()函数的应用。

```
>>> dir(zip)
['__class__', '__delattr__', '__dir__', '__doc__', '__eq__', '__format__', '__ge__',
'__getattribute__', '__gt__', '__hash__', '__init__', '__init_subclass__', '__iter__',
'__le__', '__lt__', '__ne__', '__new__', '__next__', '__reduce__', '__reduce_ex__', '__
repr__', '__setattr__', '__sizeof__', '__str__', '__subclasshook__']
>>> import math
>>> dir(math)
['__doc__', '__loader__', '__name__', '__package__', '__spec__', 'acos', 'acosh',
'asin', 'asinh', 'atan', 'atan2', 'atanh', 'ceil', 'copysign', 'cos', 'cosh', 'degrees',
'e', 'erf', 'erfc', 'exp', 'expm1', 'fabs', 'factorial', 'floor', 'fmod', 'frexp',
'fsum', 'gamma', 'gcd', 'hypot', 'inf', 'isclose', 'isfinite', 'isinf', 'isnan', 'ldexp',
'lgamma', 'log', 'log10', 'log1p', 'log2', 'modf', 'nan', 'pi', 'pow', 'radians', 'sin',
'sinh', 'sqrt', 'tan', 'tanh', 'tau', 'trunc']
```

3. type()函数和 id()函数

type()函数用于返回对象的类型，可用来调试程序或查看对象信息。id()函数用于返回对象的唯一标识符。

例 6-35　type()函数和 id()函数的应用。

```
>>> lst1=[1,2,3]
>>> lst2=lst1
>>> lst3=lst1.copy()
>>> id(lst1),id(lst2),id(lst3)
(65755776, 65755776, 65755936)
>>> type([])
<class 'list'>
```

4. hash()函数

hash()函数用于获取对象的哈希值。

本 章 小 结

本章主要介绍了函数的定义、函数的调用、函数的参数，闭包与递归函数以及 Python 的内置函数等内容。

函数方便实用，可以很好地实现程序的模块化，使用 def 关键字即可定义函数。定义函数时，参数表中的参数称为形式参数（简称形参），形参可以进一步细分为位置参数、赋值参数、可变参数等。

一个函数调用自身叫作递归调用。如果一个内部函数引用了外部函数作用域的变量，则这个内部函数被称为闭包。

lambda 函数是 Python 中的匿名函数，该函数实质上是一个 lambda 表达式，不需要使用 def 关键字定义。

变量可分为局部变量和全局变量，其作用域与变量是基本数据类型还是组合数据类型有关。Python 提供的 global 语句，可用于在函数内部声明全局变量。

Python 还提供了实现各种功能的内置函数，如数学运算、字符串运算、转换函数、序列操作函数等。

请读者结合本书的示例深入领会函数的使用方法，掌握常用的内置函数。

习 题 6

1. 选择题

（1）可以用来创建 Python 自定义函数的关键字是哪一项？（　　　）

    A. function   B. def   C. class   D. return

（2）关于 Python 函数参数的描述中，错误的是哪一项？（　　　）

    A. Python 实行按值传递参数，值传递是指调用函数时将常量或变量的值传递给函数的参数

    B. 实参与形参分别存储在各自的内存空间中，是两个不相关的独立变量

    C. 在函数内部改变形参的值时，实参的值一般是不会改变的

    D. 实参与形参的名字必须相同

（3）下列哪一项不属于函数的参数类型？（　　　）

    A. 位置参数   B. 默认参数   C. 可变参数   D. 地址参数

（4）Python 语句 print(type(lambda:None)) 的运行结果是哪一项？（　　　）

    A. <class 'NoneType'>   B. <class 'function'>

    C. <class tuple'>   D. <class 'type'>

（5）Python 语句 f=lambda x,y:x*y; f(2,6) 的运行结果是哪一项？（　　　）

    A. 2   B. 6   C. 12   D. 8

（6）下列程序的运行结果是哪一项？（　　　）

```python
s="hello"
def setstr():
    s="hi"
    s+="world"
setstr()
print(s)
```

    A. hi   B. hello   C. hiworld   D. helloworld

（7）下列程序的运行结果是哪一项？（　　　）

```python
def fun1():
    '''Test Function'''
    pass
print(fun1.__doc__)
```

　　A．None　　　　　　B．pass　　　　　　C．Test Function　　D．False

（8）下列哪个函数不属于序列操作函数？（　　　）

　　A．map()　　　　　　B．reduce()　　　　C．filter()　　　　　D．lambda

2．简答题

（1）什么是嵌套函数？请举例说明。

（2）函数的可变参数有哪几种？各有什么特点？

（3）函数传递时，基本数据类型和组合数据类型做参数，有什么区别？请举例说明。

（4）在内置函数中，列出 5 种常用的数学运算函数和字符运算函数。

3．编程题

（1）编写函数 isodd(x)，若 x 不是整数，给出提示后退出程序；如果 x 为奇数，返回 True；如果 x 为偶数，返回 False。

（2）编写函数 change(str1)，其功能是对参数 str1 进行大小写转换，将大写字母转换成小写字母；小写字母转换成大写字母；非英文字符不转换。

（3）编写并测试函数 gcd(m, n)和 lcm(m, n)，其功能是求两个整数的最大公约数和最小公倍数。

（4）编写并测试函数 reverse(x)，请输入一个整数，并将各位数字反转后输出。

（5）用递归方法反转一个字符串，如"abcde"反转为"edcba"。

（6）编写程序求 $1^2 - 2^2 + 3^2 - 4^2 + \cdots + 97^2 - 98^2 + 99^2$。

第7章
用类实现抽象和封装[*]

Python 程序的交互执行方式适合运行一些基本的语句或函数。程序或函数是对语句的封装，可以批量地执行源代码，既增强了程序的抽象能力，又支持了代码复用。更高层次的抽象和封装则是面向对象的程序设计，不但可以封装代码，还可以封装操作的数据。

面向对象程序设计的核心是运用现实世界的概念，抽象地思考问题，从而自然地解决问题。面向对象的程序设计使得软件开发更加灵活，能更好地支持代码复用和设计复用，适用于大型软件的设计与开发。本章将介绍面向对象程序设计的基本特性，重点介绍类和对象的概念，以及类的封装、继承、多态等知识。

7.1 面向对象编程概述

7.1.1 面向对象编程的概念

1. 面向对象程序设计

面向对象（Object Oriented）是一种符合人类思维习惯的编程思想。客观世界中存在多种形态的事物，这些事物之间存在着各种各样的联系。在程序中使用对象来模拟现实中的事物，使用对象之间的关系来描述事物之间的联系，这种思想就是面向对象。

基于面向对象思想的程序设计方法被称为**面向对象的程序设计**（Object Oriented Programming）。对象是由数据和对数据的操作组成的封装体，它与客观实体有直接的对应关系。对象之间通过传递消息来模拟现实世界中不同事物之间的联系。

2. 与面向过程程序设计的比较

面向过程的程序设计方法也称结构化程序设计，强调分析解决问题所需要的步骤，然后用函数实现这些步骤，通过函数调用完成特定功能。面向过程的程序设计以算法为核心，在计算机内部用数据描述事物，程序则用于处理这些数据，程序执行过程中可能出现正确的程序模块使用错误的数据的情况。

面向对象把解决的问题按照一定规则划分为多个独立的对象，然后通过调用对象的方法来实现多个对象相互配合，完成应用程序功能，当应用程序功能发生改变时，只需要修改个别的对象就可以了，从而使代码容易得到维护。

3. 对象和类

对象（Object）对应客观世界的事物，将描述事物的一组数据和与这组数据有关的操作封装在一起，形成一个实体，这个实体就是对象。具有相同或相似性质的对象的抽象就是**类**（Class）。因此，对象的抽象是类，类的具体化就是对象。例如，如果汽车是一个类，则一辆具体的汽车就是一个对象。

7.1.2　面向对象编程的特点

Python 全面支持面向对象的程序设计思想，从而使应用程序的结构更加清晰。面向对象程序设计的特点可以概括为封装性、继承性和多态性，下面对这 3 种特性进行简单介绍。

1. 封装性

将数据和对数据的操作组织在一起，定义一个新类的过程就是**封装**（Encapsulation）。封装是面向对象的核心思想，通过封装，对象向外界隐藏了实现细节，对象以外的事物不能随意获取对象的内部属性，提高了对象的安全性，有效地避免了外部错误对它产生的影响，减少了软件开发过程中可能发生的错误，降低了软件开发的难度。

例如，用户利用手机的功能菜单就可以操作手机，而不必要知道手机内部的工作细节，这就是一种封装。

2. 继承性

继承（Inheritance）描述了类之间的关系，在这种关系中，一个类共享了一个或多个其他类定义的数据和操作。继承的类（子类）可以对被继承的类（父类）的操作进行扩展或重定义。

通过继承，可以在无须重新编写原有类的情况下，对原有类的功能进行扩展。例如，有一个汽车的类，该类中描述了汽车的公共特性和功能，而轿车的类中不仅应该包含汽车的特性和功能，还应该增加轿车特有的功能，这时，可以让轿车类继承汽车类，在轿车类中单独添加轿车特性的方法就可以了。

继承不仅增强了代码复用性，提高了开发效率，而且为程序的修改补充提供了便利。但继承性增加了对象之间的联系，使用时需要考虑父类的改变对子类的影响。

3. 多态性

多态（Polymarphism）通常是指类中的方法重载，即一个类中有多个同名（不同参数）的方法，方法调用时，根据不同的参数选择执行不同的方法。

Python 不需要方法重载，多态主要发生在继承过程中，当一个类中定义的属性和方法被其他类继承后，它们可以具有不同的数据类型或表现出不同的行为，这使得同一个属性和方法在不同的类中具有不同的语义。例如，当听到"Cut"这个单词时，理发师的行为是剪发，演员的行为是停止表演。不同的对象，所表现的行为是不一样的。

面向对象的编程思想需要通过大量的实践去学习和理解，真正领悟面向对象的精髓。本章后续的内容将围绕着面向对象的 3 个特征（封装、继承、多态）来讲解 Python 的面向对象程序设计。

7.2　创建类与对象

面向对象的编程思想希望程序中描述的事物与该事物在现实中的形态保持一致，为了实现这种思想，面向对象程序设计中提出了类和对象两个概念。

例如，可以将动物看作一个类，这个类具有高度、体重、颜色等特征，具有运动、发声等动作，而具体的某一只动物可以看作一个对象。由此可以看出，类用于描述多个对象的共同特征，它是对象的模板。对象用于描述现实中的个体，它是类的实例。

7.2.1 创建类

面向对象思想的核心是对象，为了在程序中创建对象，首先需要定义一个类。类是对象的抽象，用于描述一组对象的共同特征和行为。对象的特征（属性）用成员变量描述，对象的行为（方法）用成员方法描述。在面向对象编程的描述中，对象和实例是同义的，成员变量、实例变量和成员属性是同义的，成员方法、实例方法和成员函数也是同义的，不必仔细区分。

接下来通过一个示例来学习如何定义一个类。

例 7-1 创建类的示例。

```
1   #ex0701.py
2   class Dog:
3       num = 0                    #类变量
4       def __init__(self,id=0,color="yellow"):    #构造方法
5           self.id=id             #成员变量
6           self.color=color
7
8       def enjoy(self):           #成员方法
9           print("wangwang")
10  dog =Dog()
11  dog.enjoy()
```

对象是类的一个实例，要想创建一个对象，先要定义一个类。在 Python 中，可使用 class 关键字来声明一个类，其语法格式如下：

```
class 类名:
    类的属性(成员变量)
    ...
    类的方法（成员方法）
    ...
```

类由 3 部分组成。

- 类名：类的名称，通常它的首字母大写。
- 属性：用于描述事物的特征，如人的姓名、年龄等。
- 方法：用于描述事物的行为，如人具有说话、微笑等行为。

在例 7-1 中，使用关键字 class 定义了一个名称为 Dog 的类，类中有一个名字叫作 enjoy() 的成员方法。从示例中可以看出，方法跟函数的格式是一样的，主要区别在于成员方法必须显式地声明一个 self 参数，而且位于参数列表的开头。self 代表对象本身，可以用来引用对象的属性和方法，后面将结合示例来介绍 self 参数。

7.2.2 创建对象

程序想要实现具体的功能，仅有类是远远不够的，还要根据类来创建对象。在 Python 中，可以使用如下语法来创建一个对象。

```
对象名=类名()
```

例如，创建 Dog 类的一个对象 dog，示例代码如下。

```
dog = Dog()
```

在上述代码中，dog 实际上是一个变量，可以使用它来访问类的属性和方法。要想为对象添加属性，可以设置如下代码。

```
对象名.属性名=值
```

例如，为 Dog 类的对象添加 weight 属性，其示例代码如下。

```
dog.weight = 52
```

下面通过一个完整的示例来演示如何创建对象、添加属性，并调用方法。

例 7-2　创建对象示例。

```
1    #ex0702.py
2    class Dog:
3        num = 0                      #类变量
4        def __init__(self,id=0,color="yellow"):#构造方法
5            self.id=id
6            self.color=color
7        def enjoy(self):        #成员方法
8            print("wangwang")
9        def show(self,weight):
10           print("重量{}公斤".format(weight))
11           print("颜色{}".format(self.color))
12   dog =Dog(color="grey")
13   dog.weight=52                 #为类添加属性
14   dog.show(dog.weight)
15   dog.enjoy()
```

在例 7-2 中，首先定义了一个 Dog 类，类中定义了 enjoy()和 show()两个成员方法，然后创建了 Dog 类的对象 dog，在第 13 行动态地添加了 weight 属性且赋值为 52，之后依次调用了 show()方法和 enjoy()方法，打印输出了 Dog 对象的属性值。

程序运行的结果如下。

```
>>>
重量 52 公斤
颜色 grey
wangwang
>>>
```

7.3　构造方法和析构方法

Python 的类提供了两个比较特殊的方法：__init__()和__del__()，分别用于初始化对象的属性和释放对象所占用的资源。本节将详细介绍这两个方法。

7.3.1　构造方法

类中定义的名字为__init__()的方法（以两个下画线"_"开头和结尾）被称为**构造方法**。一个类定义了__init__()方法以后，创建对象时，就会自动为新生成的对象调用该方法。构造方法一般

用于完成对象数据成员设置初值或进行其他必要的初始化工作。如果未定义构造方法，Python 将会提供一个默认的构造方法。

例 7-3 使用无参数的构造方法创建对象。

```
1    #ex0703.py
2    class Dog:
3        def __init__(self):          #构造方法
4            self.color="black"        #初始化对象的color属性值为"black"
5        def show(self):
6            print("颜色{}".format(self.color))
7
8    dog =Dog()                        #构造对象
9    dog.show()
```

程序运行时，在第 8 行构造对象 dog 时，自动调用第 3 行的__init__()方法，初始化对象后，执行第 9 行的语句，会显示"颜色 black"的信息。

例 7-4 的代码为__init__()方法增加了参数，对象初始化时，将参数值传递给对象的属性。在__init__()方法中为参数设置默认值，构造对象更为灵活。

例 7-4 使用带参数的__init__()方法构造对象。

```
1    #ex0704.py
2    class Dog:
3        def __init__(self,id=0,color="yellow"):#构造方法
4            self.id=id
5            self.color=color
6        def show(self):
7            print("id值:{} 颜色:{}".format(self.id,self.color))
8    dog1 =Dog()                       #构造dog1对象
9    dog1.show()
10   dog2 =Dog(101,"black")            #构造dog2对象
11   dog2.show()
```

程序的运行结果如下。

```
>>>
id值:0 颜色:yellow
id值:101 颜色:black
>>>
```

7.3.2 析构方法

Python 中的__del__()方法是析构方法，析构方法与构造方法相反，它用来释放对象占用的资源。当不存在对象的引用时（如对象所在的函数已调用完毕），在 Python 收回对象空间之前自动执行。如果用户未定义析构方法，Python 将会提供一个默认的析构方法进行必要的清理工作。

例 7-5 使用析构方法删除对象。

```
1    #ex0705.py
2    class Dog:
3        def __init__(self):#构造方法
4            self.color="black"
5        def show(self):
```

```
6          print("颜色:{},id:{}".format(self.color,self.id))
7      def __del__(self):
8          print("对象被清除")
9  dog =Dog()
10  dog.id=1
11  dog.show()
```

程序执行后，第 9 行构造了 dog 对象，第 11 行显示对象 dog 的信息。程序的运行结果如下。

```
>>>
颜色:black,id:1
>>> id(dog)
86232208
>>> del dog
对象被清除
>>> id(dog)
Traceback (most recent call last):
  File "<pyshell#4>", line 1, in <module>
    id(dog)
NameError: name 'dog' is not defined
>>>
```

在 IDLE 环境的交互方式下，使用 id(dog)函数查看对象的内存地址为 86232208；接着，执行 "del dog" 语句，删除 dog 对象，自动执行析构函数，显示"对象被清除"的提示信息；再次使用 id(dog)函数查看对象，因为 dog 对象已被删除，程序报告异常，并给出了 "NameError: name 'dog' is not defined" 的提示。

通过运行结果可以看出，当程序执行完毕，dog 对象还是存在的，调用析构函数后，对象才被删除。

7.3.3　self 参数

在例 7-5 中，成员方法的第 1 个参数是 self。self 的意思是"自己"，表示的是对象自身，当某个对象调用成员方法的时候，Python 解释器会自动把当前对象作为第 1 个参数传给 self，用户只需要传递后面的参数就可以了。

需要注意，成员方法的第 1 个参数通常命名为 self，但使用其他参数名也是合法的。下面通过一个示例来帮助读者理解 self 的应用。

例 7-6　self 参数的应用。

```
1  # program1106.py
2  class Animal:
3      '''
4      类中未定义构造方法，使用默认的构造方法
5      def __init__(self):
6          self.color=color
7      '''
8      num = 0                 #类属性
9      #enjoy()方法没有 self 参数，普通的方法，由类名调用
10      def enjoy():
11          print("wangwang")
12      #show()方法使用 self 参数，成员方法
13      def show(self,args):
14          print("重量{}千克".format(self.weight))
15  ani =Animal()
```

```
16    ani.weight=52
17    Animal.enjoy()      #ani.enjoy()错误
18    ani.show()
```

在例 7-6 中，定义了一个 Animal 类，程序没有定义构造方法，而是使用默认的构造方法，然后通过赋值语句，在第 16 行给对象 ani 添加 weight 属性。此外，第 10 行的 enjoy() 方法没有任何参数，不是类方法，也不是静态方法，而是个普通的函数，由类名调用。程序运行结果如下。

```
>>>
wangwang
重量 52 千克
>>>
```

7.3.4　成员变量和类变量

类中的变量分为两种类型：一种是成员变量（实例属性），另一种是类变量（类属性）。成员变量是在构造方法__init__()中定义的，通过 self 参数引用；类变量是在类中方法之外定义的变量。在类的外部，成员变量属于对象，只能通过对象名访问；类变量属于类，既可以通过类名访问，又可以通过对象名访问，被类的所有对象共享。

例 7-7　定义含有成员变量（名字 name、颜色 color）和类变量（数量 num）的 Animal 类。

```
1     #ex0707.py
2     class Animal:
3         num=0          #类变量
4         def __init__(self,aname,acolor):#构造方法
5             self.name=aname        #成员变量，即实例变量
6             self.color=acolor
7         def show(self):            #成员方法，类变量用类名访问
8             print("名字:{},颜色: {},数量: {}".format(self.name,self.color,Animal.num))
9     ani1 =Animal("fish","white")
10    ani2 =Animal("bird","green")
11    ani1.show()
12    ani2.show()
13    Animal.num=2          #修改类变量的值
14    ani1.show()
15    ani2.show()
```

程序运行后，第 9 行和第 10 行创建了 ani1 和 ani2 两个对象，第 11 行和第 12 行显示了两个对象的信息；第 13 行修改了类变量 num 的值，从第 14 行和第 15 行的运行结果可以看出，ani1 和 ani2 两个对象的 num 值都发生了改变。程序运行结果如下。

```
>>>
名字:fish,颜色: white,数量: 0
名字:bird,颜色: green,数量: 0
名字:fish,颜色: white,数量: 2
名字:bird,颜色: green,数量: 2
>>>
```

7.3.5　类方法和静态方法

在 Python 中，类中的变量可分为成员变量和类变量两种。类中的方法可分为以下 4 种：成员

方法、普通方法、类方法、静态方法。成员方法由对象调用，方法的第 1 个参数默认是 self，构造方法和析构方法也属于成员方法；普通方法即类中的函数，只能由类名调用；类方法和静态方法都属于类的方法。下面分别介绍其应用。

1. 类方法

可以使用修饰器@classmethod 来标识类方法，其语法格式如下：

```
class 类名:
    @classmethod
    def 类方法名(cls):
        方法体
```

在上述格式中，类方法的第 1 个参数为 cls，代表定义类方法的类，通过 cls 参数可以访问类的属性。要想调用类方法，既可以通过对象名调用，又可以通过类名调用，这两种方法没有任何区别。

下面通过例 7-8 来演示类方法的应用。

例 7-8　类中定义的实例方法和类方法。

```
1   #ex0708.py
2   class DemoClass1:
3       def instancemethod(self):        #实例方法
4           print("instance method")
5       @classmethod
6       def classmethod1(cls):           #类方法
7           print("class method")
8   obj = DemoClass1()
9   obj.instancemethod()
10  obj.classmethod1()
11  DemoClass1.classmethod1()
```

在例 7-8 中，定义了一个 DemoClass1 类。在 DemoClass1 类中添加了一个成员方法和一个类方法，最后，对象 obj 调用了成员方法和类方法，用类名调用了类方法，程序运行的结果如下。

```
>>>
instance method
class method
class method
>>>
```

需要注意的是，类方法是无法访问成员变量的，但是可以访问类变量。

在例 7-9 的 DemoClass2 类中，构造方法__init__()完成了对象初始化工作，year、month、day 是对象的属性。程序第 14 行创建对象 rq1，第 15 行输出对象信息。

为了扩展程序的功能，方便处理字符串格式的日期，在 DemoClass2 类中创建一个用@classmethod 装饰的类方法 get_date(cls,string_date)。该方法的第 1 个参数 cls 代表当前类，第 2 个参数是字符串格式的日期，通过代码 year,month,day=map(int,string_date.split('-'))，将字符串解析出来，得到 year、month、day 的值，再通过代码 date1=cls(year,month,day)，使用 DemoClass2 的构造方法完成对象的初始化。

例 7-9　类方法的应用。

```
1   class DemoClass2:
2       def __init__(self,year=0,month=0,day=0):        #构造方法
```

```
 3          self.day=day
 4          self.month=month
 5          self.year=year
 6      @classmethod
 7      def get_date(cls,string_date):                      #类方法
 8          #第一个参数 cls， 表示调用当前的类名
 9          year,month,day=map(int,string_date.split('-'))
10          date1=cls(year,month,day)    # 调用构造方法
11          return date1    #返回的是一个初始化后的类
12      def output_date(self):                 #成员方法
13          print("year:",self.year,"month:",self.month,"day:",self.day)
14  rq1= DemoClass2(2018,6,2)
15  rq1.output_date()
16  rq2=DemoClass2.get_date("2018-6-6")
17  rq2.output_date()
```

程序运行结果如下。

```
>>>
year: 2018 month: 6 day: 2
year: 2018 month: 6 day: 6
>>>
```

2. 静态方法

可以使用修饰器@staticmethod 来标识静态方法，其语法格式如下：

```
class 类名:
    @staticmethod
    def 静态方法名():
        方法体
```

在上述格式中，静态方法的参数列表中没有任何参数。由于静态方法没有 self 参数，所以它无法访问类的成员变量；静态方法也没有 cls 参数，所以它也无法访问类变量。静态方法跟定义它的类没有直接的关系，只是起到类似函数的作用。

要想使用静态方法，既可以通过对象名调用，也可以通过类名调用，二者没有任何区别。为了方便读者理解，接下来通过一个示例来演示静态方法的应用。

例 7-10 静态方法的应用。

```
 1  #ex0710.py
 2  class DemoClass3:
 3      def instancemethod(self):        #成员方法
 4          print("instance method")
 5      @staticmethod
 6      def staticmethod1():             #静态方法
 7          print("static method")
 8  obj = DemoClass3()
 9  obj.instancemethod()
10  obj.staticmethod1()
11  DemoClass3.staticmethod1()
```

在例 7-10 中，定义了 DemoClass3 类，类中包括一个成员方法 instancemethod()和一个静态方法 staticmethod1()，然后创建 DemoClass3 类的对象，分别通过类和类的对象调用静态方法。程序运行的结果如下。

```
>>>
instance method
static method
static method
>>>
```

　　类的对象可以访问成员方法、类方法和静态方法，使用类可以访问类方法和静态方法。那么，成员方法、类方法和静态方法有什么区别呢？如果要修改对象的属性值，就应该使用成员方法；如果要修改类属性的值，就应该使用类方法；如果是辅助功能，如打印或绘图，这时可以考虑使用静态方法，可以在不创建对象的前提下使用。

7.4　类 的 继 承

7.4.1　继承的实现

　　继承描述的是事物之间的所属关系，通过继承可以使多种事物之间形成一种关系体系。例如，在自然界中，猴子、老虎、狗都属于动物，程序中便可以描述为猴子、老虎、狗继承于动物类，这是一种继承。又如，软件公司中的员工具有编号、姓名等属性，具有学习、开发等动作，属于雇员类，而项目经理也属于雇员，但项目经理除了具有普通雇员的动作，还有项目策划、考勤等功能，属于项目经理类，项目经理类和雇员类之间存在着继承关系。在 Python 的程序描述中，**类的继承**是指在一个现有类的基础上去构建一个新的类，构建出来的新类称作子类，被继承的类称作父类，子类会自动拥有父类所有可继承的属性和方法。

　　Python 中继承的语法格式如下：

```
class 子类名(父类名)：
    类的属性
    类的方法
```

例 7-11　类的继承示例，子类继承父类的方法。

```
1   #ex0711.py
2   class Animal:
3       num = 0
4       def __init__(self):
5           print("父类 Animal")
6       def show(self):
7           print("父类 Animal 成员方法")
8
9   class Cat(Animal):
10      def __init__(self):
11          print("构建子类 Cat")
12      def run(self):
13          print("子类 Cat 成员方法")
14
15  cat=Cat()
16  cat.run()          #子类方法
17  cat.show()         #父类方法
```

子类 Cat 继承于父类 Animal，第 16 行调用的是子类自己的成员方法 run()，第 17 行调用的是继承于父类的成员方法 show()。程序运行结果如下。

```
>>>
构建子类 Cat
子类 Cat 成员方法
父类 Animal 成员方法
>>>
```

例 7-12 中，子类 ProjectManager 继承父类 Employee，包括下列知识点。

- Employee 类中，包括一个构造方法 __init__()，它调用了 setName()、setDepartment()、setName()等 3 个方法，实现对象属性的控制。

- 子类 ProjectManager 在其构造方法 __init__()中调用了父类的构造方法，在其成员方法 show()中调用了父类的成员方法。

- 类中的 __name、__department、__title 等，以两个下画线 "__" 开头的属性是**私有属性**，该属性只能在类的内部访问，类的外部不能直接访问，用于实现类的封装。类似地，以两个下画线 "__" 开头的方法是**私有方法**，私有方法只能在类的内部访问。

- type()是内置方法，用于测试参数类型。

- 使用 try…except 语句可以进行异常处理。

例 7-12 类的继承的应用。

```python
1   #ex0712.py
2   class Employee:
3      def __init__(self,name="",department="computer",age=20):
4         self.setName(name)
5         self.setDepartment(department)
6         self.setAge(age)
7      def setName(self,name):
8         if type(name)!=str:
9            print("姓名必须是字符")
10           return
11        self.__name=name
12     def setDepartment(self,department):
13        if department not in ["computer","communication","electric"]:
14           print("专业必须是computer、communication或electric")
15           return
16        self.__department=department
17     def setAge(self,age):
18        if type(age)!=int or age>=33 or age<20:
19           print("年龄必须是数字，且界于20至33之间")
20           return
21        self.__age=age
22     def show(self):
23        print("姓名：{} 专业：{} 年龄：{}".
24              format(self.__name,self.__department,self.__age))
25
26   class ProjectManager(Employee):
27      def __init__(self,name='',department="computer",age=22,title="middle"):
28         Employee.__init__(self,name,department,age)
29         self.setTitle(title)
30      def setTitle(self,title):
```

```
31          self.__title=title
32      def show(self):
33          Employee.show(self)
34          print("职称: {}".format(self.__title))
35
36  try:
37      emp1=Employee("Rose")
38      emp1.show()
39      pm1=ProjectManager("Mike","electric",26,"high")
40      pm1.setAge(30)
41      pm1.show()
42  except Exception as ex:
43      print("数据出现错误",ex)
```

程序运行结果如下。

```
>>>
姓名: Rose 专业: computer 年龄: 20
姓名: Mike 专业: electric 年龄: 30
职称: high
>>> >>>
```

7.4.2　方法重写

在继承关系中，子类会自动拥有父类定义的方法。如果父类定义的方法不能满足子类的需求，子类可以按照自己的方式重新实现从父类继承的方法，这就是方法的**重写**。重写使得子类中的方法覆盖掉跟父类同名的方法，但需要注意，在子类中重写的方法要和父类被重写的方法具有相同的方法名和参数列表。

在下面的例子中，子类重写了父类的 run()方法，在重写过程中使用 super()方法调用了父类的方法。super()方法主要用于在继承过程中访问父类的成员。

例 7-13　子类重写父类的方法。

```
1   #ex0713.py
2   class Animal:
3       def __init__(self,isAnimal):
4           self.isAnimal=isAnimal
5       def run(self):
6           print("父类 Animal 通用的 run()方法")
7       def show(self):
8           print("父类 Animal 的 show()方法")
9
10  class Cat(Animal):
11      def __init__(self):
12          print("子类的构造方法")
13      def run(self):              #方法重写
14          super().run()           #使用 super()方法调用父类的方法
15          print("子类 cat 重写的 run()方法")
16
17  ani=Animal(False)
18  ani.show()
19  cat=Cat()                       #子类的构造方法
20  cat.run()
```

```
21    cat.show()              #父类方法
```

程序运行结果如下，下面 4 行运行结果对应第 17～21 行的代码。

```
>>>
父类 Animal 的 show()方法
子类的构造方法
父类 Animal 通用的 run()方法
子类 cat 重写的 run()方法
父类 Animal 的 show()方法
>>>
```

7.4.3 Python 的多继承

一个子类存在多个父类的现象称为**多继承**。多继承的现象在现实生活中广泛存在，例如，狼狗作为一种动物，可以认为它继承了狼和狗两种动物的特点；再如，智能手机从功能上讲继承了传统电话和现代计算机的特点。

Python 语言是支持多继承的，一个子类同时拥有多个父类的共同特征，即子类继承了多个父类的方法和属性。多继承是在子类名称后的括号中标注出要继承的多个父类，并且多个父类之间使用逗号分隔，其语法格式如下：

```
class 子类(父类1,父类2,…):
    类的属性
    类的方法
```

例 7-14 多继承示例。

```
1    #ex0714.py
2    class Phone:              #电话类
3        def receive(self):
4            print("接电话")
5        def send(self):
6            print("打电话")
7
8    class Message:            #消息类
9        def reveiveMsg(self):
10           print("接收短信")
11       def sendMsg(self):
12           print("发送短信")
13
14   class Mobile(Phone,Message): #手机类
15       pass
16
17   mobile=Mobile()
18   mobile.receive()
19   mobile.send()
20   mobile.reveiveMsg()
21   mobile.sendMsg()
```

在例 7-14 中，定义了一个 Phone 类，该类包括两个方法，实现接电话和打电话的功能；之后定义了一个用于收发信息的 Message 类，该类有用于收发短信的两个方法。最后定义了一个继承

自 Phone 类和 Message 类的子类 Mobile，该类内部没有添加任何方法，所有方法均来自于父类。第 17 行创建一个 Mobile 类的对象 mobile，分别调用了两个父类的方法，程序运行的结果下。

```
>>>
接电话
打电话
接收短信
发送短信
>>>
```

7.5　类 的 多 态

在设计一个方法时，我们通常希望该方法具备一定的通用性。例如，要实现一个通用的动物叫的方法，由于每种动物的叫声是不同的，因此可以在方法中设置一个参数，当传入 Dog 类对象时就模拟狗的叫声，传入 Cat 类对象时就模拟猫的叫声。这种同一个方法（方法名相同），由于参数类型或参数个数不同而导致执行效果各异的现象就是**多态**。

在 Java 或 C # 等强类型语言中，多态是通过一个父类类型的变量来引用一个子类类型的对象来实现的，即根据引用子类对象特征的不同，得到不同的运行结果。

Python 的多态并不考虑对象的类型，也不考虑参数的个数，而是关注对象具有的行为，通常发生在类的继承过程中，根据被引用子类对象特征的不同，得到不同的运行结果。下面通过一个示例来进行演示。

例 7-15　多态的实现。

```
1   #ex0715.py
2   class Animal:
3       def __init__(self,aname):
4           self.name=aname
5       def enjoy(self):
6           print("nangnang")
7
8   class Cat(Animal):
9       def enjoy(self):
10          print(self.name," niaoniao")
11
12  class Dog(Animal):
13      def enjoy(self):
14          print(self.name+" wangwang")
15
16  class Person:
17      def __init__(self,id,name):
18          self.name=name
19          self.id=id
20      def drive(self,ani):
21          ani.enjoy()
22
23  cat=Cat("Mikey")
24  dog=Dog("Dahuang")
25  person=Person("zhang3",9)
26  person.drive(cat)
27  person.drive(dog)
```

例 7-15 中定义了父类 Animal，该类包括构造方法和一个通用的方法 enjoy()；子类 Dog 和 Cat 继承自父类 Animal，并且根据各自的特征重写了 enjoy()方法。

定义类 Person，该类的方法 drive()接收一个参数，当执行 drive()方法时，根据传入的不同参数，执行不同的 enjoy()方法。程序运行结果如下。

```
>>>
Mikey  niaoniao
Dahuang wangwang
>>>
```

当需求发生改变时，例如，需要增加类 Sheep，模拟当 Person 类的对象驱赶 Sheep 类的对象时，只要添加一个继承于 Animal 类的子类 Sheep，并且重写 enjoy()方法，然后执行 Person 类的 drive()方法就可以了，增加了程序的可扩展性和适应性。

事实上，Python 的多态并不要求继承的存在。如果不考虑 Dog 类、Cat 类继承 Animal 类的属性和方法，它们之间可以不存在继承关系，但继承关系的存在，对多态起到了约束作用，可以使程序更为健壮。

7.6　运算符重载

编写程序时，有时我们希望在一些对象上，如列表、元组，甚至一些用户自定义的对象，使用+、−、*、/等运算符，从而增强语言的灵活性。**运算符重载**指的是将运算符与类的方法关联起来，每个运算符对应一个指定的内置方法。

Python 通过重写一些内置方法，实现了运算符的重载功能。

Python 语言支持运算符重载功能，类可以重载加、减、乘、除等运算，也可以重载打印、索引、比较等内置运算，常见的运算符重载方法如表 7.1 所示。Python 在对象运算时会自动调用对应的方法，例如，如果类实现了 __add__ 方法，当类的对象出现在 "+" 运算符中时会调用这个方法。下面通过具体的示例介绍运算符重载的实现。

表 7.1　　　　　　　　　　　　　常见运算符重载方法

方　法　名	重　载　说　明	运算符调用方式
__add__	对象加法运算	x+y、x+=y
__sub__	对象减法运算	x − y、x−=y
__div__	对象除法运算	x/y、x/=y
__mul__	对象乘法运算	x*y、x*=y
__mod__	对象取余运算	x%y、x%=y
__repr__ 、 __str__	打印或转换对象	print(x)、repr(x)、str()
__getitem__	对象索引运算	x[key]、x[i:j]
__setitem__	对象索引赋值	x[key]、x[i:j]=sequence
__delitem__	对象索引和分片删除	del x[key]、del x[i:j]
__eq__ 、 __ne__	对象的相等和不等比较	x==y、x!=y
__lt__ 、 __le__	对象的小于和小于等于比较	x<y、x<=y
__gt__ 、 __ge__	对象的大于和大于等于比较	x>y、x<=y

1. 加法运算符重载和减法运算符重载

加法运算符重载是通过实现__add__()方法完成的，减法运算符重载是通过实现__sub__()方法完成的，当两个对象进行运算时，会自动调用对应的方法。

例 7-16　加法运算符重载和减法运算符重载的实现。

```
1   #ex0716.py
2   class Computing:
3       '''列表与数字的加减操作'''
4       def __init__(self,value):
5           self.value = value
6       def __add__(self,other):
7           lst=[]
8           for i in self.value:
9               lst.append(i+other)
10          return lst
11      def __sub__(self,other):
12          lst=[]
13          for i in self.value:
14              lst.append(i-other)
15          return lst
16
17  c = Computing([-1,3,4,5])
18  print("+运算符重载后的列表",c+2)      #+运算符重载
19  print("+运算符重载后的列表",c-2)      #-运算符重载
```

例 7-16 实现的是列表与数值的运算符重载。类 Computing 的属性 value 是一个数值列表，在重载方法__add__()中遍历列表 value，将其与参数 other 相加后，返回修改后的列表。

__sub__()方法的实现与__add__()相同，程序运行结果如下。读者可设计一个针对两个列表的运算符重载的方法。

```
>>>
+运算符重载后的列表 [1, 5, 6, 7]
+运算符重载后的列表 [-3, 1, 2, 3]
>>>
```

2. __str__()方法重载和__ge__()方法重载

重载__str__()和__repr__()方法可以将对象转换为字符串的形式，在执行 print()、str()、repr()等方法以及交互模式下直接打印对象时，会调用__str__()和__repr__()方法。__str__()和__repr__()方法的区别是，只有 print()、str()方法可以调用__str__()方法转换，而__repr__()方法在多种操作下都能将对象转换为自定义的字符串形式。

__ge__()方法用于重载>=运算符。

下面的代码声明了 Student 类，并定义了对象 s1 和 s2。

```
class Student:
    def __init__(self,name,age):
        self.name=name
        self.age=age
s1=Student("Rose",17)
s2=Student("John",19)
print(s1)
print(s2)
```

当打印对象 s1 和 s2 时, 显示的是对象的地址, 结果如下。

```
>>>
<__main__.Student object at 0x05E3BC70>
<__main__.Student object at 0x05E55590>
>>>
```

我们实际希望打印的是对象的描述信息, 例 7-17 重载了__str__()方法后, 可以解决这个问题。同时, 也重载了__ge__()方法。

例 7-17 __str__()方法重载和__ge__()方法重载的实现。

```
1    #ex0717.py
2    class Student:
3        def __init__(self,name,age):
4            self.name=name
5            self.age=age
6        def __str__(self):          #重载 __str__()
7            return "{} {}".format(self.name,self.age)
8        def __ge__(self,obj):        #重载 __ge__()
9            if self.age>=obj.age:
10               return True
11           return False
12
13   s1=Student("Rose",17)
14   s2=Student("John",19)
15   print("学生 s1: ",s1)
16   print("学生 s2: ",s2)
17   print("学生大小的比较: ",s1>=s2)
```

运行结果如下。

```
>>>
学生 s1:  Rose 17
学生 s2:  John 19
学生大小的比较:  False
>>>
```

3. 索引和切片重载

跟索引和切片相关的重载方法包括如下 3 个。

（1）__getitem__()方法

用于索引、切片操作, 在对象执行索引、切片或者 for 迭代操作时, 会自动调用该方法。

（2）__setitem__()方法

索引赋值, 在通过赋值语句给索引或者切片赋值时, 可调用__setitem__()方法实现对序列对象的修改。

（3）__delitem__()方法

当使用 del 关键字删除对象时, 实质上会调用__delitem__()方法实现删除操作。

例 7-18 中, 在 SelectData 类的构造方法中添加的 data 属性是个列表, 然后重写了__getitem__()方法、__setitem__()方法、__delitem__()方法, 实现对属性的索引、切片和删除操作。

第 12～19 行是测试代码。

例 7-18　_getitem__()方法、__setitem__()方法、__ delitem__()方法的实现。

```
1   #ex0718.py
2   class SelectData:
3       def __init__(self,data):
4           self.data=data[:]
5       def __getitem__(self,index):
6           return self.data[index]
7       def __setitem__(self,index,value):
8           self.data[index]=value
9       def __delitem__(self,index):
10          del self.data[index]
11  #以下测试代码
12  x=SelectData([12,33,23,"ab",False])
13  print(x)            #x 的地址
14  print(x[:])         #切片，x 中的全部元素
15  print(x[2])         #切片，x 中的第 2 个元素
16  print(x[2:])        #切片，x 中从第 2 个起的全部元素
17  x[4]=100            #索引赋值，替换 x 中的第 4 个元素
18  print(x[:])
19  del(x[3])           #删除 x 中的第 3 个元素
20  for num in x:       #遍历对象 x 中的元素
21      print(num,end=" ")
```

程序运行结果如下。

```
>>>
<__main__.SelectData object at 0x0569DC50>
[12, 33, 23, 'ab', False]
23
[23, 'ab', False]
[12, 33, 23, 'ab', 100]
12 33 23 100
>>>
```

7.7　面向对象编程的应用

1. 学生信息管理程序

下面的程序可实现学生信息的遍历、追加、修改、删除和排序等功能，程序由 3 部分组成。

- 学生类 Student，其成员变量有 id（序号）、name（姓名）、course（课程）。它重载了 __repr__()方法。
- 学生的集合类 StuList，承载了多名学生信息。它重载了索引和切片的方法。
- 主控程序。

例 7-19　索引和切片方法在学生管理中的实现。

```
1   #ex0719.py
2   '''已知学生类 Student，其成员变量有 id(序号)，name(姓名)，course(课程)
3   学生的集合类 StuList，承载了多名学生信息
4   实现学生信息的添加、修改、删除、排序等操作
5   '''
```

```
6    class Student:
7        def __init__(self,id,name,course):
8            self.id=id
9            self.name=name
10           self.course=course
11       def __repr__(self):
12           return "{} {} {}".format(self.id,self.name,self.course)
13
14   class StuList:
15       def __init__(self,data):
16           self.data=data[:]
17       def __getitem__(self,index):
18           return self.data[index]
19       def __setitem__(self,index,value):
20           self.data[index]=value
21       def __delitem__(self,index):
22           del self.data[index]
23
24   ##以下主控程序
25   s1=Student(12,"Rose","Python")
26   s2=Student(4,"John","Java")
27   s3=Student(7,"Allen","CSS")
28   lst=[s1,s2,s3]
29   stulist=StuList(lst)
30   print("------遍历原始数据--------")
31   for item in stulist:
32       print(item)
33   print("------追加数据后遍历------")
34   s4=Student(102,"Feng","Algorithm")
35   stulist.data.append(s4)
36   for item in stulist:
37       print(item)
38   print("------修改数据后遍历------")
39   s5=Student(208,"张林","Algorithm")
40   stulist[2]=s5
41   for item in stulist:
42       print(item)
43   print("--------排序后遍历--------")
44   stulist.data.sort(key=lambda x:x.id,reverse=False)
45   for item in stulist:
46       print(item)
47   print("--------删除后遍历--------")
48   del(stulist[2])
49   for item in stulist:
50       print(item)
```

程序运行结果如下。

```
>>>
------遍历原始数据--------
12 Rose Python
4 John Java
7 Allen CSS
------追加数据后遍历------
12 Rose Python
```

```
4 John Java
7 Allen CSS
102 Feng Algorithm
------修改数据后遍历------
12 Rose Python
4 John Java
208 张林 Algorithm
102 Feng Algorithm
--------排序后遍历--------
4 John Java
12 Rose Python
102 Feng Algorithm
208 张林 Algorithm
--------删除后遍历--------
4 John Java
12 Rose Python
208 张林 Algorithm
>>>
```

2. 自定义列表的运算

在例 7-20 中，DataList 类以数值列表为属性，重载了__add__()、__sub__()、__mul__()、__truediv__()、__mod__()、__getitem__()、__setitem__()等方法。

例 7-20　自定义列表的运算的实现。

```
1   #ex0720.py
2   class DataList:
3       '''All the elements in this array must be numbers'''
4
5       def __isNumber(self, n):
6           if not isinstance(n, (int, float, complex)):
7               return False
8           return True
9
10      def __init__(self, *args):
11          if not args:
12              self.__data = []
13          else:
14              for arg in args:
15                  if not self.__isNumber(arg):
16                      print('All elements must be numbers')
17                      return
18              self.__data = list(args)
19
20      #重载运算符+
21      #列表中每个元素都与数字 n 相加，或两个列表相加，返回新列表
22      def __add__(self, n):
23          temp=DataList()
24          if self.__isNumber(n):
25              temp.__data = [item+n for item in self.__data]
26              return temp
27          elif isinstance(n, DataList):
28              temp.__data = [i+j for i, j in zip(self.__data, n.__data)]
29              return temp
30          else:
```

```
31              print('Not supported')
32
33      #重载运算符-
34      #列表中每个元素都与数字 n 相减，返回新列表
35      def __sub__(self, n):
36          if not self.__isNumber(n):
37              print('- operating with {},Datatype Error'.format(type(n)))
38              return
39          temp=DataList()
40          temp.__data = [item-n for item in self.__data]
41          return temp
42
43      #重载运算符*
44      #列表中每个元素都与数字 n 相乘，返回新列表
45      def __mul__(self, n):
46          if not self.__isNumber(n):
47              print('* operating with {},Datatype Error'.format(type(n)))
48          return
49          temp=DataList()
50          temp.__data = [item*n for item in self.__data]
51          return temp
52
53      #重载运算符/
54      #列表中每个元素都与数字 n 相除，返回新列表
55      def __truediv__(self, n):
56          if not self.__isNumber(n):
57              print('/ operating with {},Datatype Error'.format(type(n)))
58              return
59          temp=DataList()
60          temp.__data = [item/n for item in self.__data]
61          return temp
62
63      #重载运算符%
64      #列表中每个元素都与数字 n 求余数，返回新列表
65      def __mod__(self, n):
66          if not self.__isNumber(n):
67              print( print('% operating with {},Datatype Error'.format(type(n))))
68              return
69          temp=DataList()
70          temp.__data = [item%n for item in self.__data]
71          return temp
72
73      def __len__(self):
74          return len(self.__data)
75
76      #直接使用该类对象作为表达式来查看对象的值
77      def __repr__(self):
78          return repr(self.__data)
79
80      #追加元素
81      def append(self, value):
82          if not self.__isNumber(value):
83              print('Only number can be appended.')
```

```
84              return
85          self.__data.append(value)
86
87      #获取指定下标的元素值，支持使用列表或元组指定多个下标
88      def __getitem__(self, index):
89          length = len(self.__data)
90          #如果指定单个整数作为下标，则直接返回元素值
91          if isinstance(index, int) and 0<=index<length:
92              return self.__data[index]
93          #使用列表或元组指定多个整数下标
94          elif isinstance(index, (list,tuple)):
95              for i in index:
96                  if not (isinstance(i,int) and 0<=i<length):
97                      return 'index error'
98              result = []
99              for item in index:
100                 result.append(self.__data[item])
101             return result
102         else:
103             return 'index error'
104
105     #修改元素值，支持使用列表或元组指定多个下标，同时修改多个元素值
106     def __setitem__(self, index, value):
107         length = len(self.__data)
108         #如果下标合法，则直接修改元素值
109         if isinstance(index, int) and 0<=index<length:
110             self.__data[index] = value
111         #支持使用列表或元组指定多个下标
112         elif isinstance(index, (list,tuple)):
113             for i in index:
114                 if not (isinstance(i,int) and 0<=i<length):
115                     raise Exception('index error')
116             #如果下标和给的值都是列表或元组，并且个数一样，则分别为多个下标的元素修改值
117             if isinstance(value, (list,tuple)):
118                 if len(index) == len(value):
119                     for i, v in enumerate(index):
120                         self.__data[v] = value[i]
121                 else:
122                     raise Exception('values and index must be of the same length')
123             #如果指定多个下标和一个普通值，则把多个元素修改为相同的值
124             elif isinstance(value, (int,float,complex)):
125                 for i in index:
126                     self.__data[i] = value
127             else:
128                 raise Exception('value error')
129         else:
130             raise Exception('index error')
131
132     #支持成员测试运算符 in，测试列表中是否包含某个元素
133     def __contains__(self, value):
134         if value in self.__data:
135             return True
136         return False
137
```

```
138         #重载运算符==，测试两个列表是否相等
139         def __eq__(self, value):
140             if not isinstance(value, DataList):
141                 print(value, ' must be an instance of DataList.')
142                 return False
143             if self.__data == value.__data:
144                 return True
145             return False
146
147         #重载运算符<，比较两个列表的大小
148         def __lt__(self, value):
149             if not isinstance(value, DataList):
150                 print(v, ' must be an instance of DataList.')
151                 return False
152             if self.__data < value.__data:
153                 return True
154             return False
155
156     # 主控程序
157     if __name__ == '__main__':
158         x=DataList(1,3,5,7,9)
159         y=DataList(-2,-4,-8)
160         print(x)
161         print("x+y=",x+y)
162         print("x==y=",x==y)
163         print("x+2=",x+2)
164         print("x%2=",x%2)
165         print("5 in x=",5 in x)
166         print("x<y=",x<y)
167         x[4]=['a','b','c']
168         print(x)
169         x[2,4,1]=True
170         print(x)
```

为了提高程序的健壮性，方法__isNumber()限制传入的参数为 int、float、complex 类型，程序运行结果如下。

```
>>>
x =[1,  3,  5,  7,  9]
x+y= [-1,  -1,  -3]
x==y= False
x+2= [3,  5,  7,  9,  11]
x%2= [1,  1,  1,  1,  1]
5 in x= True
x<y= False
[1,  3,  5,  7, ['a', 'b', 'c']]
[1, True, True, 7, True]
>>>
```

本 章 小 结

本章主要介绍了面向对象编程的基本知识，包括面向对象概述、对象的封装、继承和多态等

特性，创建类与对象、运算符重载等内容。

在面向对象的程序设计中，类中的__init__()方法被称为构造方法。在 Python 中创建对象时会自动调用构造方法。类中的__del__()方法是析构方法，用于释放对象占用的资源，在 Python 收回对象空间之前自动执行。

类中的属性也叫成员变量，分为两种类型：一种是实例属性；另一种是类属性。实例属性是在构造方法__init__()中定义的；类属性是在类中方法之外定义的属性。实例属性只能通过对象名访问；类属性属于类，可通过类名访问，也可以通过对象名访问。

在 Python 中，类的继承是指在一个现有类的基础上构建一个新的类，构建出来的新类称作子类，被继承的类称作父类，子类会自动拥有父类所有可继承的属性和方法。一个子类存在多个父类的现象称为多继承。

运算符重载指的是将运算符与类的方法关联起来，每个运算符对应一个内置方法。Python 的类通过重写一些内置方法，实现了运算符重载功能。

本章最后还介绍了两个面向对象应用的示例。

习　题　7

1. 选择题

（1）Python 中，用来描述一类相同或相似事物的共同属性的是哪一项？（　　）

　　A. 类　　　　　　　B. 对象　　　　　C. 方法　　　　　D. 数据区

（2）下面哪个选项是正确的？（　　）

　　A. 一个类中如果没有定义构造方法，那么系统就会提供一个默认构造方法

　　B. 类中至少定义一个构造方法

　　C. 每个类中总有一个默认构造方法

　　D. Python 中的构造方法名与类名是相同的

（3）关于类和对象的关系，描述正确的是哪一项？（　　）

　　A. 类是面向对象的基础

　　B. 类是现实世界中事物的描述

　　C. 对象是根据类创建的，并且一个类只能对应一个对象

　　D. 对象是类的实例，是具体的事物

（4）构造方法的作用是哪一项？（　　）

　　A. 显示对象初始信息　　　　　　　B. 初始化类

　　C. 初始化对象　　　　　　　　　　D. 引用对象

（5）Python 中定义私有属性的方法是哪一项？（　　）

　　A. 使用 private 关键字　　　　　　B. 使用 public 关键字

　　C. 使用__XX__定义属性名　　　　D. 使用__XX 定义属性名

（6）不属于面向对象程序设计的特征的是哪一项？（　　）

　　A. 重写　　　　B. 封装　　　　C. 继承　　　　D. 多态

（7）在以下 C 类继承 A 类和 B 类的格式中，正确的是哪一项？（　　）

　　A. class C extends A, B:　　　　　B. class C(A: B):

C. class C(A, B):　　　　　　　　D. class C implements A, B:

（8）下列选项中，用于标识为静态方法的是哪一项？（　　　）

　　A. @classmethod　　　　　　　　B. @staticmethod

　　C. @instancemethod　　　　　　　D. @privatemethod

2. 简答题

（1）什么是对象？什么是类？类与对象的关系是什么？

（2）类属性与实例属性的区别是什么？

（3）构造方法的作用是什么？它与实例方法有什么不同？

（4）请列举出 5 种重载的运算符及其对应的方法。

3. 编程题

（1）设计一个 Group 类，在该类中包括：一个数据成员 score（每个学生的分数）、两个类成员 total（班级的总分）和 count（班级的人数）。成员方法 setScore(socre)用于设置分数，成员方法 sum()用于累计总分，类方法 average()用于求平均值。交互式输入某组学生的成绩，显示该组的总分和平均分。

（2）为二次方程式 $ax^2+bx+c=0$ 设计一个名为 Equation 的类，这个类包括：

- 代表 3 个系数的成员变量 a、b、c；

- 一个参数为 a、b、c 的构造方法；

- 一个名为 getDiscriminant()的方法返回判别式的值；

- 一个名为 getRoot1()和 getRoot2()的方法返回等式的两个根，如果判别式为负，这些方法返回 0。

（3）设计一个描述自由落体运动的类，要求能获得任意时刻的速度及位移，并进行测试。已知重力加速度为 9.8m/s^2。

第8章
使用模块和库编程

Python 作为高级编程语言，适合开发各类应用程序。编写 Python 程序可以使用内置的标准库、第三方库，也可以使用用户自己开发的函数库，从而更方便代码复用。Python 的编程思想注重运用各种函数库完成应用系统的开发。

可以使用库、模块、包、类、函数等多个概念从不同角度来构建 Python 程序。为方便描述，本书不严格区分库和模块的概念。本章将介绍模块的概念、Python 标准库中的模块、下载和使用第三方库，构建用户自己的模块等内容。

8.1 模　　块

8.1.1　模块的概念

模块是一个包含变量、语句、函数或类的程序文件，文件的名字就是模块名加上.py 扩展名，所以用户编写程序的过程，也就是编写模块的过程。模块往往体现为多个函数或类的组合，常被应用程序所调用。使用模块可以带来以下优点。

* 提高代码的可维护性。在应用系统开发过程中，合理划分程序模块，可以很好地完成程序功能定义，有利于代码维护。

* 提高代码的可重用性。模块是按功能划分的程序，编写好的 Python 程序以模块的形式保存，方便其他程序使用。程序中使用的模块可以是用户自定义模块、Python 内置模块或来自第三方的模块。

* 有利于避免命名冲突。相同名字的函数和变量可以分别存在于不同模块中，用户在编写模块时，不需要考虑模块间变量名冲突的问题。

8.1.2　导入模块

应用程序要调用一个模块中的变量或函数，需要先导入该模块。导入模块可使用 import 或 from 语句，语法格式可以是下面的任意一种：

```
import modulename [as alias]
from modulename import fun1,fun2,…
```

其中，modulename 是模块名，alias 是模块的别名，fun1、fun2 是模块中的函数。在基本格式的基础上，还可以使用文件名通配符或以别名的形式导入。

1. import 语句

import 语句用于导入整个模块，可以使用 as 选项为导入的模块指定一个别名。模块导入后，通过模块名或模块的别名来调用函数。

例 8-1 使用 import 语句导入模块。

```
>>> import math            #math 是 Python 内置模块
>>> math.pi                #math 模块中的常数 pi
3.141592653589793
>>> math.fmod(10,3)        #求余数
1.0
>>> import math as m
>>> m.e
2.718281828459045
>>> m.fabs(-10)
10.0
```

在一些应用系统中，往往将系统的功能划分为多个模块来实现。有时也将常用或通用的功能集中在一个或多个模块文件中，然后在其他模块中导入使用。

2. from 语句

from 语句用于导入模块中的指定对象。导入的对象可以直接使用，不再需要通过模块名称来指明对象所属的模块。

例 8-2 使用 from 语句导入模块。

```
>>> from random import random    #random 是 Python 内置模块
>>> random()                     #返回 0~1 之间的随机小数
0.594028460732055
>>> from random import *          #导入 random 模块中的所有对象
>>> randint(10,20)               #返回两个整数之间的随机整数
16
>>> uniform(5,10)
7.894174947413747
>>> from random import uniform as u
>>> u(5,10)
6.7956571422620975
```

关于 random 模块的讲解，可以查看第 8.3.2 节。

8.1.3 执行模块

使用 import 语句和 from 语句执行导入操作时，导入的模块将会被自动执行。模块中的赋值语句被执行后会创建变量，def 语句被执行后会创建函数对象。总之，模块中的全部语句都会被执行，但只执行一次。如果再次使用 import 或 from 语句导入同一模块，模块代码就不会执行了，而只是重新建立到已经创建对象的引用。

例 8-3 和例 8-4 展示的是使用 import 和 from 语句导入模块时，模块中变量的变化情况，注意这两种导入方式的区别。

例 8-3 使用 import 导入模块，观察模块中变量的变化情况。

```
#模块文件: mymodule.py
x=1
def testm():
```

```
        print("This is a test,in function testm()")
print("module output test1")
print("module output test2")
```

模块文件 mymodule.py 中定义了变量 x，函数 testm()，两个打印语句，下面是在交互模式下导入模块文件时，程序的执行情况。

```
>>> import mymodule      #导入模块，mymodule 中的导入语句被执行
module output test1
module output test2
>>> mymodule.x
1
>>> mymodule.testm()
This is a test,in function testm()
>>> mymodule.x=100

>>> help(mymodule)        #查看模块信息
Help on module mymodule:
NAME
    mymodule
FUNCTIONS
    testm()
DATA
    x = 100
FILE
    d:\pythonfile36\ch6\mymodule.py
>>> dir(mymodule)
['__builtins__', '__cached__', '__doc__', '__file__', '__loader__', '__name__',
'__package__','__spec__', 'testm', 'x']
```

可以看出，模块导入后被自动执行了。在导入模块时，Python 会使用模块文件创建一个模块对象，即由 mymodule 模块生成了 mymodule 对象，模块中各种对象的变量名称为对象的属性。使用 help()函数可用来查看模块中对象的属性信息。

观察下面代码中重新导入模块后变量 x 的变化。

```
#重新导入模块
>>> import mymodule
>>> temp=mymodule
>>> temp.x
100
>>> temp.testm()
This is a test,in function testm()
```

从上面代码的执行过程和输出结果可以看出，重新导入并没有改变内存中模块变量 x 已经有的赋值。而且，mymodule 模块中的打印语句在第 2 次导入时也没有执行。

Python 也为模块对象添加了一些内置的属性，使用 dir()函数列出模块的属性列表，其中，以 "__" 开头和结尾的是 Python 的内置属性，其他为模块中的变量名。

如果使用 from 语句导入模块，模块中的代码被执行，其执行过程如例 8-4 所示。

例 8-4　使用 from 语句导入模块时，模块中变量的变化情况。

```
>>> from mymodule import *
module output test1
module output test2
```

```
>>> x
1
>>> testm()
This is a test,in function testm()
>>> x=100

#使用 from 语句重新导入模块, 查看变量 x 的值
>>> from mymodule import *
>>> x
1
```

查看模块中变量 x 的值为 1, 修改当前模块中变量 x 值为 100。如果再次使用 from 语句导入模块后, x 的值为最初模块文件中的初值。这是使用 import 语句导入和使用 from 语句导入的一个重要区别。

8.1.4　模块搜索路径

使用 import 语句导入模块, 需要能查找到模块程序的位置, 即模块的文件路径, 这是调用或执行模块的关键。导入模块时, 不能在 import 或 from 语句中指定模块文件的路径, 只能使用 Python 设置的搜索路径。标准模块 sys 的 path 属性可以用来查看当前搜索路径设置。下面是查看 Python 搜索路径和当前目录的代码。

```
>>> import sys
>>> sys.path
['D:/pythonfile36', 'd:\\pythonfile36/ch6',
'C:\\Users\\Administrator\\AppData\\Local\\Programs\\Python\\Lib\\idlelib',
'e:\\python3', …]
>>> import os
>>> os.getcwd()
'D:\\pythonfile36'
```

在 Python 搜索路径列表中, 第一个字符串表示 Python 当前工作目录。Python 按照先后顺序依次在 path 列表中搜索需要导入的模块。如果要导入的模块不在这些目录中, 导入操作失败。

通常, sys.path（搜索路径）由 4 部分设置组成。

- 程序的当前目录（可用 os 模块中的 getcwd()函数查看）。
- 操作系统的环境变量 PYTHONPATH 中包含的目录（如果存在）。
- Python 标准库目录。
- 任何.pth 文件包含的目录（如果存在）。

从 sys.path 组成可以看出, 使用系统环境变量 PYTHONPATH 或.pth 文件可以用来配置搜索路径, 这也是通常的方法。在 Windows 操作系统中, 配置环境变量 PYTHONPATH 与配置 path 环境变量的方法相同, 此处不再赘述。

在搜索路径中找到模块并成功导入后, Python 还会完成下面的功能。

（1）必要时编译模块

找到模块文件后, Python 会检查文件的时间戳, 如果字节码文件比源代码文件旧（即源代码文件做了修改）, Python 就会执行编译操作, 生成最新的字节码文件。如果字节码文件是最新的, 则会跳过编译环节。如果在搜索路径中只发现了字节码文件而没有源代码文件, 则会直接加载字节码文件。如果只有源代码文件, Python 会直接执行编译操作, 生成字节码文件。

（2）执行模块

执行模块的字节码文件, 文件中所有的可执行语句都会被执行, 所有的变量在第 1 次赋值时被创

建，函数对象也会在执行 def 语句时创建。如果有输出也会直接显示。这就是例 8-3 的执行原理。

8.1.5　__name__属性

前面已经说过，Python 的每个文件都可以作为一个模块，文件的名字就是模块的名字。例如，文件名为 mymodule.py，则模块名为 mymodule。

Python 文件有两种使用的方法，第一是直接作为独立代码（模块）执行，第二是在执行导入操作时，导入的模块将会被执行。有时，想要控制 Python 模块中的某些代码在导入时不执行，而模块独立运行时才执行，可以使用__name__属性来实现。

__name__是 Python 的内置属性，用于表示当前模块的名字，也能反映一个包的结构。如果.py 文件作为模块被调用，__name__的属性值为模块文件的主名，如果模块独立运行，则__name__属性值为__main__。

语句 if __name__ == 'main' 的作用是控制这两种不同情况执行代码的过程，当__name__ 值为"main"时，文件作为脚本直接执行，而使用 import 或 from 语句导入到其他程序中时，模块中的代码是不会被执行的。

例 8-5　__name__属性的测试。

```
#fibonacci.py
def fibo1(x):     #返回小于 x 的菲波那契数列的所有项
    a,b=0,1
    while b<=x:
        print(b,end=" ")
        a,b=b,a+b
def fibo2(x):     #返回小于 x 的菲波那契数列的最大项
    a,b=0,1
    while b<x:
        a,b=b,a+b
    print(a)
if __name__=="__main__":
    print("please use me as a module.")
```

模块文件 fibonaccy.py 独立运行时，其__name__值为"main"。程序的运行结果为：please use me as a module。当使用 from 或 import 语句导入模块后，可以调用模块中的 fibo1()或 fibo2()函数。

程序输出结果如下。

```
>>>
please use me as a module.
>>> from fibonacci import *
>>> fibo1(15)
1 1 2 3 5 8 13
>>> fibo2(10)
8
>>>
```

8.2　包

Python 的程序由包（Package）、模块（Module）和函数组成。包是模块文件所在的目录，模块是实现某一特定功能的函数和类的文件，它们之间的关系如图 8-1 所示。

包的外层目录必须包含在 Python 的搜索路径中。在包的下级子目录中，每个目录一般包含一个__init__.py 文件，但包的外层目录不需要__init__.py 文件。__init__.py 文件可以为空，也可以在其中定义__all__列表指定包中可以导入的模块。一个典型的包结构如图 8-2 所示。

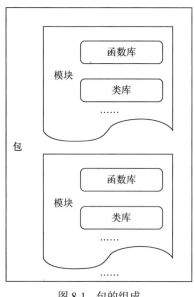

图 8-1　包的组成

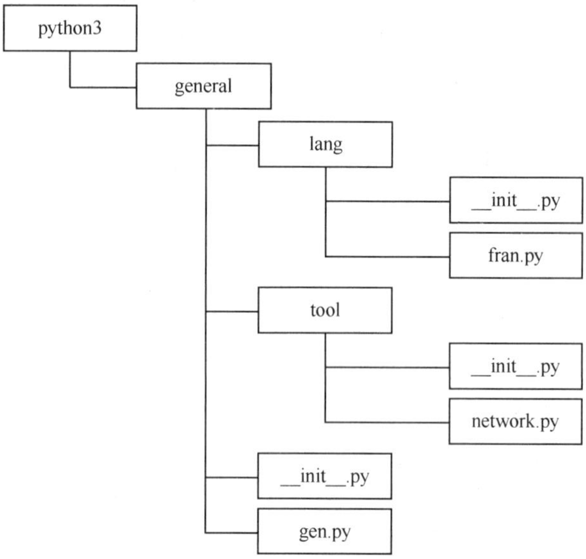

图 8-2　一个典型包的结构

在图 8-2 中，python3 是一个用户文件夹，如果 python3 文件夹中的源文件想要引用 tool 文件夹中的 network.py 模块，可以使用下面的语句：

```
from general.tool import network
import general.tool.network
```

之后，就可以调用 netwrok 模块中的类或函数了。

8.3　Python 的标准库

Python 标准库也称内置库或内置模块，是 Python 的组成部分，它随 Python 解释器一起安装在系统中。Python 的标准库中包含很多模块，本节将介绍一些常用库的应用。

8.3.1　math 库

math 库是 Python 内置的数学函数库，提供支持整数和浮点数运算的函数。math 库共提供了4 个数学常数和 44 个函数，分为数值运算函数、幂对数函数、三角对数函数和高等特殊函数等类型，执行 dir(math)函数命令，可以查看 math 模块中所有函数的列表。

例 8-6　查看 math 库的函数。

```
>>> import math
>>> dir(math)
['__doc__', '__loader__', '__name__', '__package__', '__spec__', 'acos', 'acosh', 'asin',
'asinh', 'atan', 'atan2', 'atanh', 'ceil', 'copysign', 'cos', 'cosh', 'degrees', 'e',
```

```
'erf', 'erfc', 'exp', 'expm1', 'fabs', 'factorial', 'floor', 'fmod', 'frexp', 'fsum',
'gamma', 'gcd', 'hypot', 'inf', 'isclose', 'isfinite', 'isinf', 'isnan', 'ldexp',
'lgamma', 'log', 'log10', 'log1p', 'log2', 'modf', 'nan', 'pi', 'pow', 'radians', 'sin',
'sinh', 'sqrt', 'tan', 'tanh', 'tau', 'trunc']
```

本节仅以 math 库中的部分函数为例说明 math 库的应用，如表 8.1 所示。math 库中函数数量较多，读者在学习过程中只需要掌握常用函数即可。实际编程中，如果需要使用 math 库，可以查看 Python 的帮助文档。

表 8.1   math 模块的部分常量和函数

函　　数	说　　明	示　　例
math.e	自然常数 e	>>> math.e 2.718 281 828 459 045
math.pi	圆周率 pi	>>> math.pi 3.141 592 653 589 793
math.degrees(x)	弧度转度	>>> math.degrees(math.pi) 180.0
math.radians(x)	度转弧度	>>> math.radians(45) 0.785 398 163 397 448 3
math.exp(x)	返回 e 的 x 次方	>>> math.exp(2) 7.389 056 098 930 65
math.log10(x)	返回 x 的以 10 为底的对数	>>> math.log10(2) 0.301 029 995 663 981 14
math.pow(x, y)	返回 x 的 y 次方	>>> math.pow(5,3) 125.0
math.sqrt(x)	返回 x 的平方根	>>> math.sqrt(3) 1.732 050 807 568 877 2
math.ceil(x)	返回不小于 x 的整数	>>> math.ceil(5.2) 6.0
math.floor(x)	返回不大于 x 的整数	>>> math.floor(5.8) 5.0
math.trunc(x)	返回 x 的整数部分	>>> math.trunc(5.8) 5
math.fabs(x)	返回 x 的绝对值	>>> math.fabs(−5) 5.0
math.fmod(x, y)	返回 x%y（取余）	>>> math.fmod(5,2) 1.0
math.fsum([x, y, ...])	返回无损精度的和	>>> math.fsum([0.1, 0.2, 0.3]) 0.6
math.factorial(x)	返回 x 的阶乘	>>> math.factorial(5) 120
math.isinf(x)	若 x 为无穷大，返回 True；否则，返回 False	>>> math.isinf(1.0e+308) False
math.isnan(x)	若 x 不是数字，返回 True；否则，返回 False	>>> math.isnan(1.2e3) False

math 库中的函数不能直接使用，需要使用 import 语句或 from 语句导入。

8.3.2 random 库

random 库中的函数主要用于产生各种分布的伪随机数序列。random 库中的随机函数是按照一定算法模拟产生的，其概率是确定的、可见的，被称为伪随机数。而真正意义上的随机数是按照实验过程中表现的分布概率随机产生的，其结果是不可预测的。

random 库可以生成不同类型的随机数函数，所有函数都是基于最基本的 random.random()函数扩展实现。读者只需要查阅该库中的随机数生成函数，根据应用需求使用即可。

例 8-7 显示了 random 库中的元素。表 8.2 列出了部分常用的 random 库的函数，random 库也需要先导入后使用。

例 8-7 查看 random 库中的函数。

```
>>> import random
>>> dir(random)
['BPF', 'LOG4', 'NV_MAGICCONST', 'RECIP_BPF', 'Random', 'SG_MAGICCONST', 'SystemRandom',
'TWOPI', '_BuiltinMethodType', '_MethodType', '_Sequence', '_Set', '__all__', '__builtins__',
'__cached__', '__doc__', '__file__', '__loader__', '__name__', '__package__', '__spec__',
'_acos', '_bisect', '_ceil', '_cos', '_e', '_exp', '_inst', '_itertools', '_log', '_pi',
'_random', '_sha512', '_sin', '_sqrt', '_test', '_test_generator', '_urandom', '_warn',
'betavariate', 'choice', 'choices', 'expovariate', 'gammavariate', 'gauss', 'getrandbits',
'getstate', 'lognormvariate', 'normalvariate', 'paretovariate', 'randint', 'random',
'randrange', 'sample', 'seed', 'setstate', 'shuffle', 'triangular', 'uniform',
'vonmisesvariate', 'weibullvariate']
```

表 8.2   random 库常用的函数

函 数	说 明	示 例
random.random()	返回一个介于左闭右开[0.0,1.0)区间的浮点数	>>> random.random() 0.888 068 574 355 900 4
random.randint(a, b)	返回 range[a,b]之间的一个随机整数，等价于 range(a,b+1)	>>> random.randint(10,20) 19
random.randrange(stop)	返回 range(0,stop)之间的一个整数	>>> random.randrange(10) 8
random.choice(seq)	从非空序列 seq 中随机选取一个元素。如果 seq 为空，则报告 IndexError 异常	>>> random.choice(['a','b','c','d','e']) 'c'
random.uniform(a, b)	返回一个介于 a 和 b 之间的浮点数。如果 a>b，则是 b 到 a 之间的浮点数。结果可能包含 a 和 b	>>> random.uniform(10,20) 17.278 248 828 338 89
random.randrange(start, stop[, step])	返回 range[start,stop)之间的一个整数，参数 step 为步长，与 range(0,10,2)类似	>>> random.randrange(1,20,3) 16

random.shuffle(x[,random])	随机打乱可变序列 x 内元素的排列顺序	>>> lst=['a','b','c','d','e']
		>>> random.shuffle(lst)
		>>> lst
		['e', 'c', 'b', 'a', 'd']

random.seed(a=None)	初始化伪随机数生成器	

8.3.3   datetime 库

Python 处理日期和时间的函数主要集中在 time 和 datetime 两个库中，其中 datetime 库基于 time 库进行了封装，提供了更多实用的对象或函数。用户通过 datetime 库可以获得或设置系统时间，并可以选择格式输出。

datetime 库以类的方式提供多种日期和时间的表达方式。表 8.3 给出了 datetime 模块的各种类。

表 8.3   datetime 模块中的类

类　名　称	描　　　述
datetime.date	表示日期，常用的属性包括 year、month、day
datetime.time	表示时间，常用的属性包括 hour、minute、second、microsecond
datetime.datetime	表示日期时间
datetime.timedelta	表示两个 date、time、datetime 实例之间的时间间隔
datetime.tzinfo	时区相关信息对象的类。由 datetime 和 time 类使用
datetime.timezone	Python 3.2 之后增加的功能，实现 tzinfo 的类，表示与 UTC 的固定偏移量

需要说明的是，这些类的对象都是不可变的。在实际编程中常用的是 datetime.datetime 类，datetime.date 和 datetime.time 在应用上与 datetime.datetime 类差别不大。下面重点介绍 datetime 类的使用。

1. datetime 类的定义

datetime 类原型如下。

```
class datetime.datetime(year, month, day, hour=0, minute=0, second=0, microsecond=0,
tzinfo=None)
```

其中，year、month 和 day 是必须要传递的参数，各参数的取值范围见表 8.4。如果有参数超出取值范围，会引发 ValueError 异常。

表 8.4   datetime 类参数的取值范围

参　数　名　称	取　值　范　围
year	[MINYEAR, MAXYEAR]
month	[1, 12]
day	[1, 指定年份的月份中的天数]
hour	[0, 23]
minute	[0, 59]
second	[0, 59]
microsecond	[0, 1 000 000]
tzinfo	tzinfo 的子类对象，如 timezone 类的实例

2. datetime 类的方法和属性

datetime 库中的 datetime 类的方法或属性如表 8.5 所示。

表 8.5   datetime 类方法和属性

类的方法/属性	描　　　述
datetime.today()	返回表示当前日期时间的 datetime 对象
datetime.now([tz])	返回指定时区日期时间的 datetime 对象，如果不指定 tz 参数，则结果同上
datetime.utcnow()	返回当前 utc 日期时间的 datetime 对象
datetime.fromtimestamp(timestamp[, tz])	根据指定的时间戳创建 datetime 对象
datetime.utcfromtimestamp(timestamp)	根据指定的时间戳创建 datetime 对象
datetime.combine(date, time)	把指定的 date 和 time 对象整合成 datetime 对象
datetime.strptime(date_str, format)	将时间字符串转换为 datetime 对象

例 8-8 datetime 类的应用示例。

```
>>> from datetime import datetime
>>> aday=datetime.now()
>>> aday
datetime.datetime(2018, 2, 16, 6, 24, 31, 198612)
>>> print(aday)
2018-02-16 06:24:31.198612
>>> dt1=datetime(2018,2,10,13,50)
>>> dt1
datetime.datetime(2018, 2, 10, 13, 50)
>>> type(dt1)                    #测试 dt1 类型
<class 'datetime.datetime'>
>>> t1=dt1.time()
>>> type(t1)                     #测试 t1 类型
<class 'datetime.time'>
>>> print("当前时间是{}:{}:{}".format(dt1.hour,dt1.minute,dt1.second))
当前时间是 13:50:0
```

例 8-8 中，dt1、aday 是 datetime 类的对象，使用 t1=dt1.time()语句，得到了 time 类的对象。通过 type()函数测试了 dt1 和 t1 的类型，继续使用这两个对象的 hour、minute、second 等属性，可以得到描述时间的具体数据。

3. datetime 类中对象的方法或属性

表 8.6 中，dt 是 datetime 模块中 datetime 类的对象，常用的方法或属性如下。

表 8.6 datetime 对象的方法和属性

对象方法/属性名称	描 述
dt.year, dt.month, dt.day	返回对象的年、月、日
dt.hour, dt.minute, dt.second	返回对象的时、分、秒
dt.microsecond, dt.tzinfo	返回对象的微秒、时区信息
dt.date()	获取 datetime 对象对应的 date 对象
dt.time()	获取 datetime 对象对应的 time 对象，tzinfo 为 None
dt.timetz()	获取 datetime 对象对应的 time 对象，tzinfo 与 datetime 对象的 tzinfo 相同
dt.replace()	返回一个新的 datetime 对象，如果所有参数都为空，则返回一个与原 datetime 对象相同的对象
dt.timetuple()	返回 datetime 对象对应的 tuple（不包括 tzinfo）
dt.utctimetuple()	返回 datetime 对象对应的 utc 时间的 tuple（不包括 tzinfo）
dt.toordinal()	返回日期是自 0001-01-01 开始的第多少天
dt.weekday()	返回日期是星期几，取值范围为[0, 6]，0 表示星期一
dt.isocalendar()	返回一个元组，格式为（ISO year（格林威治年份），ISO week number（格林威治周数），ISO weekday（格林威治周几）
dt.isoformat([sep])	返回表示日期和时间的字符串
dt.ctime()	返回 24 字符长度的时间字符串，如"Fri Aug 19 11:14:16 2016"
dt.strftime(format)	返回指定格式的时间字符串

例 8-9 datetime 对象方法和属性的应用。

```
>>> from datetime import *
>>> dt=datetime.today()
```

```
>>> print("当前日期是{}年{}月{}日".format(dt.year,dt.month,dt.day))
当前日期是 2018 年 2 月 16 日
>>> print(dt.time())
08:32:55.380216
>>> tup1=dt.timetuple()
>>> tup1
time.struct_time(tm_year=2018, tm_mon=2, tm_mday=16, tm_hour=8, tm_min=32, tm_sec=55,
tm_wday=4, tm_yday=47, tm_isdst=-1)
>>> print("当前日期是: {}年{}月{}日".format(tup1.tm_year,tup1.tm_mon,tup1.tm_mday))
当前日期是: 2018 年 6 月 21 日
>>> dt.ctime()
'Fri Feb 16 08:32:55 2018'
dt.replace(month=12)
datetime.datetime(2018, 12, 16, 8, 32, 55, 966958)
```

在例 8-9 的程序中，dt.timetuple()返回的是一个时间元组，时间元组是一种日期型数据的表示形式，与用 datetime 对象、time 对象等表示日期的形式类似。元组中的 tm_year、tm_mon、tm_mday、tm_hour、tm_min、tm_sec 等字段用于描述年、月、日、时、分、秒。

4. strftime()方法

strftime()方法可以按用户需要来格式化输出日期和时间，其语法格式如下：

```
dt.strftime(format[, t])
```

其中，dt 是一个 datetime（或 time）对象，参数 format 是格式字符串，格式化控制符如表 8.7 所示。可选参数 t 是一个 struct_time 对象。

表 8.7　　　　strftime()方法的格式化控制符

格式化控制符	取 值 范 围
%y	两位数的年份表示（00～99）
%Y	四位数的年份表示（0000～9999）
%m	月份（01～12）
%d	月中的某天（0～31）
%H	24 小时制小时数（0～23）
%M	分钟数（00=59）
%S	秒（00～59）
%a	本地简化的星期名称
%A	本地完整的星期名称
%b	本地简化的月份名称
%B	本地完整的月份名称
%p	本地 A.M.或 P.M.的等价符

例 8-10　strftime()方法的应用。

```
>>> from datetime import datetime
>>> dt1=datetime(2017,12,10,13,50)
>>> dt2=datetime.today()

>>> dt1.strftime("%Y-%m-%d")
'2017-12-10'
>>> dt2.strftime("当前日期: %Y年 %m月 %d日,%A")
```

```
'当前日期: 2018 年 02 月 16 日,Friday'
>>> "当前日期:{0:%Y}年 {0:%m}月 {0:%d}日".format(dt2)
'当前日期: 2018 年 02 月 16 日'
```

8.4　Python 的第三方库

Python 标准库提供了大量的函数,可用来实现一些基础编程和应用。随着 Python 的发展,涉及更多领域、功能更强的应用以函数库形式被开发出来,并通过开源形式发布,这些函数库被称为第三方库。本节将介绍 Python 第三方库的安装和使用。

8.4.1　第三方库简介

Python 的第三方库包括模块(Module)、类(Class)和程序包(Package)等元素,一般将这些可重用的元素统称为"库"。Python 的官网中还提供了第三方库索引功能(The Python Package PyPI)。其中列出了 Python 语言超过 14 万个第三方库的基本信息,这些函数库覆盖了信息技术领域所有技术方向。

当前流行的编程思想是"模块编程"。用户开发的程序包括标准库、第三方库、用户程序、程序运行所需要的资源,将各类资源通过少量代码,用类似搭积木的方法组建程序,这就是模块编程。"模块编程"思想强调充分利用第三方库,编写程序的起点不再是探究每个程序算法或功能的设计,而是尽可能探究运用库函数编程的方法。这种新的程序设计思想,在开发中得到广泛的应用。

8.4.2　使用 pip 工具安装第三方库

math 库、random 库、datetime 库等 Python 的标准库,用户可以随时使用。第三方库需要安装后才能使用。用户下载 Python 的第三方库以后,可以根据软件文档来安装或使用 pip 工具来安装。pip 工具由 Python 官方提供并维护,是常用且高效的在线第三方库安装工具。pip3 是 Python 的内置命令,用于 Python 3 版本安装第三方库,需要在命令行下执行,下面介绍常用的 pip 命令。

(1)pip3-help

该命令用于列出 pip 系列子命令,这些命令用于实现下载、安装、卸载第三方库等功能,如图 8-3 所示。

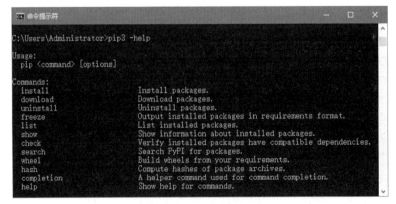

图 8-3　pip3-help 命令

（2）pip3 install

pip3 install 命令用于安装第三方库，该工具从网络上下载库文件并自动安装到系统中，图 8-4 是第三方库 pillow 5.0 的安装过程，pillow 是 Python 的图像处理库。

图 8-4 pip3 install 命令

（3）pip3 list

pip3 list 命令用于列出当前系统中已安装的第三方库，如图 8-5 所示。

图 8-5 pip3 list 命令

（4）pip3 uninstall

该命令用于卸载已安装的第三方库，卸载过程中需要用户确认。图 8-6 显示的是卸载第三方库 pillow 的过程。

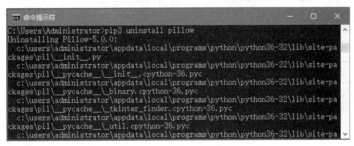

图 8-6 pip3 uninstall 命令

（5）pip3 show

该命令用于列出已安装库的详细信息，这些信息包括库的名字、版本号、功能说明等，如图 8-7 所示。

图 8-7 pip3 show 命令

（6）pip3 download

该命令用于下载第三方库的安装包文件，但并不安装，用户可以以后安装，如图 8-8 所示。

图 8-8　pip3 download 命令

除了使用 pip 工具安装第三方库，用户也可以从第三方库网站自定义安装，或者从网站下载文件后再使用文件安装，具体步骤请查阅第三方库的相关文档。

8.4.3　Python 常用的第三方库

Python 安装包自带工具 pip（或 pip3）是安装第三方库最重要的方法，本节将介绍一些 Python 常用的第三方库，表 8.8 列出了这些库的用途和安装命令。

表 8.8　　　　　　　　　　　　　　　Python 常用的第三方库

库　　名	用　　途	pip 安装指令
numpy	矩阵运算、矢量处理、线性代数、傅立叶变换等	pip3 install numpy
matplotlib	2D&3D 绘图库、数学运算、绘制图表	pip3 install matplotlib
PIL	通用的图像处理库	pip3 install pillow
requests	网页内容抓取	pip3 install requests
jieha	中文分词	pip3 install jieba
BeautifulSoup 或 bs4	HTML 和 XML 解析	pip3 install beautifulsoup4
Wheel	Python 文件打包	pip3 install wheel
sklearn	机器学习和数据挖掘	pip3 install sklearn
pyinstaller	Python 源文件打包	pip3 install pyinstaller
Django	Python 最流行的、支持快速开发的开源 Web 框架	pip3 install django
Scrapy	网页爬虫框架	pip3 install scrapy
Flask	轻量级 Web 开发框架	pip3 install flask
WeRoBot	微信机器人开发框架	pip3 install werobot
scipy	numpy 库之上的科学计算库	pip3 install scipy
pandas	高效数据分析	pip3 install pandas
PyQt5	专业级 GUI 开发框架	pip3 install pyqt5
PyOpenGL	多平台 OpenGL 开发接口	pip3 install pyopengl
PyPDF2	PDF 文件内容提取及处理	pip3 install pypdf2
Pygame	多媒体开发和游戏软件开发	pip3 install pygame

使用 pip 安装第三方库，需要注意以下几个问题。

- 在 Python 3.x 下，通常使用 pip3 命令安装，也可以使用 pip 命令安装。
- 库名是第三方库常用的名字，pip 安装用的文件名和库名不一定完全相同，通常采用小写字符。

- 安装过程应在命令行下进行，而不是在 IDLE 中，部分库会依赖其他函数库，pip 会自动安装，部分库下载后需要一个安装过程，pip 也会自动执行。

8.4.4　使用 pyinstaller 库打包文件

pyinstaller 是用于源文件打包的第三方库，它能够在 Windows、Linux、macOS X 等操作系统下将 Python 源文件打包。打包后的 Python 文件可以在没有安装 Python 的环境中运行，也可以作为一个独立文件进行传递和管理。

1. pyinstaller 的安装

用户需要在命令提示符下用 pip3 工具安装 pyinstaller 库，具体命令如下：

```
C:\Users\Administrator> pip3 install pyinstaller
```

pip3 命令会自动将 pyinstaller 安装到 Python 解释器所在的目录，该目录的位置与 pip.exe 文件的位置相同，因此可以直接使用。Python 安装后，pip 或 pip3 命令默认的目录如下：

```
C:\Users\Administrator\AppData\Local\Programs\Python\Python36-32\Scripts
```

2. 用 pyinstaller 打包文件

使用 pyinstaller 命令打包文件十分简单。假设 Python 源文件 computing.py 存在于 d:\python36\文件夹中，打包的命令是：

```
d:\python> pyinstaller d:\python36\computing.py
```

该命令执行完毕，将在 d:\python 下将生成 dist 和 build 两个文件夹。其中，build 文件夹用于存放 pyinstaller 的临时文件，可以安全删除。最终的打包程序在 dist 内的 computing 文件夹下，可执行文件 computing.exe 是生成的打包文件，其他文件是动态链接库。

如果在 pyinstaller 命令中使用参数-F，可将 Python 源文件编译成一个独立的可执行文件，代码如下：

```
d:\python> pyinstaller d:\python36\computing.py -F
```

上面的命令将在 d:\python 下的 dist 文件夹中生成 computing.exe 文件。

使用 pyinstaller 命令打包文件，需要注意以下几个问题。

- 文件路径中不能出现空格和英文句号（.），如果存在，需要修改 Python 源文件的名字。
- 源文件必须是 UTF-8 编码。采用 IDLE 编写的源文件均保存为 UTF-8 格式，可以直接使用。
- 上面的示例中，命令提示符前的路径提示符是 d:\python，生成的打包文件的位置与 ">" 提示符前的路径是一致的。

3. pyinstaller 的参数

合理使用 pyinstaller 的参数可以实现更强大的打包功能，pyinstaller 的常用参数如表 8.9 所示。

表 8.9　　　　　　　　　　　　　　　pyinstaller 的常用参数

参　　数	功　　能
-h、--help	查看帮助信息
-v、--version	查看 pyinstaller 的版本号
--clean	清理打包过程中的临时文件
-D、--onedir	默认值，生成 dist 目录
-F、--onefile	在 dist 文件夹中只生成独立的打包文件

参　　数	功　　能
-p DIR、--paths DIR	添加 Python 文件使用的第三方库路径，DIR 是第三方库路径
-i <.ico or .exe、ID or .icns> --icon <.ico or.exe、ID or .icns>	指定打包程序使用的图标（Icon）文件

使用 pyinstaller 命令打包文件时，不需要在 Python 源文件中添加任何代码，只使用打包命令即可。-F 参数经常使用，对于包含第三方库的源文件，可以使用-p 命令添加第三方库所在的路径。如果第三方库由 pip 安装且在 Python 的安装目录中，则不需要使用-p 参数。

8.5　turtle 库的应用

turtle 库是用于绘制图形的内置函数库。turtle 是海龟的意思，turtle 绘图可以描述为海龟爬行轨迹形成了绘制的图形，所以以图形绘制的过程十分直观。turtle 库保存在 Python 安装目录的 Lib 文件夹下，需要导入后才能使用。

下面首先介绍 turtle 的绘图坐标系，然后介绍用于画笔控制、形状绘制的 turtle 库的常用方法。

1. 绘图坐标系

turtle 的绘图画布上，默认的坐标原点是画布中心，坐标原点是 (0,0)，在坐标原点上有一只面朝 x 轴正方向的小海龟就是画笔，海龟在坐标系中爬行，有"前进""后退""旋转"等动作，对坐标系的探索也通过"前进方向""后退方向""左侧方向"和"右侧方向"等小海龟调整自身角度方位来完成。

结合下面的代码，分析 turtle 的绘图坐标系如图 8-9 所示。

```
from turtle import *
turtle.setup(500,300,200,200)
```

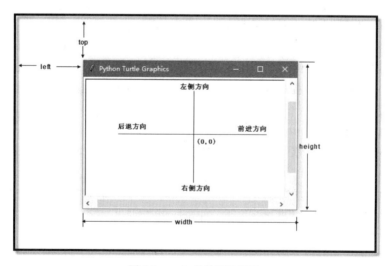

图 8-9　turtle 的绘图坐标系

turtle.setup()方法，用于设置绘图窗口的大小和位置，其语法格式如下：

```
turtle.setup(width,height,top,left)
```

其中，参数 width 和 height 表示绘图窗口的宽度和高度。如果参数是整数，单位是像素；如果参数是小数，表示与屏幕的比例。参数 top 和 left 表示窗口左边界和上边界与屏幕边界的距离，如果值是 None，表示窗口位于屏幕中央。

2. turtle 的画笔控制方法

turtle 的画笔控制方法主要是设置画笔的状态，如画笔的抬起和落下状态，设置画笔的宽度、颜色等，主要方法如表 8.10 所示。

表 8.10　　　　　　　　　　　　　　　　turtle 的画笔控制方法

方　　法	功　　能
turt1e.penup()/turtle.pu()/turtle.up()	提起画笔，用于移动画笔位置，与 pendown()配合使用
turtle.pendown()/turtle.pd()/turtle.down()	放下画笔，移动画笔将绘制图形
turtle.pensize()/turtle.width()	设置画笔的宽度，若为空，则返回当前画笔的宽度
turtle.pencolor(colorstring)/turtle.pencolor((r,g,b))	设置画笔颜色，若无参数则返回当前的画笔颜色

在 turtle.pencolor(colorstring)方法中，colorstring 是表示颜色的字符串，例如，"purple""red""blue"等，也可以使用（r,g,b）元组形式表示颜色值，r、g、b 每个分量的取值范围都是[0,255]。

3. turtle 的图形绘制方法

turtle 通过一组方法完成了图形绘制，这种绘制是通过控制画笔的行进动作完成的，所以 turtle 的形状绘制方法也叫运动控制方法。这些方法包括画笔的前进方法、后退方法、方向控制等，如表 8.11 所示。

表 8.11　　　　　　　　　　　　　　　　turtle 的图形绘制方法

方　　法	功　　能
turtle.fd(distance)/turtle.foward(distance)	控制画笔沿当前行进方向前进 distance 距离，distance 的单位是像素，当值为负数时，表示向相反方向前进
turtle.seth(angle)/turtle.setheading(angle)	改变画笔绘制方向，angle 是绝对方向的角度值
turtle.circle(radius, extents)	用来绘制一个弧形，根据半径 radius 绘制 extents 角度的弧形
turtle.left(angle)	向左旋转 angle 角度
turtle.right(angle)	向右旋转 angle 角度
turtle.setx(x)	将当前 x 轴移动到指定位置，x 单位是像素
turtle.sety(y)	将当前 y 轴移动到指定位置，y 单位是像素

图 8-10 是 turtle 绘图的角度坐标体系，该坐标系中，以正东向为绝对 0°，这是海龟默认方向，正西向为绝对 180°。该坐标体系是 turtle 的绝对方向体系，与海龟当前的爬行方向无关。因此，可以利用这个绝对坐标体系随时更改小海龟的前进方向。

turtle.circle()是 turtle 的图形绘制的重要方法，该方法根据半径 radius 绘制 extents 角度的弧形，其格式如下：

```
turtle.circle(radius, extents)
```

其中，radius 是弧形半径，当值为正数时，半径在海龟左侧，当值为负数时，半径在海龟右侧。extent 是绘制弧形的角度，当不设置参数或参数设置为 None 时，绘制整个圆形。

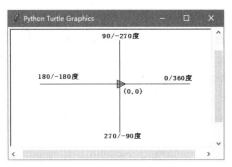

图 8-10　turtle 绘图的角度坐标系

例 8-11　绘制图案为紫色正方形螺旋。

```
1    #ex0811.py
2    '''绘制图案为紫色正方形螺旋'''
3    import turtle
4    turtle.setup(400,360)
5    turtle.pensize(2)                  #设置画笔宽度为 2 像素
6    turtle.pencolor("purple")          #设置画笔颜色为紫色
7    turtle.shape("turtle")             #设置画笔形状为"海龟"
8    turtle.speed(10)                   #设置绘图速度为 10
9    a=5                                #起始移动长度 a 为 5 像素
10   for i in range(40):                #循环 40 次
11       a=a+6                          #移动长度 a 每次增加 6 像素
12       turtle.left(90)               #画笔每次移动旋转 90°
13       turtle.fd(a)                   #画笔向前移动 a 像素
14   turtle.hideturtle()                #隐藏画笔
15   turtle.done()                      #结束绘制
```

在例 8-11 的程序中，第 3 行至第 8 行完成了绘图的初始化工作，如设置窗口的大小、画笔的宽度、画笔的颜色等。第 10 行至第 13 行使用 for 循环绘制正方形。每笔绘制完成后，画笔的方向左转 90°，程序运行后的效果如图 8-11 所示。

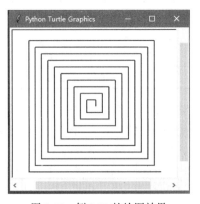

图 8-11　例 8-11 的绘图效果

例 8-12　心形图标的绘制。

```
1    #ex0812.py
2
```

```
 3    import turtle
 4
 5    def gxy():                    #绘制 200 个点，每点 turtle 方向右转 1°
 6        for i in range (200):
 7            turtle.right(1)        #调整 turtle 前进方向右转 1°
 8            turtle.forward(1)
 9
10    turtle.setup(400,300)
11    turtle.color('red','pink')
12    turtle.pensize(2)
13    turtle.speed(30)
14    turtle.goto(0,-100)
15
16    turtle.begin_fill()
17    turtle.left(140)              #调整 turtle 前进方向左转 140°
18    turtle.forward(112)
19    gxy()
20    turtle.left(120)
21    gxy()
22    turtle.forward(112)
23    turtle.end_fill()
24    #绘制文字
25    turtle.up()
26    turtle.seth(180)              #调整 turtle 方向左向 180°
27    turtle.fd(100)
28    turtle.write("I Love Python")
29    turtle.hideturtle()           #隐藏 turtle
```

　　例 8-12 的程序的目的是绘制一个心形。其中，第 5 行至第 8 行是绘制心形圆弧的函数，心形由每次右转 1° 的 200 个点组成；第 10 行至第 13 行完成画笔的初始化工作；第 14 行重置画笔的起始点。第 16 行至第 23 行是心形的绘制过程，心形由两条旋转一定角度的线段和两个圆弧组成。最后，在心形的左下方输出文字"I Love Python"，程序运行后，显示的结果如图 8-12 所示。

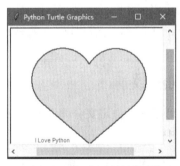

图 8-12　例 8-12 的绘图效果

8.6　jieba 库的应用

　　jieba 是用于中文单词拆分的第三方库，它具有分词、添加用户词典、提取关键词和词性标注等功能。

8.6.1 jieba 库简介

英文字符串可以使用 split()方法实现文本中单词的拆分，借助列表和字典等组合数据类型，进一步完成词频统计等功能。下面的代码可以将英文句子中的单词拆分到列表中。

```
>>> str1="the Zen of Python"
>>> str1.split()
['the', 'Zen', 'of', 'Python']
```

如果是一段中文文本（可以包括英文单词），例如，"Python 是一种优美简洁的计算机语言"，要想获得其中的中文单词是十分困难的，因为英文文本可以通过空格或者标点符号分隔，而中文之间缺少分隔符，这是中文及类似语言独有的"分词"问题。下面使用 jieba 库中的 lcut()方法实现汉字单词的拆分。

```
>>> import jieba
>>> str2="Python 是一种优美简洁的计算机程序设计语言"
>>> jieba.lcut(str2)
Building prefix dict from the default dictionary ...
Dumping model to file cache C:\Users\ADMINI~1\AppData\Local\Temp\jieba.cache
Loading model cost 1.785 seconds.
Prefix dict has been built succesfully.
['Python', '是', '一种', '优美', '简洁', '的', '计算机', '程序设计', '语言']
```

jieba 库是第三方库，不是 Python 安装包自带的，因此需要通过 pip 指令安装，pip 安装命令如下：

```
C:\Users\Administrator>pip3 install jieba
```

其中，"C:\Users\Administrator>"是命令提示符，不同计算机的命令提示符可能略有不同。

jieba 库的分词原理是利用一个中文词库，将待分词的文本与分词词库进行比对，通过图结构和动态规划方法找到最大概率的词组。

jieba 库支持的 3 种分词模式如下。

- 精确模式：试图将句子精确地切开，适合于文本分析。
- 全模式：把句子中所有的可以成词的词语都扫描出来，速度快，但是不能解决歧义问题。
- 搜索引擎模式：在精确模式的基础上，对长词再次切分，提高召回率，适合用于搜索引擎分词。

8.6.2 jieba 库的分词函数

jieba 库主要提供分词功能，可以辅助自定义分词词典。jieba 库中包含的主要方法如表 8.12 所示。例 8-13 是 jieba 库的基本应用。

表 8.12   jieba 库常用的分词函数（共 7 个）

方　　　法	功 能 描 述
jieba.cut(s)	精确模式，返回一个可迭代的数据类型
jieba.cut(s,cut_all=True)	全模式，输出文本 s 中所有可能的单词
jieba.cut_for_search (s)	搜索引擎模式，适合搜索建立索引的分词结果
jieba.lcut(s)	精确模式，返回一个列表类型
jieba.lcut(s,cut_all=True)	全模式，返回一个列表类型
jieba. lcut_for_search (s)	搜索引擎模式，返回一个列表类型

例 8-13 jieba 库的分词应用。

```
>>> import jieba
>>> str3="Python是一种优美简洁的计算机程序设计语言"
>>> seg_list = jieba.cut(str3)
>>> seg_list
<generator object Tokenizer.cut at 0x05AD6AB0>
>>> for s in seg_list:print(s,end=',')
Python,是,一种,优美,简洁,的,计算机,程序设计,语言,
>>> jieba.lcut(str3)
['Python', '是', '一种', '优美', '简洁', '的', '计算机', '程序设计', '语言']
>>> jieba.lcut(str3,cut_all=True)
['Python', '是', '一种', '优美', '简洁', '的', '计算', '计算机', '计算机程序', '算机',
'程序', '程序设计', '设计', '语言']
>>> jieba.lcut_for_search(str)
['Python', '是', '一种', '优美', '简洁', '的', '计算', '算机', '计算机', '程序', '设计',
'程序设计', '语言']
```

jieba.lcut(s)函数返回精确模式，输出的分词能够完整且不多余地组成原始文本。

jieba.lcut(s,True)函数返回全模式，输出原始文本中可能产生的所有分词，冗余性大。

jieba.lcut_for_search(s)函数返回搜索引擎模式，该模式首先执行精确模式，然后再对其中的长词进一步加以切分。由于列表类型通用且灵活，建议读者使用上述 3 种能够返回列表类型的分词函数。

8.6.3 添加单词和自定义词典

默认情况下，表 8.12 中的 jieba.cut()等分词函数能够较高概率地识别自定义的新词，比如名字或缩写，即使类似姓名的一些词不在词典中，分词函数也能够根据中文字符间的相关性完成识别。

对于无法识别的分词，用户也可以向分词库中添加新词；对于一些相对集中或专业的应用，用户还可以定义自己的词典或调整词典，相关方法如下。

- jieba.add_word(word, freq=None, tag=None)：在程序中向词典添加单词。
- del_word(word)：删除词典中的单词。
- suggest_freq(segment, tune=True)：调节单个词语的词频，使其能（或不能）被拆分。

例 8-14 向分词库添加单词。

```
>>> import jieba
>>> jieba.lcut("斯凯温是一个优秀的外语教师")
['斯凯温', '是', '一个', '优秀', '的', '外语', '教师']
>>> jieba.lcut("黄土窑的未来值得人们向往")
['黄土', '窑', '的', '未来', '值得', '人们', '向往']
>>> jieba.add_word("黄土窑")
>>> jieba.lcut("黄土窑的未来值得人们向往")
['黄土窑', '的', '未来', '值得', '人们', '向往']
```

例 8-15 用户自定义词典的应用。

```
>>> import jieba
>>> jieba.lcut("张林一是创新办主任也是云计算方面的专家 ")
['张林', '一是', '创新', '办', '主任', '也', '是', '云', '计算', '方面', '的', '专家', ' ']
>>> jieba.load_userdict('dict1.txt')
```

```
>>> jieba.lcut("张林一是创新办主任也是云计算方面的专家 ")
['张林一', '是', '创新办', '主任', '也', '是', '云计算', '方面', '的', '专家', ' ']
>>> print('/'.join(jieba.cut('如果放到post中将出错。')))
如果/放到/post/中将/出错/。
>>> jieba.suggest_freq(('中', '将'), True)
494
>>> print('/'.join(jieba.cut('如果放到post中将出错。', HMM=False)))
如果/放到/post/中/将/出错/。
```

用户可以指定自己自定义的词典，以便包含 jieba 词库里没有的词。虽然 jieba 有新词识别能力，但是自行添加新词可以保证更高的正确率。jieba.load_userdict(file_name)方法用于添加字典，其中，file_name 为文件类对象或自定义词典的路径。

用户定义的词典文件格式是每个单词占 1 行，每行分 3 个部分：词语、词频（可省略）、词性（可省略），用空格隔开，顺序不可颠倒。通常的字典文件的编码格式为 UTF-8。下面是例 8-15 的字典文件 dict1.txt 的结构。

```
云计算 5
双创办 4
张林一 2 nr
创新办 3 i
easy_install 3 eng
好用 300
辽师大学
```

8.6.4　基于 TF-IDF 算法的关键词抽取

jieba.analyse 模块中的 extract_tags()方法用于在指定文本中完成基于 TF-IDF 算法的关键词抽取，其语法格式如下：

```
jieba.analyse.extract_tags(sentence, topK=20, withWeight=False, allowPOS=())
```

其中，sentence 为待提取的文本；topK 为返回几个 TF-IDF 权重最大的关键词，默认值为 20；withWeight 表示是否一并返回关键词权重值，默认值为 False；allowPOS 仅包括指定词性的词，默认值为空，即不筛选。

例 8-16　基于 TF-IDF 算法的关键词抽取的示例。

```
>>> import jieba.analyse
>>> import jieba
>>> content=''' 用户可以指定自己自定义的词典，以便包含 jieba 词库里没有的词。虽然 jieba 有新词识别能力，但是自行添加新词可以保证更高的正确率。jieba.load_userdict(file_name)方法用于添加字典，其中，file_name 为文件类对象或自定义词典的路径'''
>>> tags = jieba.analyse.extract_tags(content, topK=5)
>>> tags
['jieba', '自定义', 'file', 'name', '新词']
```

jieba 库还有更丰富的分词功能，这涉及自然语言处理领域，本节不再深入介绍。

8.6.5　中文文本的词频统计

例 8-17 完成了汉字高频词的统计功能，其程序编写的思路如下。

（1）使用 open()函数读取文件到变量 article 中，再使用 jieba.lcut()函数实现汉字分词功能，解析后的分词保存在列表 words 中。

（2）逐个读取列表中的汉字单词，重复下面的操作。

- 如果字典 word_freq 的 key 值中没有这个单词，向字典中添加元素，关键字是这个单词，值是 1；如果字典的 key 值中有这个单词，字典的值加 1。

- 当列表中的单词全部读取结束后，每个单词出现的次数被放在了字典 word_freq 中，word_freq 的 key 是单词，word_freq 的 value 是单词出现的次数。

（3）为了得到比较好的输出结果，将字典转换为列表后，排序，输出。

程序的第 13～14 行排除了单个汉字的分词结果，解析的文件 sanguo60.txt 内容是三国演义的前 60 回。适当减少文件的大小，可以提高分词的效率。

例 8-17　《三国演义》前 60 回中的高频词统计。

```
1   #ex0817.py
2   '''
3   使用 jieba 库分解中文文本，并使用字典实现词频统计
4   '''
5   # encoding=utf-8
6   import jieba
7   # read need analyse file
8   article = open("sanguo60.txt",encoding='utf-8').read()
9   words = jieba.lcut(article)
10  # count word freq
11  word_freq = {}
12  for word in words:
13      if len(word)==1:
14          continue
15      else:
16          word_freq[word]= word_freq.get(word,0)+1
17  # sorted
18  freq_word = []
19  for word, freq in word_freq.items():
20      freq_word.append((word, freq))
21  freq_word.sort(key = lambda x:x[1], reverse=True)
22  max_number = eval(input("显示前多少位高频词？  "))
23  # display
24  for word, freq in freq_word[:max_number]:
25      print(word, freq)
```

程序运行结果如下。

```
>>>
显示前多少位高频词？  15
曹操 752
玄德 501
将军 383
玄德曰 335
关公 326
吕布 299
却说 270
孔明 248
```

```
荆州 226
二人 220
不可 220
主公 218
丞相 216
周瑜 216
刘备 209
>>>
```

观察运行结果，如果需要统计高频词中的人物出现次数，可以采用排除非人物单词的策略，为提高程序的可扩展性，将需要排除的单词存入到文本文件中，将来如果需要增加排除的单词，只要修改文本文件即可。用于排除单词的文本文件命名为 stopwords.txt，文件中被排除的每个单词占一行。基于上例的结果，排除的单词包括：却说、二人、荆州、不可等。

例 8-18 引用了排除单词文件的高频词统计。

```python
1    #ex0818.py
2    '''
3    使用 jieba 库分解中文文本，并使用字典实现词频统计,统计结果中排除
4    部分单词，被排除单词保存在文件 stopwords.txt 中
5    '''
6    import jieba
7    stopwords = [line.strip() for line in open('stopwords.txt', 'r', \
8                 encoding='utf-8').readlines()]
9    #  add extra stopword
10   stopwords.append('')
11   # read need analyse file
12   article = open("sanguo60.txt",encoding='utf-8').read()
13   words = jieba.cut(article, cut_all = False)
14   #  count word freq
15   word_freq = {}
16   for word in words:
17       if (word in stopwords) or len(word)==1:
18           continue
19       if word in word_freq:
20           word_freq[word] += 1
21       else:
22           word_freq[word] = 1
23   #  sorted
24   freq_word = []
25   for word, freq in word_freq.items():
26       freq_word.append((word, freq))
27   freq_word.sort(key = lambda x:x[1], reverse=True)
28   max_number = eval(input("需要前多少位高频词?  "))
29   # display
30   for word, freq in freq_word[:max_number]:
31       print(word, freq)
```

程序运行结果如下。

```
>>>
需要前多少位高频词?  15
曹操 752
```

```
玄德 501
将军 383
玄德曰 335
关公 326
吕布 299
孔明 248
荆州 226
主公 218
丞相 216
周瑜 216
刘备 209
张飞 196
袁绍 189
云长 177
>>>
```

观察运行结果，可以看出，文本 stopwords.txt 中的单词被排除了，但又增加了一些词频高的非人数单词，这时就需要继续调整 stopwords.txt 中的排除单词，直到结果符合用户的要求。

可以看出，运行结果中的刘备、玄德、玄德曰是同一个人，关公、云长是同一个人，曹操、丞相也是同一个人，为了更准确地统计出人物出现的次数，需要对这些数据进行整合处理。进一步完善的程序如例 8-19 所示。

例 8-19　同类单词合并后的高频词统计。

```
1   #ex0819.py
2   '''
3   使用 jieba 库分解中文文本，并使用字典实现词频统计，统计结果中排除
4   部分单词，被排除单词保存在文件 stopwords.txt 中，合并了部分同义词
5   '''
6   import jieba
7   stopwords=[line.strip() for line in open('stopwords.txt',\
8                                   encoding='utf-8').readlines()]
9   #  add extra stopword
10  stopwords.append('')
11  # read need analyse file
12  article = open("sanguo60.txt",encoding='utf-8').read()
13  words = jieba.lcut(article)
14  #  count word freq
15  word_freq = {}
16  for word in words:
17      if (word in stopwords) or len(word)==1:
18          continue
19      elif word=='玄德' or word=='玄德曰':
20          newword='刘备'
21      elif word=='关公' or word=='云长':
22          newword='关羽'
23      elif word=='丞相':
24          newword='曹操'
25      elif word=='孔明' or word=='孔明曰':
26          newword='诸葛亮'
```

```
27        else:
28            newword=word
29
30        if newword in word_freq:
31            word_freq[newword] += 1
32        else:
33            word_freq[newword] = 1
34  #   sorted
35  freq_word = []
36  for word, freq in word_freq.items():
37      freq_word.append((word, freq))
38  freq_word.sort(key = lambda x:x[1], reverse=True)
39  max_number = eval(input("需要前多少位高频词?  "))
40  # display
41  for word, freq in freq_word[:max_number]:
42      print(word, freq)
```

程序运行结果如下。

```
>>>
需要前多少位高频词?  10
刘备 1045
曹操 968
关羽 510
诸葛亮 470
吕布 299
荆州 226
主公 218
周瑜 216
张飞 196
袁绍 189
>>>
```

例 8-19 的运行结果尚需进一步完善,例如,需要排除查询结果"荆州",将查询结果"主公"与单词"刘备"合并等,这些请读者在调试程序过程中自行完成。

8.6.6　打包词频统计程序

第 8.6.5 小节的词频统计程序使用了第三方的 jieba 库,可能还需要使用其他的第三方库。使用了第三方库的 Python 源文件在打包时分两种情况。

(1)第三方库安装在 Python 的安装目录中。

通常情况下,默认的 Python 安装路径是:C:\Users\Administrator\AppData\Local\Programs\Python\Python36-32\,第三方库 jieba 使用 pip3 默认的安装路径是:C:\Users\Administrator\AppData\Local\Programs\Python\Python36-32\Lib\site-packages。这种情况下可以直接打包文件。

例 8-19 的程序 ex0819.py 使用了 jieba 库,打包方法可以描述如下。

```
d:\python> pyinataller  -F d: \python36\ex0819.py
```

在 d:\python 的 dist 文件夹中将生成打包文件 ex0819.py,将 sanguo60.txt 和 stopwords.txt 文件复制到 dist 目录中,即可正常运行该程序。

（2）第三方库安装在特定目录中。

使用 pyinataller 命令打包时，需要使用 p 参数指明第三方库的路径。

本 章 小 结

模块是一个包含变量、语句、函数或类的定义的程序文件。模块需要使用 import 或 from 语句导入后使用，执行导入操作时，导入的模块将会被自动执行。

使用 import 语句导入模块，需要能查找到模块的文件路径。标准模块 sys 的 path 属性可用来查看当前的搜索路径。

Python 的程序由包（Package）、模块（Module）和函数等组成，包是模块文件所在的目录。包的外层目录必须包含在 Python 的搜索路径中。

本章介绍了 math 库、random 库、datetime 库中的常用函数。turtle 库是用于绘制图形函数的库，保存在 Python 安装目录的 Lib 文件夹下，需要导入后才能使用。

本章还介绍了 Python 第三方库的安装和常用的命令。pyinstaller 是用于源文件打包的第三方库，打包后的 Python 文件可以在没有安装 Python 的环境中运行，也可以作为一个独立文件进行传递和管理。jieba 是用于中文单词拆分的第三方库，本章详细介绍了其分词、添加用户词典、根据权重提取关键词的功能，还介绍了一个中文文本的词频统计的具体应用。

习 题 8

1. 选择题

（1）下列导入模块的语句中，错误的是哪一项？（　　）

  A. import numpy as np   B. from numpy import * as np

  C. from numpy import *   D. import matplotlib.pyplot

（2）下列关于包的说明中，错误的是哪一项？（　　）

  A. 包的外层目录必须包含在 Python 的搜索路径中

  B. 包的所有下级子目录都需要包含一个__init__.py 文件

  C. 包由模块、类和函数等组成

  D. 包的扩展名是.py

（3）下列哪个是 Python 的标准库？（　　）

  A. turtle   B. jieba   C. PIL   D. pyintaller

（4）下列选项中，哪一个不是 pip 命令的参数？（　　）

  A. list   B. show   C. install   D. change

（5）模块文件 m1.py 如下。

```
#模块文件: m1.py
x=1
def testm():
   print("This is a test,in function testm()")
type(x)
```

```
print("module output test1")
print("module output test2")
if __name__=="__main__":
    testm()
```

在 IDLE 交互模式下，执行 import m1 语句后的结果是哪一项？（   ）

    A. 1/module output test1/module output test2

    B. <class 'int'>/module output test1/module output test2

    C. module output test1/module output test2

    D. This is a test,in function testm()/module output test1/module output test2

2. 简答题

（1）Python 导入模块时一般采用什么搜索顺序？

（2）Python 的内置属性__name__有什么作用？

（3）Python 的第三方库如何安装？如何查看当前计算机中已经安装的第三方库？

（4）简述用 Python 的第三方库 pyinstaller 打包文件的过程和注意事项。

（5）模块和包有什么区别？它们之间的关系是什么？

3. 编程题

（1）使用 random 库，产生 10 个 100～200 之间的随机数，并求其最大值、平均值、标准差和中位数。

（2）使用 datetime 库，对某一个日期（含时间）数据，输出不少于 8 种日期格式。

（3）使用 turtle 库绘制一个叠加三角形（见图 8-13）。

图 8-13　叠加三角形的效果

（4）编写程序统计《水浒传》中前 10 位出场最多的人物。

第9章
Python 的文件操作

文件被广泛应用于用户和计算机的数据交换。Python 程序可以从文件读取数据，也可以向文件写入数据。用户在处理文件过程中，可以操作文件内容，也可以管理文件目录。本章将介绍 Python 的文件操作，重点包括文件的概念、文件的读/写操作及文件的目录管理等内容。

9.1　文件的概念

文件是数据的集合，以文本、图像、音频、视频等形式存储在计算机的外部介质中。存储文件的介质可以是本地存储、移动存储或网络存储等形式，最典型的存储介质是磁盘。根据文件的存储格式不同，可以分为文本文件和二进制文件两种形式。

1. 文本文件和二进制文件

文本文件由字符组成，这些字符按 ASCII 码、UTF-8 或 Unicode 等格式进行编码，文件内容方便查看和编辑。Windows 记事本创建的.txt 格式的文件就是典型的文本文件，以.py 为扩展名的 Python 源文件、以.html 为扩展名的网页文件等都是文本文件。文本文件可以被多种编辑软件创建、修改和阅读，常见的编辑软件有记事本、Noptpad++等。

二进制文件存储的是由 0 和 1 组成的二进制编码。二进制文件内部数据的组织格式与文件用途有关。典型的二进制文件包括.bmp 格式的图片文件、.avi 格式的视频文件、各种计算机语言编译后生成的文件等。

二进制文件和文本文件最主要的区别在于编码格式，二进制文件只能按字节处理，文件读/写的是 Bytes 字符串。

无论是文本文件还是二进制文件，都可以用"文本文件方式"和"二进制文件方式"打开，但打开后的操作是不同的。

2. 文本文件的编码

编码就是用数字来表示符号和文字，它是符号、文字存储和显示的基础。我们经常可以看到的用密码对文件加密，之后进行传输和破译，就是一种编码和解码的过程。

计算机有很多种编码方式。最早的编码方式是 ASCII 码，即美国标准信息交换码，仅对 10 个数字、26 个大写英文字符、26 个小写英文字符及其他一些常用符号进行了编码。ASCII 码采用 8 位（1 字节）编码，因此最多只能表示 256 个字符。

随着信息技术的发展，汉语、日语、阿拉伯语等不同语系的文字都需要进行编码，于是又有了 UTF-8、Unicode、GB 2312、GBK 等格式的编码。采用不同的编码意味着把同一字符存入文件时，写入的内容可能不同。Python 程序读取文件时，一般需要指定读取文件的编码方式，否则程序运行时可能出现异常。

Unicode 是国际组织制定的可以容纳世界上所有文字和符号的字符编码方案，它是编码转换的基础，编码转换时，先把一种编码的字符串转换成 Unicode 编码的字符串，然后再转换成其他编码的字符串。

UTF-8 编码是国际通用的编码方式，用 8 位（1 字节）表示英语（兼容 ASCII 码），以 24 位（3 字节）表示中文及其他语言，UTF-8 对全世界所有国家的字符都进行了编码。若文件使用了 UTF-8 编码格式，在任何平台下（如中文操作系统、英文操作系统、日文操作系统等）都可以显示不同国家的文字。Python 语言源代码默认的编码方式是 UTF-8。

GB 2312 编码是中国制定的中文编码，用 1 字节表示英文字符，用 2 字节表示汉字字符。GBK 是对 GB 2312 的扩充。

需要注意的是，采用不同的编码方式，写入文件的内容可能是不同的。就汉字编码而言，GBK 编码的 1 个汉字占 2 个字节空间，UTF-8 编码的 1 个汉字占 3 个字节空间，Unicode 编码中的 1 个汉字占 2 个字节空间。

3. 文件指针的概念

文件指针是文件操作的重要概念，Python 用指针表示当前读/写位置。在文件的读/写过程中，文件指针的位置是自动移动的，用户可以使用 tell()方法测试文件指针的位置，使用 seek()方法移动指针的位置。以只读方式打开文件时，文件指针会指向文件开头；向文件中写入数据或追加数据时，文件指针会指向文件末尾。通过设置文件指针的位置，可以实现文件的定位读/写。

9.2 文件的打开与关闭

无论是文本文件还是二进制文件，进行文件的读/写操作时，都需要先打开文件，操作结束后再关闭文件。打开文件是指将文件从外部介质读取到内存中，文件被当前程序占用，其他程序不能操作这个文件。在某些写文件的模式下，打开不存在的文件可以创建文件。

文件操作之后需要关闭文件，释放程序对文件的控制，将文件内容存储到外部介质，其他程序才能够操作这个文件。

1. 打开文件

Python 用内置的 open()函数来打开文件，并创建一个文件对象。open()函数的基本格式如下：

```
myfile = open(filename[,mode])
```

其中，myfile 为引用文件的变量，filename 为用字符串描述的文件名，可以包含文件的存储路径，mode 为文件读/写模式，通过读/写模式指明将要对文件采取的操作。文件读/写模式如表 9.1 所示。

表 9.1　　　　　　　　　　　　　　　　文件读/写模式

读/写模式	说　　　明
r	以只读模式打开（默认值）该模式打开的文件必须存在，如果不存在，将报异常
r+	以读/写模式打开。该模式打开的文件必须存在，如果不存在，将报异常
w	以写模式打开。文件如果存在，清空内容后重新创建文件

续表

读/写模式	说　　明
w+	以读/写模式打开。文件如果存在，清空内容后重新创建文件
a	以追加的方式打开，写入的内容追加到文件尾。该模式打开的文件如果已经存在，不会清空，否则新建一个文件
rb	以二进制读模式打开，文件指针将会放在文件的开头
wb	以二进制写模式打开
ab	以二进制追加模式打开
rb+	以二进制读/写模式打开。文件指针将会放在文件的开头
wb+	以二进制读/写模式打开。如果该文件已存在，则将其覆盖；如果该文件不存在，则会创建新文件
ab+	以二进制读/写模式打开。如果该文件已存在，文件指针将会放在文件的末尾；如果该文件不存在，则会创建新文件用于读/写

例 9-1　以各种模式打开文件。

```
# 默认以只读方式打开，文件不存在时报异常
>>> file1=open("readme.txt")
Traceback (most recent call last):
  File "<pyshell#5>", line 1, in <module>
    file1=open("readme.txt")
FileNotFoundError: [Errno 2] No such file or directory: 'readme.txt'

#以只读方式打开
>>> file2=open("s1.py",'r')
#以读/写方式打开，指明文件路径
>>> file3=open("d:\\python36\\test.txt","w+")
#以读/写方式打开二进制文件
>>> file4=open("tu3.jpg","ab+")
```

2. 关闭文件

close()方法用于关闭文件。通常情况下，Python 操作文件时，使用内存缓冲区缓存文件数据。关闭文件时，Python 将缓冲的数据写入文件，然后关闭文件，并释放对文件的引用。使用下面的代码将关闭文件。

```
file.close()
```

使用 flush()方法可将缓冲区的内容写入文件，但不关闭文件。

```
file.flush()
```

9.3　文件的读/写操作

当文件被打开后，根据文件的访问模式可以对文件进行读/写操作。如果文件是以文本文件方式打开的（默认设置），程序会按照当前操作系统的编码方式来读/写文件，用户也可以指定编码方式来读/写文件。如果文件是以二进制文件方式打开的，程序则会按字节流方式读/写文件。表 9.2 给出了文件内容的读取方法。

表 9.2	文件读/写操作的常用方法
方　　法	说　　明
read([size])	读取文件全部内容，如果给出参数 size，读取 size 长度的字符或字节
readline([size])	读取文件一行内容，如果给出参数 size，读取当前行 size 长度的字符或字节
readlines([hint])	读取文件的所有行，返回行所组成的列表。如果给出参数 hint，读入 hint 行
write(str)	将字符串 str 写入文件
writelines(seq_of_str)	写多行到文件中，参数 seq_of_str 为可迭代的对象

9.3.1　读取文件数据

Python 提供了一组读取文件数据的方法。本节访问的文件是当前文件夹下的文本文件 test.txt，文件内容如下。

```
Hello Python!
Python 提供了一组读取文件内容的方法。对于当前文件下文本文件 test.txt；
本文件是文本文件，默认编码格式为 ANSI
```

1. read()方法

例 9-2　使用 read()方法读取文本文件的内容。

```
1    #ex0902.py
2    f=open("test.txt","r")
3    str1=f.read(13)
4    print(str1)
5    str2=f.read()
6    print(str2)
7    f.close()
```

上述代码的运行结果如下。

```
>>>
Hello Python!          #读取 13 个字符

Python 提供了一组读取文件内容的方法。对于当前文件下文本文件 myfile.py；
本文件是文本文件，默认编码格式 ANSI
```

程序以只读方式打开文件，先读取 13 个字符到变量 str1 中，打印 str1 值"Hello Python!"；接着，第 5 行的 f.read()命令读取从文件当前指针处开始的全部内容。可以看出，随着文件的读取，文件指针在变化。下面的代码也将显示文件的全部内容，文件读取从开始到结束。

```
f=open("test.txt","r")
str2=f.read()
print(str2)
f.close()
```

2. readlines()方法和 readline()方法

使用 readlines()方法可一次性读取所有的行，如果文件很大，会占用大量的内存空间，读取的时间也会较长。

例 9-3　使用 readlines()方法读取文本文件的内容。

```
1    #ex0903.py
2    f=open("test.txt","r")
```

```
3    flist=f.readlines()          # flist 是包含文件内容的列表
4    print(flist)
5    for line in flist:
6        print(line)              #使用 print(line,end="")将不显示文件中的空行
7    f.close()
```

第 4 行代码运行结果如下。

```
['Hello Python!\n', 'Python 提供了一组读取文件内容的方法。对于当前文件下文本文件 myfile.
py;\n', '本文件是文本文件，默认编码格式 ANSI\n']
```

第 5 行和第 6 行代码运行结果如下。

```
Hello Python!

Python 提供了一组读取文件内容的方法。对于当前文件下文本文件 myfile.py;

本文件是文本文件，默认编码格式 ANSI
```

程序将文本文件 test.txt 的全部内容读取到列表 flist 中，这是第一部分的显示结果；为了更清晰地显示文件内容，用 for 循环遍历列表 flist，这是第二部分的显示结果。因为原来文本文件每行都有换行符"\n"，用 print()语句打印时，也包含了换行，所以，第二部分运行时，行和行之间增加了空行。

使用 readline()方法可以逐行读取文件内容，在读取过程中，文件指针慢慢后移。

例 9-4　使用 readline()方法读取文本文件的内容。

```
1    #ex0904.py
2    f=open("test.txt","r")
3    str1=f.readline()
4
5    while str1!="":       #判断文件是否结束
6        print(str1)
7        str1=f.readline()
8    f.close()
```

3. 遍历文件

Python 将文件看作由行组成的序列，可以通过迭代的方式逐行读取文件内容。

例 9-5　以迭代方式读取文本文件的内容。

```
f=open("test.txt","r")
for line in f:
    print(line,end="")
f.close()
```

例 9-5 中访问的 test.txt 是一个文本文件，默认是 ANSI 编码方式。如果读取一个 Python 源文件，程序运行时将报异常，原因是 Python 源文件的编码方式是 UTF-8，例如，打开文件 ex0902.py，应指定文件的编码方式，相应的，代码应修改如下。

```
open("ex0902.py","r",encoding="UTF-8")
```

9.3.2　向文件写数据

write()方法可向文件中写入字符串，同时文件指针后移；writelines()方法可向文件中写入

字符串序列，这个序列可以是列表、元组或集合等。使用该方法写入序列时，不会自动增加换行符。

例 9-6 向文件中写入字符串。

```
#ex0906.py
fname=input("请输入追加数据的文件名: ")
f1=open(fname,"w+")
f1.write("向文件中写入字符串\n")
f1.write("继续写入")
f1.close()
```

程序运行后，根据提示输入文件名，向文件中写入两行数据，如果文件不存在，自动建立文件，之后再写入内容。

例 9-7 使用 writelines()方法向文件中写入序列。

```
1    #ex0907.py
2    f1=open("d:\\python36\\data7.dat","a")
3    lst=["HTML5","CSS3","Javascript"]
4    tup1=('2012','2010','1990')
5    m1={"name":"John","City":"SH"}
6    f1.writelines(lst)
7    f1.writelines('\n')
8    f1.writelines(tup1)
9    f1.writelines('\n')
10   f1.writelines(m1)
11   f1.close()
```

程序运行后，将在 D:\python36\文件夹下生成文件 data7.dat，该文件可以用记事本打开，内容如下。

```
HTML5CSS3Javascript
201220101990
nameCity
```

9.3.3 文件的定位读/写

在前面的章节中，文件的读/写是按顺序逐行进行的。实际应用中，如果需要读取某个位置的数据，或向某个位置写入数据，首先我们需要定位文件的读/写位置，包括获取文件的当前位置，以及定位到文件的指定位置。下面介绍这两种定位方式。

1. 获取文件当前的读/写位置

文件的当前位置就是文件指针的位置。通过 tell()方法可以返回文件的当前位置。

下面示例使用的 test.txt 文件内容如下，该文件存放在当前文件夹（D:\python36\）下。

```
Hello Python!
Python 提供了一组读取文件内容的方法。
本文件是文本文件，默认编码格式为 ANSI
```

例 9-8 使用 tell()方法获取文件当前的读/写位置。

```
>>> file=open("D:\\python36\\test.txt","r+")
>>> str1=file.read(6)        #读取 6 个字符
>>> str1
'Hello '
```

```
>>> file.tell()                #文件当前位置
6
>>> file.readline()               #从当前位置读取本行信息
'Python!\n'
>>> file.tell()                #文件当前位置
15
>>> file.readlines()
['Python 提供了一组读取文件内容的方法。\n', '本文件是文本文件，默认编码格式为 ANSI']
>>> file.tell()                #文件长度为 87 字节
87
>>> file.close()
```

2. 移动文件当前位置

文件在读/写过程中，指针位置会自动移动。调用 seek()方法可以手动移动指针位置，其语法格式如下：

```
file.seek(offset[,whence])
```

其中，offset 是移动的偏移量，单位为字节。值为正数时，向文件尾方向移动文件指针，值为负数时，向文件头方向移动文件指针。whence 指定从何处开始移动，值为 0 时，从起始位置移动；值为 1 时，从当前位置移动；值为 2 时，从结束位置移动。

例 9-9　使用 seek()方法移动文件指针的位置。

```
>>> file=open("D:\\python36\\test.txt","r+")
>>> file.seek(6)          #移动当前指针至第 6 个位置
6
>>> str1=file.read(8)
>>> str1
'Python!\n'
>>> file.tell()          #当前指针在第 15 个位置
15
>>> file.seek(6)          #重新移动当前指针至第 6 个位置
6
>>> file.write("@@@@@@@")     #写入 7 个字符，覆盖掉原来数据
7
>>> file.seek(0)          #当前指针移至第 0 个位置
0
>>> file.readline()
'Hello @@@@@@@\n'
```

9.3.4　读/写二进制文件

读/写文件的 read()方法和 write()方法同样适用于二进制文件，但二进制文件只能读/写 bytes 字符串。默认情况下，二进制文件是顺序读/写的，可以使用 seek()方法和 tell()方法移动和查看文件的当前位置。

1. 读/写 bytes 字符串

传统字符串加前缀 b 构成了 bytes 对象，即 bytes 字符串，可以写入二进制文件。整型、浮点型、序列等数据类型如果要写入二进制文件，需要先转换为字符串，再使用 bytes()方法转换为 bytes 字符串，之后再写入文件。

例 9-10 向二进制文件读/写 bytes 字符串。

```
>>> fileb=open(r"d:\python36\ch9a\mydata.dat",'wb')     #以'wb'方式打开二进制文件
>>> fileb.write(b"Hello Python")                        #写 bytes 字符串
12
>>> n=123
>>> fileb.write(bytes(str(n),encoding='utf-8'))         #将整数转换为 bytes 字符串写入文件
3
>>> fileb.write(b"\n3.14")
5
>>> fileb.close()
#以'rb'方式打开二进制文件
>>> file=open(r" d:\python36\ch9a\mydata.dat",'rb')
>>> print(file.read())
b'Hello Python123\n3.14'
>>> file.close()
#以'r'方式打开二进制文件
>>> filec=open(r" d:\python36\ch9a\mydata.dat",'r')
>>> print(filec.read())
Hello Python123
3.14
>>> filec.close()
```

2. 读/写 Python 对象

如果直接用文本文件格式或二进制文件格式存储 Python 中的各种对象，通常需要进行烦琐的转换，用户可以使用 Python 的标准模块 pickle 处理文件中对象的读和写。

用文件存储程序中的对象称为**对象的序列化**。pickle 是 python 语言的一个标准模块，可以实现 Python 基本的数据序列化和反序列化。pickle 模块的 dump()方法用于序列化操作，能够将程序中运行的对象信息保存到文件中，永久存储；而 pickle 模块的 load()方法可用于反序列化操作，能够从文件中读取保存的对象。

例 9-11 使用 pickle 模块的 dump()函数和 load()函数读/写 Python 对象。

```
>>> lst1=["read","write","tell","seek"]                  #列表对象
>>> dict1={"type1":"TextFile","type2":"BinaryFile"}      #字典对象
>>> fileb=open(r"d:\python36\ch9a\mydata.dat",'wb')
#写入数据
>>> import pickle
>>> pickle.dump(lst1,fileb)
>>> pickle.dump(dict1,fileb)
>>> fileb.close()
#读取数据
>>> fileb=open(r"d:\python36\ch9a\mydata.dat",'rb')
>>> fileb.read()
b'\x80\x03]q\x00(X\x04\x00\x00\x00readq\x01X\x05\x00\x00\x00writeq\x02X\x04\x00\x00\x00tellq\x03X\x04\x00\x00\x00seekq\x04e.\x80\x03}q\x00(X\x05\x00\x00\x00type1q\x01X\x08\x00\x00\x00TextFileq\x02X\x05\x00\x00\x00type2q\x03X\n\x00\x00\x00BinaryFileq\x04u.'
>>> fileb.seek(0)                                         #文件指针移动到开始位置
0
>>> x=pickle.load(fileb)
>>> y=pickle.load(fileb)
>>> x,y
(['read', 'write', 'tell', 'seek'], {'type1': 'TextFile', 'type2': 'BinaryFile'})
```

9.4　文件和目录操作

前面介绍的文件读/写操作主要是对文件内容的操作，如查看文件属性、复制和删除文件、创建和删除目录等都属于文件和目录的操作范畴。

9.4.1　常用的文件操作函数

os 模块和 os.path 模块提供了大量的文件操作函数。

1. os.path 模块常用的文件处理函数

表 9.3 给出了 os.path 模块常用的文件处理函数，参数 path 是文件名或目录名，文件保存位置是 D:\python36\test.txt。

表 9.3　　　　　　　　　　　　　　os.path 模块常用的文件处理函数

函 数 名	说 明	示 例
abspath(path)	返回 path 的绝对路径	>>> os.path.abspath('test.txt') 'D:\\python36\\test.txt'
dirname(path)	返回 path 的目录。与 os.path.split(path)的第一个元素相同	>>> os.path.dirname('D:\\python36\\test.txt') 'D:\\ python36'
exists(path)	如果 path 存在，返回 True；否则返回 False	>>> os.path.exists('D:\\python36') True
getatime(path)	返回 path 所指向的文件或者目录的最后存取时间	>>> os.path.getatime('D:\\python36') 1518846173.556209
getmtime(path)	返回 path 所指向的文件或者目录的最后修改时间	>>> os.path.getmtime('D:\\ python36\\test.txt') 1518845768.0536315
getsize(path)	返回 path 的文件的大小（字节）	>>> os.path.getsize('D:\\python36\\test.txt') 120
isabs(path)	如果 path 是绝对路径，返回 True	>>> os.path.isabs('D:\\ python36') True
isdir(path)	如果 path 是一个存在的目录，则返回 True，否则返回 False	>>> os.path.isdir('D:\\ python36') True
isfile(path)	如果 path 是一个存在的文件，返回 True，否则返回 False	>>> os.path.isfile('D:\\python36') False
split(path)	将 path 分割成目录和文件名二元组返回	>>> os.path.split("D:\\python36\\test.txt') ('D:\\python36', 'test.txt')
splitext(path)	分离文件名与扩展名；默认返回（fname, fextension）元组，可做分片操作	>>> os.path.splitext('D:\\python36\\test.txt') ("D:\\python36\\test', '.txt')

2. os 模块常用的文件处理函数

表 9.4 给出了 os 模块常用的文件处理函数，参数 path 是文件名或目录名，文件保存位置是 D:\python36\test.txt。os 模块常用的文件处理功能将在下一节中介绍。

表 9.4　　　　　　　　　　　　　　os 模块常用的文件处理函数

函 数 名	功 能 说 明
os.getcwd()	当前 Python 脚本工作的路径
os.listdir(path)	返回指定目录下的所有文件和目录名

函　数　名	功　能　说　明
os.remove(file)	删除参数 file 指定的文件
os.removedirs(path)	删除指定目录
os.rename(old,new)	将文件 old 重命名为 new
os.mkdir(path)	创建单个目录
os.stat(path)	获取文件属性

9.4.2　文件的复制、删除及重命名操作

1. 文件的复制

无论是二进制文件还是文本文件，文件的读/写都是以字节为单位进行的。在 Python 中复制文件可以使用 read()与 write()方法来实现，也可以使用 shutil 模块中的函数来实现。shutil 模块是一个文件、目录的管理接口，该模块的 copyfile()函数就可以实现文件的复制。

例 9-12　使用 shutil.copyfile()方法复制文件。

```
>>> import shutil
>>> shutil.copyfile("test.txt",'testb.py')
'testb.py'
```

执行上面的代码时，如果源文件不存在，将报告异常。

2. 文件的删除

文件的删除可以使用 os 模块的 remove()函数实现，编程时可以使用 os.path.exists()函数来判断删除的文件是否存在。

例 9-13　删除文件的程序。

```
#ex0913.py
import os,os.path
fname=input("请输入需要删除的文件名:")
if os.path.exists(fname):
    os.remove(fname)
else:
    print("{}文件不存在".format(fname))
```

3. 文件的重命名

文件的重命名可以通过 os 模块的 rename()函数实现。例 9-14 首先提示用户输入要更名的文件，如果这个文件不存在，将退出程序；如果这个文件已经存在，需要输入更名后的文件名，然后退出程序。

例 9-14　文件重命名的程序。

```
1  #ex0914.py
2  import os,os.path,sys
3  fname=input("请输入需要更名的文件:")
4  gname=input("请输入更名后的文件名:")
5  if not os.path.exists(fname):
6      print("{}文件不存在".format(fname))
7      sys.exit(0)
8  elif os.path.exists(gname):
```

```
9        print("{}文件已存在".format(gname))
10       sys.exit(0)
11    else:
12       os.rename(fname,gname)
13    print("rename success")
```

9.4.3　文件的目录操作

目录即文件夹，是操作系统用于组织和管理文件的逻辑对象。在 Python 程序中常用的目录操作包括创建目录、重命名目录、删除目录和查看目录中的文件等内容。

例 9-15　常用的目录操作的命令。

```
>>> import os
>>> os.getcwd()            #查看当前目录
' D:\\python36'
>>> os.listdir()           #查看当前目录中的文件
['1.txt', 'afile.dat', 'afile2.dat', 'afile3.dat.npy', 'ch10', 'ch12', 'ch1a', 'ch2a',
'ch4a', 'ch5a', 'ch6a', 'ch7a', 'ch8', 'ch8a', 'ch9', 'ch9a', 'data7.dat', 'getpass1.
py', 'linenumber.py', 'others', 'output.txt', 'program.txt', 'program2.txt', 'randomseq.
py', line.py']
>>> os.mkdir('myforder')                    #创建目录
>>> os.makedirs('yourforder/f1/f2')         #创建多级目录
>>> os.rmdir('myforder')                    #删除目录（目录必须为空）

>>> os.removedirs('yourforder/f1/f2')       #直接删除多级目录
>>> os.makedirs('aforder/ff1/ff2')          #创建多级目录
>>> import shutil
>>> shutil.rmtree('yourforder')             #删除存在内容的目录
```

9.5　使用 CSV 文件格式读/写数据

CSV（Comma-Separated Values，逗号分隔值）格式是一种通用的、相对简单的文本文件格式，通常用于在程序之间转移表格数据，被广泛应用于商业和科学领域。

9.5.1　CSV 文件介绍

1. CSV 文件的概念和特点

CSV 文件是一种文本文件，由任意数目的行组成，一行被称为一条记录。记录间以换行符分隔；每条记录由若干数据项组成，这些数据项被称为字段。字段间的分隔符通常是逗号，也可以是制表符或其他符号。通常，所有记录都有完全相同的字段序列。

CSV 格式存储的文件一般采用.csv 为扩展名，可以通过 Office Excel 或记事本打开，也可以在其他操作系统平台上用文本编辑工具打开。一般的表格处理工具（如 Excel）都可以将数据另存为或导出为 CSV 格式，以便在不同工具间进行数据交换。

CSV 文件的特点如下。

- 读取出的数据一般为字符类型，如果要获得数值类型，需要用户进行转换。
- 以行为单位读取数据。

- 列之间以半角逗号或制表符分隔，通常是半角逗号。
- 每行开头不留空格，第一行是属性，数据列之间用分隔符隔开，无空格，行之间无空行。

2. CSV 文件的建立

CSV 文件是纯文本文件，可以使用记事本按照 CSV 文件的规则来建立，也可以使用 Excel 工具录入数据，另存为 CSV 文件即可。本节示例使用的 score.csv 文件如下，该文件保存在用户的工作文件夹下。

```
Name, DEP, Eng, Math, Chinese
Rose, 法学, 89, 78, 65
Mike, 历史, 56, , 44
John, 数学, 45, 65, 67
```

3. Python 的 csv 库

Python 提供了一个读/写 CSV 文件的标准库，可以通过 import csv 语句导入，csv 库包含了操作 CSV 格式文件最基本的功能，典型的方法是 csv.reader()和 csv.writer()，分别用于读和写 CSV 文件。

因为 CSV 文件格式相对简单，读者也可以自行编写操作 CSV 文件的方法。

9.5.2　读/写 CSV 文件

1. 数据的维度描述

CSV 文件主要用于数据的组织和处理。根据数据表示的复杂程度和数据间关系的不同，可以将数据划分为一维数据、二维数据和多维数据等 3 种类型。

一维数据即线性结构，也称线性表。表现为 n 个数据项组成的有限序列，这些数据项之间体现为线性关系，即除了序列中的第 1 个元素和最后一个元素，序列中的其他元素都有一个前驱和一个后继。在 Python 中，可以用列表、元组等描述一维数据。例如，下面是对一维数据的描述。

```
lst1=['a','b', '1',100]
tup1=(1,3,5,7,9)
```

二维数据也称关系，与数学中的二维矩阵类似，可用表格方式组织。用列表和元组描述一维数据时，如果一维数据中的每个数据项又是序列时，就构成了二维数据。例如，下面是用列表描述的二维数据。

```
lst2=[[1,2,3,4],['a','b','c'],[-9,-37,100]]
```

更典型的二维数据可用表来描述，如表 9.5 所示。

表 9.5　　　　　　　　　　　　用二维表描述的数据

Name	DEP	Eng	Math	Chinese
Rose	法学	89	78	65
Mike	历史	56		44
John	数学	45	65	67

二维数据可以理解为特殊的一维数据，通常更适合用 CSV 文件存储。

多维数据是二维数据的扩展，通常用列表或元组来组织，通过索引来访问。下面是用元组组织的多维数据。

```
tup2=(((1,2,3),(-1,-2,-3),('a','b','c')),((-100,-200),('ab','bc')))
```

高维数据由键值对类型的数据构成，采用对象方式组织，属于维度更好的数据组织方式。用键值对表示的高维数据"成绩单"如下。

```
{"成绩单":[
            {"姓名":"Rose",
            "专业":"数学",
            "score":"78"
            },
            {"姓名":"Mike",
             "专业":"法学",
             "score":"78"
            },
            {"姓名":"John",
             "专业":"历史",
             "score":"90"
            }
        ]
}
```

其中，数据项 score 可以进一步用键值对形式描述，形成更复杂的数据结构。

2. 向 CSV 文件中写入和读取一维数据

用列表变量保存一维数据，可以使用字符串的 join() 方法构成逗号分隔的字符串，再通过文件的 write() 方法保存到 CSV 文件中。读取 CSV 文件中的一维数据，即读取一行数据，使用文件的 read() 方法读取即可，也可以将文件的内容读取到列表中。

例 9-16　将一维数据写入 CSV 文件，并读取。

```
1   #ex0916.py
2   #向 CSV 文件中写入一维数据，并读取
3   lst1 = ["name","age","school","address"]
4   filew= open('asheet.csv','w')
5   filew.write(",".join(lst1))
6   filew.close()
7
8   filer= open('asheet.csv','r')
9   line=filer.read()
10   print(line)
11   filer.close()
```

3. 向 CSV 文件中写入和读取二维数据

CSV 模块中的 reader() 和 writer() 方法提供了读/写 CSV 文件的操作。需要注意的是，在写入 CSV 文件的方法中，指定 newline="" 选项，可以防止向文件中写入空行。在例 9-17 中，文件操作时使用了 with 上下文管理语句，文件处理完毕后，将会自动关闭。

例 9-17　CSV 文件中二维数据的读/写。

```
1   #ex0917.py
2   #使用 csv 模块写入和读取二维数据
3
4   datas = [['Name', 'DEP', 'Eng','Math', 'Chinese'],
5   ['Rose', '法学', 89, 78, 65],
6   ['Mike', '历史', 56,'', 44],
7   ['John, 数学', 45, 65, 67]
8   ]
9
10   import csv
```

```
11    filename = 'bsheet.csv'
12    with open(filename, 'w',newline="") as f:
13        writer = csv.writer(f)
14        for row in datas:
15            writer.writerow(row)
16
17    ls=[]
18    with open(filename,'r') as f:
19        reader = csv.reader(f)
20        #print(reader)
21        for row in reader:
22            print(reader.line_num, row)        # 行号从 1 开始
23            ls.append(row)
24        print(ls)
```

程序的运行结果如下，第一部分是打印在屏幕上的二维数据，并显示了行号；第二部分打印的是列表。

```
>>>
1 ['Name', 'DEP', 'Eng', 'Math', 'Chinese']
2 ['Rose', '法学', '89', '78', '65']
3 ['Mike', '历史', '56', '', '44']
4 ['John', '数学', '45', '65', '67']
[['Name', 'DEP', 'Eng', 'Math', 'Chinese'], ['Rose', '法学', '89', '78', '65'], ['Mike',
'历史', '56', '', '44'], ['John', '数学', '45', '65', '67']]
>>>
```

上面的显示结果中包括了列表的符号，也包括了数据项外面的引号，下面进一步进行处理。

例 9-18　处理 CSV 文件的数据，显示整洁的二维数据。

```
1     #ex0918.py
2     #使用内置 csv 模块写入和读取二维数据
3     datas = [['Name', 'DEP', 'Eng','Math', 'Chinese'],
4     ['Rose', '法学', 89, 78, 65],
5     ['Mike', '历史', 56,'', 44],
6     ['John', '数学', 45, 65, 67]
7     ]
8     import csv
9     filename = 'bsheet.csv'
10    str1=''

11    with open(filename,'r') as f:
12        reader = csv.reader(f)
13        #print(reader)
14        for row in reader:
15            for item in row:
16                str1+=item+'\t'                #增加数据项间距
17            str1+='\n'                         #增加换行
18            print(reader.line_num, row)        #行号从 1 开始
19        print(str1)
```

程序运行结果如下。第一部分（前 4 行）是以列表形式显示的结果；第二部分（后 4 行）显示的是清晰的二维数据。

```
>>>
1 ['Name', 'DEP', 'Eng', 'Math', 'Chinese']
2 ['Rose', '法学', '89', '78', '65']
3 ['Mike', '历史', '56', '', '44']
4 ['John', '数学', '45', '65', '67']
Name DEP Eng Math Chinese
Rose 法学 89 78      65
Mike 历史 56         44
John 数学 45 65      67
>>>
```

9.6　文件操作的应用

1. 为文本文件添加行号

本书中的示例代码之前都加上了行号。为文本加行号的基本思路是遍历文件的每一行，然后使用 enumerate()函数为文本文件添加行号。该函数的功能是将一个可遍历的数据对象（如列表、元组或字符串）组合为一个索引序列，同时列出数据和索引，通常用在 for 循环中。读取一行，并添加行号后，再写入新文件中。

例 9-19　使用 enumerate()函数遍历文本文件并添加行号。

```
1   #ex0919.py
2   filename=input("请输入要添加行号的文件名: ")
3   filename2=input("请输入新生成的文件名: ")
4   sourcefile=open(filename,'r',encoding="utf-8")
5   targetfile=open(filename2,'w',encoding="utf-8")
6   linenumber=""
7   for (num,value) in enumerate(sourcefile):
8       if num<9:
9           linenumber='0'+str(num+1)
10      else:
11          linenumber=str(num+1)
12      str1=linenumber+"   "+value
13      print(str1)
14      targetfile.write(str1)
15   sourcefile.close()
16   targetfile.close()
```

2. 输入日志的程序

例 9-20　使用交互方式建立日志文件。

```
1   #ex0920.py
2   from datetime import datetime
3   filename=input("请输入日志文件名: ")
4   file=open(filename,'a')
5   print("请输入日志, exit 结束")
6   s=input("log:")
7   while s.lower()!="exit":
8       file.write("\n"+s)
9       file.write("\n----------------------\n")
```

```
10        file.flush()
11        s=input("log:")
12    file.write("\n====="+str(datetime.now())+"=====\n")
13    file.close()
```

运行程序，系统会提示用户输入日志文件名。之后，显示输入日志提示，当输入"exit"后，结束本次日志输入，退出 while 循环，在日志末尾添加本次日志输入的日期和时间。为使日志显示清晰，向文件中写入数据时加入了换行符"\n"。

某一次的运行结果如下。

```
>>>
请输入日志文件名：mylog.txt
请输入日志，exit 结束
log:继续输入新的日志
log:程序运行正常，日志内容追加
log:测试完毕
log:exit
>>>
```

将生成的日志文件用记事本打开，如图 9-1 所示。

图 9-1　生成的日志文件

3. 数据序列化的实现

序列化操作可以保存程序运行中的对象，以便恢复对象状态。例 9-21 中，首先使用字典对象保存了模块名称、创建时间、模块功能等信息；再将字典添加到列表中；之后使用 pickle 模块的 dump()函数将列表写入文件；最后读取文件，并打印列表和字典等信息。

为了能在文件中写入日期，导入了 date 和 datetime 模块，为简化程序内容，未处理日期格式。

例 9-21　使用序列化操作保存列表和字典中的对象。

```
1    #ex0921.py
2    from datetime import date,datetime
3    import pickle
4
5    def savedata():
6        '''
7        使用字典保存模块名称、创建时间和模块功能等信息，
```

```
8          使用列表保存多个模块信息。
9          '''
10         modules=[]
11         m1={"name":"登录注册","描述":'使用字典保存模块名称、创建时间和模块功能信息'}
12         m2={"name":"订单管理","日期":date(2017,10,12),"描述":'订单管理模块实现的是订单数
据的输入、追加、修改和删除等功能'}
13         m3={"name":"客户管理","日期":datetime.now(),"描述":'使用字典保存模块名称、创建时间
和模块功能信息'}
14
15         modules.append(m1)
16         modules.append(m2)
17         modules.append(m3)
18
19         file=open("minfo.data","ab")
20         pickle.dump(modules,file)
21         file.close()
22         print("数据写入成功\n")
23         print("读取数据内容\n")
24         file=open("minfo.data","rb")
25         lst1=pickle.load(file)
26         for item in lst1:
27             print(item)
28         file.close()
29         print("\n 数据读取结束")
30
31     savedata()        #调用函数
```

程序运行结果如下。

```
>>>
数据写入成功

读取数据内容
{'name': '登录注册', '描述': '使用字典保存模块名称、创建时间和模块功能信息'}
{'name': '订单管理', '日期': datetime.date(2017, 10, 12), '描述': '订单管理模块实现的是
订单数据的输入、追加、修改和删除等功能'}
{'name': '客户管理', '日期': datetime.datetime(2018, 5, 30, 8, 32, 43, 2635), '描述':
'使用字典保存模块名称、创建时间和模块功能信息'}

数据读取结束
>>>
```

本 章 小 结

本章介绍了文件的概念，打开文件和关闭文件的方法，文本文件的读/写操作，二进制文件的读/写操作，文件和目录的操作等内容。

文件可以分为文本文件和二进制文件两种存储形式。文本文件是按 ASCII 码、UTF-8 或 Unicode 等格式进行编码；二进制文件存储的是由 0 和 1 组成的二进制编码，二进制文件只能当

作字节流处理，二进制文件和文本文件最主要的区别在于编码格式。

文件操作需要先使用 open()方法打开文件，结束后再用 close()方法关闭文件。文件的读操作可使用 read()方法，文件的写操作可使用 write()方法，文件的定位读/写则需使用 tell()方法和 seek()方法。

查看文件属性、复制和删除文件、创建和删除目录等属于文件和目录的操作范畴，需要使用 os 模块和 os.path 模块中的函数。

请读者结合本书的示例拓展文件操作的应用。

习 题 9

1. 选择题

（1）当文件不存在时，下列哪种模式在使用 open()方法打开文件时会报异常？（　　）

　　A. 'r'　　　　　　　　B. 'a'　　　　　　　　C. 'w'　　　　　　　　D. 'w+'

（2）file 是文本文件对象，下列选项中，哪项用于读取文件的一行？（　　）

　　A. file.read()　　　　　　　　　　　　B. file.readline(80)

　　C. file.readlines()　　　　　　　　　　D. file.readline()

（3）下列方法中，用于获取文件的当前目录的是哪一个选项？（　　）

　　A. os.mkdir()　　　B. os.listdir()　　　C. os.getcwd()　　　D. os.mkdir(path)

（4）下列代码可以成功执行，myfile.data 文件的保存目录是哪一个选项？（　　）

```
open("myfile.data","ab")
```

　　A. C 盘根目录下　　　　　　　　　B. 由 path 路径指明

　　C. Python 安装目录下　　　　　　　D. 与程序文件在相同的目录下

（5）下列说法中，错误的是哪一项？（　　）

　　A. 以'w'模式打开一个可读/写的文件，如果文件存在会被覆盖

　　B. 使用 write()方法写入文件时，数据会追加到文件的末尾

　　C. 使用 read()方法可以一次性读取文件中的所有数据

　　D. 使用 readlines()方法可以一次性读取文件中的所有数据

2. 简答题

（1）常用的文本文件的编码方式有哪几种？汉字在不同的编码方式中各占几个字节？

（2）请列出任意 4 种文件访问模式，并说明其含义。

（3）文本文件和二进制文件在读/写时有什么区别？请举例说明。

（4）使用 readlines()方法和 readline()方法读取文本文件时，主要的区别是什么？

3. 编程题

（1）将一个文件中的所有英文字母转换成大写，复制到另一个文件中。

（2）将一个文件中的指定单词删除后，复制到另一个文件中。

（3）接收用户从键盘输入的一个文件名，然后判断该文件是否存在于当前目录。若存在，则输出以下信息：文件是否可读和可写、文件的大小、文件是普通文件还是目录。

（4）将一文本文件加密后输出，规则如下：大写英文字符 A 变换为 C，B 变换为 D，……，Y 变换为 A，Z 变换为 B，小写英文字符规则同上，其他字符不变。

第 10 章
异常处理

程序在运行过程中发生错误是不可避免的，这种错误就是异常（Exception）。用户在开发一个完整的应用系统时，在程序中应提供异常处理策略。

Python 中包含了丰富的异常处理措施。Python 的异常处理机制使得程序运行时出现的问题可以用统一的方式进行处理，增加了程序的稳定性和可读性，规范了程序的设计风格，提高了程序的质量。本章将详细介绍 Python 的异常处理技术，包括用户自定义的异常。

10.1 异常处理概述

10.1.1 异常的概念

异常就是程序在运行过程中发生的，由于硬件故障、软件设计错误、运行环境不满足等原因导致的程序错误事件，如除 0 溢出、引用序列中不存在的索引、文件找不到等，这些事件的发生将阻止程序的正常运行。为了加强程序的健壮性，用户在进行程序设计时，通常应考虑到可能发生的异常事件并做出相应的处理。

Python 通过面向对象的方法来处理异常，由此引入了异常处理的概念。一段代码运行时如果发生了异常，则会生成代表该异常的一个对象，并把它交给 Python 解释器，解释器寻找相应的代码来处理这一异常。

Python 异常处理方法有以下优点。

• 引入异常处理机制后，使得异常处理代码和正常执行的程序代码分隔开，增加了程序的清晰性、可读性，明晰了程序的流程。

• 可以对产生的各种异常事件进行分类处理，也可以对多个异常进行统一处理，具有相当的灵活性。

• 引入异常后，可以从 try…except 之间的代码段中快速定位异常出现的位置，提高异常处理的效率。

10.1.2 异常示例

下面的代码是访问列表中元素的例子。

例 10-1 通过索引访问列表中的元素。

```
1    #ex1001.py
```

```
2    weekday=["Mon","Tues","Wednes","Thurs","Fri","Satur","Sun"]
3    print(weekday[2])
4    print(weekday[7])
```

程序运行结果如下。

```
>>>
Wednes
Traceback (most recent call last):
  File "D:\python36\ch10a\ex1001.py", line 4, in <module>
    print(weekday[7])
IndexError: list index out of range
```

从上述运行结果可以看出，第 3 行语句正常执行，打印"Wednes"；第 4 行语句执行时产生异常，报告的异常信息包括：Python 源文件的名字及路径、异常的行号、异常的类型及描述。其中，异常的类型及描述如下。

```
IndexError: list index out of range
```

这一行语句提示用户，这是列表索引越界的异常。为什么会出现这个异常呢？这是因为程序中的语句 print(weekday[7])要求输出列表中 index 为 7 的元素，而这个程序中 index 的最大值是 6，所以产生了异常。

为了使程序更健壮，上面的程序需要进行异常捕获。修改后的程序如下。

```
try:
    weekday=["Mon","Tues","Wednes","Thurs","Fri","Satur","Sun"]
    print(weekday[2])
    print(weekday[7])
except IndexError:
    print("列表索引可能超出范围")
```

程序运行结果如下。

```
>>>
Wednesday
列表索引可能超出范围
```

从上述运行结果可以看出，系统捕获了程序中的异常"IndexError"。为了准确处理异常，读者必须掌握常用的异常类，如 IndexError、NameError、ZeroDivisionError 等。

10.2　Python 的异常类

Python 中常规的异常类都是 Exception 的子类。Exception 类定义在 exceptions 模块中，该模块是 Python 的内置模块，用户可以直接使用。

在上一节中，程序在执行过程中遇到错误的时候，引发了异常。如果程序没有捕获这个异常对象，Python 解释器找不到处理异常的方法，程序就会终止执行，打印异常名称（如 IndexError）、原因和异常产生的行号等信息。

异常的名称实际上就是异常的类型，下面介绍 Python 中常见的异常类。

1. NameError

尝试访问一个未声明的变量，会引发 NameError 异常。例如，在 Python 交互模式下执行下面的代码。

```
>>> print(sid)
Traceback (most recent call last):
  File "<pyshell#9>", line 1, in <module>
    print(sid)
NameError: name sid is not defined
>>>
```

代码执行的结果表明，异常的类型是 NameError，Python 解释器没有找到变量 sid。

2. ZeroDivisionError

当除数为零的时候，会引发 ZeroDivisionError 异常。在 Python 交互模式下执行下面的代码。

```
>>> a=9
>>> print(a/0)
Traceback (most recent call last):
  File "<pyshell#18>", line 1, in <module>
    print(a/0)
ZeroDivisionError: division by zero
```

代码执行的结果表明，引发了名为 ZeroDivisionError 的异常，解释信息是 division by zero。事实上，任何数值被零除都会导致上述异常。

3. IndexError

当引用序列中不存在的索引时，会引发 IndexError 异常。例 10-1 已经演示了列表的索引值超出列表范围的异常处理。下面的代码演示了字符串索引超过范围的异常情况。

```
>>> string ="hi,Python"
>>> for i in range(len(string)):
print(string[i+1],end="")
#输出结果
i,Python Traceback (most recent call last):
  File "<pyshell#53>", line 2, in <module>
    print(string[i+1],end=" ")
IndexError: string index out of range
>>>
```

4. KeyError

当使用映射中不存在的键时，会引发 KeyError 异常。例如，下面的代码。

```
>>> student={"sname":"Rose","sid":201}
>>> student["sname"]
'Rose'
>>> student["semail"]
Traceback (most recent call last):
  File "<pyshell#62>", line 1, in <module>
    student["semail"]
KeyError: 'semail'
>>>
```

在上述代码中，student 字典中只有 sname 和 sid 两个键，获取 semail 键对应的值时，显示异常信息。提示信息表明，访问了字典中没有的键 semail。

5. AttributeError

当尝试访问未知的对象属性时，会引发 AttributeError 异常。下面的示例就访问了对象不存在的属性，运行结果显示异常。

例 10-2 AttributeError 异常示例。

```
1    #ex1002.py
2    class Person:
3        sid="01"
4        def display():
5            pass
6
7    p1=Person()
8    p1.sname="Rose"
9    print(p1.sid)
10   print(p1.sname)
11   print(p1.semail)
```

程序运行结果如下。

```
>>>
01
Rose
Traceback (most recent call last):
  File "D:/pytyon36/ch10a/ex1002.py", line 11, in <module>
    print(p1.semail)
AttributeError: 'Person' object has no attribute 'semail'
>>>
```

在上述代码中，Person 类定义了一个成员变量 sid 和一个方法 display()。第 7 行创建了 Person 类的对象 p1 后，第 8 行动态地给 Person 对象 p1 添加了 sname 属性，然后访问它的 sid、sname、semail 属性，显示异常信息。

程序的运行结果表明，在 Person 的对象 p1 中定义了 sid 和 sname 属性，所以可以访问。但没有定义 semail 属性，所以访问 semail 属性时就会出报告异常。

6. SyntaxError

当解释器发现语法错误时，会引发 SyntaxError 异常。例如，下面的代码。

```
>>> alist=["one","two","ghree"]
>>> for item in alist
    print(item)
SyntaxError: invalid syntax
```

在上述代码中，由于 for 循环的后面缺少冒号，所以导致程序出现错误信息。这种错误实际上是语法错误，在 Python 中也算一类异常。SyntaxError 异常是唯一不在运行时发生的异常，该异常在编译时发生，解释器无法把脚本转换为字节代码，使得程序无法运行。

7. FileNotFoundError

试图打开不存在的文件时，会引发 FileNotFoundError 异常。例如，下面的代码。

```
>>> filename="readme.txt"
>>> open(filename)
Traceback (most recent call last):
  File "<pyshell#65>", line 1, in <module>
    open(filename)
FileNotFoundError: [Errno 2] No such file or directory: 'readme.txt'
>>>
```

在上述代码中，使用 open()方法打开名为 readme.txt 的文件，因为文件不存在，将会显示异常信息，表明没有找到名称为 readme.txt 的文件。

FileNotFoundError、IOError 这类异常发生时，用户本身的代码没有任何错误，只是由于外部原因，如文件丢失、IO 设备错误引发的异常，这类异常通常应当在程序中捕获并处理，以提高程序的健壮度。而 NameError、ZeroDivisionError、IndexError、KeyError 这些异常，通过提高用户的编程能力一般可以避免这类异常。

10.3　异常处理机制

在了解异常的基本概念和类型后，下面来学习 Python 如何处理异常。异常处理过程可以概括为以下几个步骤。

（1）程序执行过程中如果出现异常，会自动生成一个异常对象，该异常对象被提交给 Python 解释器，这个过程称为抛出异常。抛出异常也可以由用户程序自行定义。

（2）当 Python 解释器接收到异常对象时，会寻找处理这一异常的代码并处理，这一过程称为捕获异常。

（3）如果 Python 解释器找不到可以处理异常的方法，则运行时系统终止，应用程序退出。

下面介绍如何在程序中捕获一个异常。

10.3.1　try…except 语句

Python 提供了强大的异常处理功能，通过 try…except 语句即可处理异常，帮助用户准确定位异常发生的位置和原因。其语法格式如下：

```
try:
     语句块
except ExceptionName1:
    异常处理代码 1
except ExceptionName2:
    异常处理代码 2
…
```

下面的代码将使用 try…except 语句实现基本的异常处理。程序的功能是接收键盘输入一个整数，求 100 除以这个数的商，并显示结果。程序对从键盘输入的数据进行异常处理。

例 10-3　基本的异常处理示例。

```
1    #ex1003.py
2    try:
3        x=int(input("请输入数据"))
4        print(100/x)
5    except ZeroDivisionError:
6        print("异常信息: 除数不能为 0")
7    except ValueError:
8        print("异常信息: 输入数据必须是阿拉伯数字")
```

下面来分析这个程序，了解异常处理的基本过程。

（1）try 语句

捕获异常的第一步是用 try 语句指定捕获异常的范围，由 try 所限定的代码块中的语句在执行过程中，可能会生成异常对象并抛出。

（2）except 语句

except 语句用于处理 try 代码块中所生成的异常。except 语句后的参数指明它能够捕获的异常类型。except 块中包含的是异常处理的代码。

例 10-3 中使用了两个 except 语句进行异常捕获。

- 执行程序时，如果输入非零的数字 5，程序正常运行，输出结果为 20.0。
- 执行程序时，如果输入数字 0，程序进行异常处理，并输出异常报告"异常信息：除数不能为 0"。
- 执行程序时，如果输入字符，程序进行异常处理，并输出异常报告"异常信息：输入数据必须是阿拉伯数字"。

从上面的运行结果可以看出，Python 进行异常处理后，程序的适应能力得到增强。关于异常的类型，除前面提到的 7 种常见异常外，其他的异常请查看 Python 的帮助文档。

10.3.2　else 语句和 finally 语句

try…except 结构是异常处理的基本结构，完整的异常处理结构还包括 else 语句和 finally 语句，其语法格式如下：

```
try:
    语句块
except ExceptionName:
    异常处理代码
...                         # except 可以有多条语句
else:
    无异常发生时的语句块
finally:
    必须处理的语句块
```

下面重点介绍 else 语句和 finally 语句。

1. else 语句

异常处理中的 else 语句与循环中的 else 语句类似，当 try 语句没有捕获到异常信息时，将不执行 except 语句块，而是执行 else 语句块。下面的代码改进了例 10-3，当无异常发生时，将会打印提示信息。

例 10-4　else 语句示例。

```
1    #ex1004.py
2    '''
3    从键盘输入一个整数，求 100 除以它的商，并显示
4
5    对从键盘输入的数进行异常处理,若无异常发生，打印提示信息
6    '''
7    try:
8        x=int(input("请输入数据"))
9        print(100/x)
10   except ZeroDivisionError:
11       print("异常信息：除数不能为 0")
12   except ValueError:
13       print("异常信息：输入数据必须是阿拉伯数字")
```

```
14    else:
15        print("程序正常结束，未捕获到异常")
```

程序输出结果如下。

```
>>>
    请输入数据 5
20.0
程序正常结束，未捕获到异常
```

在上面的程序中，如果 try 语句中有异常发生，会选择一个 except 语句块执行；如果没有异常发生，程序正常结束，执行 else 语句块。

2. finally 语句

finally 语句为异常处理提供了统一的出口，使得在控制流转到程序的其他部分以前，能够对程序的状态进行统一的管理。不论在 try 代码块中是否发生了异常，finally 语句块中的语句都会被执行。

else 语句和 finally 语句都是任选的，但 try 语句后至少要有一条 except 语句或 finally 语句。finally 语句块中的内容经常用于做一些资源的清理工作，如关闭打开的文件、断开数据库连接等。

例 10-5　finally 语句示例。

```
1   #ex1005.py
2   fname="ex1005.py"
3   file=None
4   try:
5       file=open(fname,"r",encoding="UTF-8")
6       for line in file:
7           print(line,end="")
8   except FileNotFoundError:
9       print("您要读取的文件不存在，请确认")
10  else:
11      print("文件读取正常结束")
12  finally:
13      print("文件正常关闭")
14      if file!=None:
15          file.close()
```

上述代码应用了 finally 语句，用于关闭打开的文件。程序在第 5 行使用 UTF-8 编码方式打开自身的 Python 源文件，之后在屏幕上显示。在第 13 行的 finally 语句块中，打印提示信息，然后在第 14 行判断文件对象是否存在，如果存在，关闭文件。

10.3.3　捕获所有的异常

如果用户编写的程序质量低，一个程序中可能存在多处错误，逐一捕捉这些异常会非常烦琐，而且没有必要。为了解决这类问题，可以在 except 语句中不指明异常类型，这样它就可以处理任何类型的异常了。

为了让读者更好地理解如何捕获所有异常，下面的代码中可能会出现 IndexError、ZeroDivisonError、SyntaxError 等异常，通过在 except 语句中不指明类型来实现异常捕捉。

例 10-6　通过 except 语句捕获所有的异常。

```
1   #ex1006.py
2   x=[12,3,-4]
```

```
3    try:
4        x[0]= int(input("请输入第 1 个数:"))
5        x[1]= int(input("请输入第 2 个数:"))
6        print(x[0]/x[1])
7    except:
8        print("程序出现异常")
```

在例 10-6 中，第 7 行的 except 语句没有标注异常的类型，在该语句中统一处理了程序可能会出现的所有错误。

运行程序，在控制台输入第 1 个数为 6，第 2 个数为 2，无异常产生，运行结果如下。

```
>>>
请输入第 1 个数:6
请输入第 2 个数:2
3.0
```

再次运行程序，在控制台输入第 1 个数为 4，第 2 个数为字符 a，产生异常，运行结果如下。

```
>>>
请输入第 1 个数:4
请输入第 2 个数:a
程序出现异常
```

再次运行程序，在控制台输入第 1 个数为 4，第 2 个数为 0，产生异常，运行结果如下。

```
>>>
请输入第 1 个数:4
请输入第 2 个数:0
程序出现异常
```

从上述几次运行结果可以看出，当有异常发生时，提示信息都是一样的，这就是捕获所有异常的一种情况。但这种方式不能很好地查找异常的类型和位置，只适合在程序设计初期使用，之后应不断细化异常，以方便用户调试和修改程序。

为了能区分来自不同语句的异常，还有一种捕捉所有异常的方法，就是在 except 语句后使用 Exception 类。由于 Exception 类是所有异常类的父类，因此可以捕获所有的异常。而且，定义一个 Exception 的对象 result（对象名是任意合法的标识符）作为异常处理对象，从而输出异常信息。因为程序已经捕获了异常信息，并不会再出现因为异常而退出的情况。

例 10-7　使用 Exception 类的对象捕获所有的异常。

```
1    #ex1007.py
2    x=[12,3,-4]
3    try:
4        x[0]= int(input("请输入第 1 个数:"))
5        x[1]= int(input("请输入第 2 个数:"))
6        print(x[0]/x[1])
7    except Exception as result::
8        print("程序出现异常",result)
```

运行程序，在控制台输入第 1 个数为 6，第 2 个数为 0，运行结果如下。

```
>>>
请输入第 1 个数:6
```

请输入第 2 个数:0
程序出现异常 division by zero

10.4 抛 出 异 常

在 Python 中,除了程序运行出现错误时会引发异常,还可以使用 raise 语句主动抛出异常,抛出异常主要的应用场景是用户自定义异常。本节主要介绍程序如何抛出并处理异常。

10.4.1 raise 语句

使用 raise 语句能显式地抛出异常,其格式如下:

```
raise 异常类          #抛出异常,并隐式地创建类对象
raise 异常类对象       #抛出异常,创建异常类的对象
raise                #重新抛出刚刚发生的异常
```

上述的格式中,第 1 种方式和第 2 种方式是相同的,都会触发异常并创建异常类对象。但第 1 种方式隐式地创建了异常类的对象,而第 2 种形式是最常见的,会直接创建一个异常类的对象。第 3 种方式用于重新引发刚刚发生的异常。

1. 使用类名引发异常

当 raise 语句指定异常的类名时,会创建该类的实例对象,然后引发异常。例如下面的代码就引发 NameError 异常。

```
>>>
>>> raise NameError
```

代码的执行结果如下。

```
>>>
Traceback (most recent call last):
  File "<pyshell#8>", line 1, in <module>
    raise NameError
NameError
```

2. 使用异常类的对象引发异常

通过显式地创建异常类的对象,直接使用该对象来引发异常。例如下面的代码,创建了一个 NameError 类的对象 nerror,然后使用 raise nerror 语句抛出异常。

```
>>> nerror=NameError()
>>> raise nerror
```

代码的执行结果如下。

```
>>>
Traceback (most recent call last):
  File "<pyshell#13>", line 1, in <module>
    raise nerror
NameError
```

3. 传递异常

不带任何参数的 raise 语句,可以再次引发刚刚发生过的异常,作用就是向外传递异常。下面

的代码实现了异常的传递。

例 10-8 使用 raise 语句传递异常（重新抛出异常）。

```
1  #ex1008.py
2  try:
3     try:
4        raise IOError
5     except IOError:
6        print("inner exception")
7        raise    # <same as raise IOError>
8  except IOError:
9     print("outter exception")
```

程序的运行结果如下。

```
>>>
inner exception
outter exception
```

上述示例中，第 3 行内层 try 语句使用 raise 语句抛出了 IOError 异常，程序会跳转到第 5 行 except IOError 语句中执行，打印 "inner exception" 语句。第 7 行使用 raise 再次引发刚刚发生的异常，将异常向外层传递。

4. 指定异常的描述信息

当使用 raise 语句抛出异常时，还可以给异常类指定描述信息。例如下面的代码，在抛出异常类时传入了自定义的描述信息。

```
>>> raise IndexError("索引超出范围")
```

代码运行结果如下。

```
>>>
Traceback (most recent call last):
  File "<pyshell#29>", line 1, in <module>
    raise IndexError("索引超出范围")
IndexError: 索引超出范围
```

10.4.2 抛出异常示例

用户的应用程序中也可以抛出异常，但需要生成异常对象。生成异常对象一般都是通过 raise 语句实现的。下面的代码模拟现金支付功能，当支付额度大于 5000 时，抛出 ValueError 异常，当额度低于 5000 时，按照额度的 10%扣税。

例 10-9 抛出异常的应用示例。

```
1  #ex1009.py
2  def payOut(quota):
3     if (quota>5000):
4        raise ValueError("The quota out of bounds!")
5     else:
6        return quota-quota*0.1

7  pay=payOut(4000)
8  print("实际支出金额是: ",pay)

9  pay=payOut(5200)
```

```
10  print("实际支出金额是: ",pay)
```

程序运行结果如下。

```
>>>
实际支出金额是:  3600.0
Traceback (most recent call last):
  File "D:/pytyon36/ch10a/ex1009.py", line 9, in <module>
    pay=payOut(5200)
  File "D:/pytyon36/ch10a/ex1009.py", line 4, in payOut
    raise ValueError("The quota out of bounds!")
ValueError: The quota out of bounds!
```

例 10-9 中实现的仅仅是抛出异常，并没有捕获异常。如果需要捕获异常，可以修改函数代码，具体如下。

```
try:
    pay=payOut(4000)
    print("实际支出金额是: ",pay)
    pay=payOut(5200)
    print("实际支出金额是: ",pay)
except Exception:
    print("支出额度不合要求")
```

10.5 断言与上下文管理

断言与上下文管理是两种特殊的异常处理方式，在形式上比异常处理结构简单，能够满足简单的异常处理和条件确认，并且可以和标准的异常处理结构结合使用。

10.5.1 断言

assert 语句又称断言语句，指的是用户期望满足指定的条件。当用户定义的约束条件不满足的时候，它会触发 AssertionError 异常，所以 assert 语句可以当作条件式的 raise 语句。assert 语句的格式如下：

```
assert 逻辑表达式,description
```

在上述格式中，assert 后面是一个逻辑表达式，相当于条件。description 是可选的，通常是一个字符串。当表达式的结果为 False 时，description 作为异常的描述信息使用。下面是一个简单的断言示例。

```
>>> flag=True
>>> assert flag==False,"flag初始值错误"
```

在上述代码中，定义了变量 flag 的值为 True，然后使用 assert 断言 flag 的值等于 False，断言错误，所以程序的运行结果如下。

```
>>>
Traceback (most recent call last):
  File "<pyshell#75>", line 1, in <module>
    assert flag==False,"flag初始值错误"
AssertionError: flag初始值错误
```

assert 语句主要用于收集用户定义的约束条件，并不是捕捉内在的程序设计错误。因为 Python 会自行收集程序的设计错误，并在遇见错误时自动引发异常。

为了让读者更好地理解断言的应用，下面通过例 10-10 来讲解 assert 语句的应用。

例 10-10 assert 语句的应用示例。

```
1    #ex1010.py
2    '''输入两个数，计算两数之间的所有质数'''
3    try:
4        x = int(input("请输入第 1 个数:"))
5        y = int(input("请输入第 2 个数:"))
6        assert x>2 and y>2,"x 和 y 必须为大于 2 的正整数"
7        if x>y:
8            x,y=y,x
9
10       num=[]
11       i=x
12       for i in range(x,y+1):
13           for j in range(2,i):
14               if i%j==0:
15                   break
16           else:
17               num.append(i)
18       print("{}和{}之间的质数为{}".format(x,y,num))
19   except Exception as result:
20       print("异常信息: ",result)
```

在例 10-10 中，通过 try…except 语句处理异常，具体步骤如下。

（1）第 4 行和第 5 行从键盘获取了 int 类型的两个数值 x 和 y。

（2）第 6 行通过断言语句，x 和 y 的值必须都大于 2。

（3）比较 x、y 的值，如果 x 比 y 的值大，就互换 x 和 y 的值。

（4）第 11 行，外循环遍历每一个数。

（5）第 12 行至第 16 行，内循环判断每一个数是否是质数，如果是，填加到列表 num 中。

（6）在 except 语句中使用 Exception 捕捉所有的异常，并获取异常对应的描述信息。

运行程序，在控制台输入第 1 个数为 5，第 2 个数为 23，具体结果如下。

```
>>>
请输入第 1 个数:5
请输入第 2 个数:23
5 和 23 之间的质数为[5, 7, 11, 13, 17, 19, 23]
```

在控制台再次输入第 1 个数为 - 6，第 2 个数为 9，运行结果如下。

```
>>>
请输入第 1 个数:- 6
请输入第 2 个数:9
异常信息:   x 和 y 必须为大于 2 的正整数
```

10.5.2 上下文管理

使用上下文管理语句 with 可以自动管理资源，代码块执行完毕后，自动还原进入该代码块之前的现场或上下文，不论何种原因跳出 with 块，也不论是否发生异常，总能保证资源被正确释放，简化了程序员的工作，多用于打开文件、连接网络、连接数据库等场合。

with 语句的语法如下：

```
with 表达式 [as variable]:
    with 语句块
```

例如，下面的代码在文件操作时使用 with 上下文管理语句，当文件处理完毕，将会自动关闭。

```
fname="d:\\python36\\aaaa.txt"
with open(fname) as file:
  for line in file:
      print(line,end="")
```

上述代码使用 with 语句打开文件，如果文件存在并且可以打开，则将文件对象赋值给 file，然后遍历这个文件。文件操作结束后，with 语句会关闭文件。即使代码在运行过程中产生了异常，with 语句也会关闭文件。

10.6　自定义异常

前面介绍的异常主要用于处理系统中可以预见的、较常见的运行错误，对于某个应用所特有的运行错误，则需要编程人员根据程序的逻辑在用户程序中创建用户自定义的异常类和异常对象。

用户自定义异常类主要用于处理程序中可能产生的逻辑错误，使得这种错误能够被系统及时识别并处理，而不致扩散产生更大的影响，从而使用户程序更为强健，具有更好的容错性能，并使整个系统更加安全稳定。

创建用户自定义异常时，一般需要完成如下工作。

（1）声明一个新的异常类，使之以 Exception 类或其他某个已经存在的系统异常类或用户异常类为父类。

（2）为新的异常类定义属性和方法，或重载父类的属性和方法，使这些属性和方法能够体现该类所对应的错误信息。

只有定义了异常类，系统才能识别特定的运行错误，才能及时地控制和处理运行错误，所以定义足够多的异常类是构建一个稳定、完善的应用系统的重要基础之一。下面的自定义异常示例的代码包括三部分，第一部分是关于异常类的定义，该类继承了 Exception 类，第二部分代码是自定义异常的业务逻辑，模拟当支取金额大于 500 时，报告异常；第三部分是测试代码。

例 10-11　用户自定义异常的示例。

```
1   #ex1011.py
2   class UserDefinedException(Exception):
3       def __init__(self,eid,message):         #异常描述
4           self.eid=eid
5           self.message=message
6
7   class ExceptionDemo:                         #业务逻辑
8       def draw(self,number):
9           print("called compute("+str(number)+")");
10          if (number>500 or number<=0):
```

```
11                raise UserDefinedException(101,"number out of bounds")
12          else:
13                print("normal exit")
14   myobject=ExceptionDemo()                          #功能测试

15   try:
16       myobject.draw(125)
17       myobject.draw(900)
18   except UserDefinedException as e:
19       print("Exception caught,id:{},message:{}".format(e.eid,e.message))
```

本例中，定义了一个异常类 UserDefinedException，该类继承了 Exception 类，其中包括描述数异常信息的 eid 和 message 属性。在 ExceptionDemo 类中，依据变量 number 的取值来决定是否抛出异常并提交给 UserDefinedException 类来处理。程序运行结果如下。

```
>>>
called compute(125)
normal exit
called compute(900)
Exception caught,id:101,message:number out of bounds
```

本 章 小 结

本章介绍了异常的概念、Python 中常见的异常类、Python 的异常处理机制和自定义异常类等内容。

异常就是程序在运行过程中发生的，由于硬件故障、软件设计错误、运行环境不满足等原因导致的程序错误事件。Python 中所有的异常类都是 Exception 的子类。

Python 常用的内置异常类包括 NameError、ZeroDivisionError、IndexError、KeyError、AttributeError、SyntaxError、FileNotFoundError 等。

Python 通过 try…excep…else…finally 语句处理异常，帮助用户准确定位异常发生的位置和原因。通过在 except 语句中不指明异常型来处理任何类型的异常，为了能区分来自不同语句的异常，在except 语句后使用 Exception 类，并定义一个 Exception 的对象用于接收异常处理对象，从而输出异常信息。

Python 使用 raise 语句主动抛出异常，抛出异常主要的应用场景是用户自定义异常。assert 语句又称断言语句，用于处理在形式上比较简单的异常。使用上下文管理语句 with 可以自动管理资源，多用于打开文件、连接网络、连接数据库等场合。

用户自定义异常类用来处理程序中可能产生的逻辑错误，使得这种错误能够被系统及时识别并处理，使用户程序健壮性更好、容错性更好。

习 题 10

1. 选择题

（1）下列关于异常处理的描述中，错误的是哪一项？（　　）

　　A. 程序运行产生的异常由用户或者 Python 解释器进行处理

B.　使用 try…except 语句捕获异常

C.　使用 raise 语句抛出异常

D.　捕获到的异常只能在当前方法中处理，而不能在其他方法中处理

（2）下列关于 try…except…finally 语句的描述中，正确的是哪一项？（　　　）

A.　try 语句后面的程序段将给出处理异常的语句

B.　except 语句在 try 语句的后面，该语句可以不接异常名称

C.　except 语句后的异常名称与异常类的含义是相同的

D.　finally 语句后面的代码段不一定总是被执行的，如果抛出异常，该代码不执行

（3）下列关于创建用户自定义异常的描述中，错误的是哪一项？（　　　）

A.　用户自定义异常需要继承 Exception 类或其他异常类

B.　在方法中声明抛出异常 关键字是 throw 语句

C.　捕捉异常的方法是使用 try…except…else…finaIly 语句

D.　使用异常处理会使整个系统更加安全和稳健

（4）给定以下代码：

```python
def problem():
    raise NameError

def method1():
    try:
        print("a")
        problem()
    except NameError:
        print("b")
    except Exception:
        print("c")
    finally:
        print("d")
    print("e")

method1()
```

当执行 method1 ()方法后，输出结果是哪一项？（　　　）

A.　acd　　　　　　　B.　abd　　　　　　　C.　abde　　　　　　　D.　a

（5）下列选项中，不在运行时发生的异常是哪一项？（　　　）

A.　ZerodivisionError　　　　　　　B.　NameError

C.　SyntaxError　　　　　　　D.　KeyError

（6）当 try 语句块中没有任何错误信息时，一定不会执行的语句是哪一项？（　　　）

A.　try　　　　　　　B.　else　　　　　　　C.　finally　　　　　　　D.　except

（7）如果 Python 程序中试图打开不存在的文件，解释器将在运行时抛出哪类异常？（　　　）

A.　NameError　　　　　　　B.　FileNotFoundError

C.　SyntaxError　　　　　　　D.　ZeroDivisionError

（8）Python 程序中，假设有表达式 123 + xyz，则解释器将抛出哪类异常？（　　　）

A.　NameError　　　　　　　B.　FileNotFoundError

C.　SyntaxError　　　　　　　D.　TypeError

（9）Python 程序中，假设列表 s=[1,23,2]，如果语句中使用 s[3]，则解释器将抛出哪类异常？（　　）

    A. NameError   B. IndexError   C. SyntaxError   D. ZeroDivisionError

（10）Python 程序中，假设字典 d={'1':'male','2':'female'}，如果语句中使用 d[3]，则解释器将抛出哪类异常？（　　）

    A. NameError   B. IndexError   C. SyntaxError   D. KeyError

2. 简答题

（1）什么是异常？简述 Python 的异常处理机制。

（2）除书中列出的 7 种常见异常外，查 Python 文档，请列举 3 种其他的内置异常类。

（3）如何创建用户自定义异常？

（4）已知学生类 Student 及年龄异常类 AgeException 如下，分析程序的执行结果。

```python
class AgeException(Exception):
    def __init__(self,description):
        self.description=description

class Students:
    def __init__(self,strname,age):
        self.strname=strname
        self.age=age
        if (age<0 or age>200):
            raise AgeException("年龄错误")
        else:
            print(age)
try:
    s1 = Students("zh3",19)
    s2 = Students("Lisi",-20)
except AgeException as e:
    print(e.description)
```

3. 编程题

（1）编程实现索引超出范围异常 IndexError 类型。例如：

```python
chars = ['a','b',100,-37,2]
ch[5] = 'k'          //产生该类型异常
```

（2）设计一个一元二次方程类，并为这个类添加异常处理。

（3）定义一个 Circle 类，其中有求面积的方法，当半径小于 0 时，抛出一个用户自定义异常。

（4）从键盘输入一个整数，求 100 除以它的商，并显示输出。要求对从键盘输入的数值进行异常处理。

第11章
tkinter GUI 编程

开发图形用户界面应用程序是 Python 的重要应用之一。图形用户界面（Graphical User Interface，GUI）可以接收用户的输入并展示程序运行的结果，更友好地实现用户与程序的交互。Python 实现图形用户界面可以使用标准库 tkinter，还可以使用功能强大的 wxPython、PyGObject、PyQt 等扩展库。本章将学习如何使用 tkinter 模块来创建 Python 的 GUI 应用程序。

11.1　tkinter 编程概述

tkinter 模块包含在 Python 的基本安装包中。使用 tkinter 模块编写的 GUI 程序是跨平台的，可在 Windows、UNIX、Linux 以及 Macintosh OS X 等多种操作系统中运行，具有与操作系统的布局和风格一致的外观。用户可以自行扩展 tkinter 库，也可以使用现有的 tkinter 扩展库，如 ttk（Tk 界面组件库，Python 标准库）、Tix（界面组件库，Python 标准库）、Pmw（界面组件库）等。

11.1.1　第一个 tkinter GUI 程序

进行 GUI 编程，需要掌握组件和容器两个概念。**组件**是指标签、按钮、列表框等对象，需要将其放在容器中显示。**容器**是指可放置其他组件或容器的对象，例如，窗口或 Frame（框架），容器也可以叫作容器组件。Python 的 GUI 程序默认有一个主窗口，在这个主窗口上可以放置其他组件。

例 11-1 是一个 tkinter GUI 程序的示例。从这个简单的示例可以了解 tkinter GUI 程序的基本结构。

例 11-1　带有标签和按钮的 tkinter GUI 程序。

```
1  #ex1101.py
2  import tkinter                              #导入 tkinter 模块
3  win = tkinter.Tk()                          #创建主窗口对象
4  label1 = tkinter.Label(win,text="Hello,Python")   #创建标签对象
5  btn1 = tkinter.Button(win,text="click")     #创建按钮对象
6  label1.pack()          #打包对象，使其显示在其父容器中
7  btn1.pack()
8  win.mainloop()         #启动事件循环
```

tkinter GUI 程序大致包括以下几部分。

（1）导入 tkinter 模块。可以使用下面两种形式之一。

```
import tkinter
from tkinter import *
```

（2）创建主窗口对象。该行可以省略，如果没有创建主窗口对象，tkinter 将以默认的顶层窗口作为主容器，该容器是当前组件的容器。

（3）创建标签、按钮、输入文本框、列表框等组件对象。

（4）打包组件，将组件显示在其父容器中。

（5）启动事件循环，GUI 窗口启动，等待响应用户操作。

例 11-1 的运行结果如图 11-1 所示。在 GUI 程序中，如果实现复杂的窗口界面，还要设置窗口的布局；如果需要窗口响应用户的操作，还要完成事件处理功能。

此外，Python 的 GUI 程序除了可以保存为以.py 为扩展名的文件，还可以用.pyw 作为扩展名。.pyw 格式的文件是用来保存 Python 的纯图形界面程序的，运行（双击）.pyw 程序时不显示控制台窗口。建议将 Python 的 GUI 程序保存为.py 格式，运行时显示控制台窗口，以方便查看程序运行的提示信息。

图 11-1　例 11-1 的运行结果

11.1.2　设置窗口和组件的属性

GUI 设计中，可以设置窗口标题和窗口大小，也可以设置组件的属性，经常使用的方法有 title()方法、geometry()方法和 config()方法，下面逐一进行介绍。

1. title()方法和 geometry()方法

在创建主窗口对象后，可以使用 title()方法设置窗口的标题，使用 geometry()方法设置窗口的大小。

需要说明的是，geometry()方法中的参数用于指定窗口大小，格式为"宽度×高度"，其中的×不是乘号，而是字母 x。

例 11-2　设置了标题和大小的窗口。

```
1    #ex1102.py
2    from tkinter import *
3    win=Tk()
4    label = Label(win,text="Hello,Python")
5    btn1= Button(win,text="click")
6    label.pack()
7    btn1.pack()
8    win.title("Example11-2")        #title()方法
9    win.geometry("300x200")         #geometry()方法
10   win.mainloop()
```

例 11-2 进一步完善了例 11-1，使用 from 语句导入 tkinter 库，并且设置了窗口的标题和大小，显示结果如图 11-2 所示。

2. config()方法

config()方法用于设置组件文本、对齐方式、前景色、背景色、字体等属性。例 11-3 设置了组件的 text、fg、bg 等属性。

例 11-3　使用 config()方法设置组件的属性。

图 11-2　例 11-2 的运行结果

```
1    #ex1103.py
2    from tkinter import *
```

```
3    win=Tk()
4    label = Label()
5    label.config(text="Hello Python")          #设置文本属性
6    label.config(fg="white",bg="blue")         #设置前景和背景属性
7    label.pack()
8    btn1= Button()
9    btn1['text']="click"                       #设置文本属性的另一种方法
10   btn1.pack()
11   win.title("设置组件属性")                     #title()方法
12   win.geometry("300x200")                    #geometry()方法
13   win.mainloop()
```

11.2　tkinter GUI 的布局管理

开发 GUI 程序，需要将组件放入容器中，主窗口就是一种容器。向容器中放入组件是很烦琐的，不仅需要调整组件自身的大小，还要设计和其他组件的相对位置。实现组件布局的方法被称为**布局管理器**或**几何管理器**，tkinter 可使用 3 种方法来实现布局功能：pack()、grid()、place()，下面分别进行介绍。

此外，Frame（框架）也是一种容器，需要显示在主窗口中。Frame 作为中间层的容器组件，可以分组管理组件，从而实现复杂的布局。

11.2.1　使用 pack()方法的布局

pack()方法以块的方式布局组件。前面的示例中已经使用了 pack()方法，该方法将组件显示在默认位置，是最简单、直接的用法。

pack()方法的常用参数如表 11.1 所示。

表 11.1　　　　　　　　　　　　　pack()方法的常用参数

参　　数	说　　明
side	表示组件在容器中的位置，取值为 TOP、BOTTOM、LEFT、RIGHT
expand	表示组件可拉伸，取值为 YES 或 NO。当值为 YES 时，side 选项无效，参数 fill 用于指明组件的拉伸方向
fill	取值为 X、Y 或 BOTH，填充 X 或 Y 方向上的空间，当参数 side=TOP 或 BOTTOM 时，填充 X 方向；当参数 side= LEFT 或 RIGHT 时，填充 Y 方向
anchor	表示组件在窗口中的位置，取值为 N、S、W、E、SW、NE、SE、NW 和 CENTER 等。默认值为 CENTER
padx 和 pady	组件外部的预留空白宽度
ipadx 和 ipady	组件内部的预留空白宽度

例 11-4 和例 11-5 分别测试了 pack()方法的 side、expand、fill、anchor 等参数，运行结果如图 11-3 和图 11-4 所示。

例 11-4　使用 pack()方法的 side 参数设置组件的布局。

```
1    #ex1104.py
2    from tkinter import *
```

```
3    win=Tk()
4    label1 = Label(win,text="Top 标签",fg="white",bg="blue")
5    label2 = Label(win,text="Left 标签",fg="white",bg="blue")
6    label3 = Label(win,text="Bottom 标签",fg="white",bg="blue")
7    label4 = Label(win,text="Right 标签",fg="white",bg="blue")

8    label1.pack(side=TOP)
9    label2.pack(side=LEFT)
10   label3.pack(side=BOTTOM)
11   label4.pack(side=RIGHT)
12   win.title("pack()方法")        #title()方法
13   win.geometry("200x150")       #geometry()方法
14   win.mainloop()
```

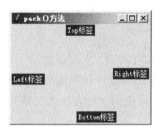

图 11-3　例 11-4 的运行结果

例 11-5　使用 pack()方法的 anchor 参数设置组件的布局。

```
1    #ex1105.py
2    from tkinter import *
3    win=Tk()
4    label1 = Label(win,text="标签标题",fg="white",bg="blue")
5    label1.pack(anchor=NW,padx=5)
6    label2 = Label(win)
7    label2.config(text="标签内容",fg="white",bg="grey")#配置文本属性
8    label2.pack(expand=YES,fill=BOTH,padx=5)
9    btn= Button()
10   btn['text']="click"                   #配置文本属性的另一种方法
11   btn.pack()
12   win.title("Example5")                 #title()方法
13   win.geometry("300x200")               #geometry()方法
14   win.mainloop()
```

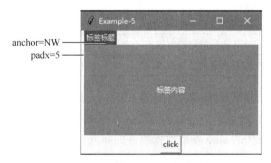

图 11-4　例 11-5 的运行结果

11.2.2　使用 grid()方法的布局

使用 grid()方法的布局被称为网格布局，它按照二维表格的形式，将容器划分为若干行和若干列，组件的位置由行列所在位置确定。grid()方法和 pack()方法在使用上类似，表 11.2 给出了 grid()方法的常用参数。

表 11.2　　　　　　　　　　　　　　grid()方法的常用参数

参　　数	说　　明
row 和 column	组件所在行和列的位置
rowspan 和 columnspan	组件从所在位置起跨的行数和跨的列数
sticky	组件所在位置的对齐方式
padx 和 pady	组件外部的预留空白宽度
ipadx 和 ipady	组件内部的预留空白宽度

需要注意的是，在同一容器中，只能使用 pack()方法或 grid()方法中的一种布局方式。

grid()方法通过参数设置组件所在的列。row 和 column 的默认开始值为 0，依次递增。row 和 column 的序号的大小表示了相对位置，数字越小表示位置越靠前。

例 11-6　使用 grid()方法设置组件布局。

```
1   #ex1106.py
2   from tkinter import *
3   win=Tk()
4   label1 = Label(win,text="请选择下列操作",fg="green")
5   label1.grid(row=0,column=0,columnspan=4)
6
7   btn1= Button(text="copy")
8   btn2= Button(text="cut")
9   btn3= Button(text="paste")
10  btn4= Button(text="delete")
11  btn1.grid(row=2,column=0,padx=2)
12  btn2.grid(row=2,column=1,padx=2)
13  btn3.grid(row=2,column=2,padx=2)
14  btn4.grid(row=2,column=3,padx=2)
15
16  win.title("Example11-6")      #title()方法
17  win.geometry ("200x150")      #geometry()方法
18  win.mainloop()
```

程序运行显示的窗口如图 11-5 所示。可以看出使用 gird()方法的布局比使用 pack()方法的布局更能有效控制组件在容器中的位置。

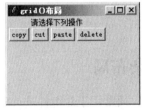

图 11-5　例 11-6 的运行结果

11.2.3　使用 place()方法的布局

使用 place()方法的布局可以更精确地控制组件在容器中的位置。如果容器大小发生了变化，可能会出现布局不适应的情况，所以一般较少使用。表 11.3 给出了使用 place()方法布局的常用参数。

表 11.3　　　　　　　　　　　　　　place()方法的常用参数

参　　　数	说　　明
x 和 y	用绝对坐标指定组件的位置，默认单位为像素
height 和 width	指定组件的高度和宽度，默认单位为像素
relx 和 rely	按容器高度和宽度的比例来指定组件的位置，取值范围为 0.0～1.0
relheight 和 relwidth	按容器高度和宽度的比例来指定组件的高度和宽度，取值范围为 0.0～1.0
anchor	指定组件在容器中的位置，默认为左上角（NW）
bordermode	指定在计算位置时，是否包含容器边界宽度，默认为 INSIDE 表示计算容器边界，OUTSIDE 表示不计算容器边界

例 11-7　使用 place ()方法的布局。

```
1   #ex1107.py
2   from tkinter import *
3   win=Tk()
4   label1 = Label(win,text="place()方法测试",fg="black")
5   label1.place(x=140,y=50,anchor=N)      #place()方法布局
6   btn1= Button(text="place()按钮")
7   btn2= Button(text="grid()")
8   btn1.place(x=140,y=80,anchor=N)        #place()方法布局
9   btn2.grid(row=2,column=1)              #grid()方法布局
10  win.title("Example9-7")
11  win.geometry ("300x200")
12  win.mainloop()
```

上述代码使用 place ()方法的布局组织组件。程序运行结果如图 11-6 所示。

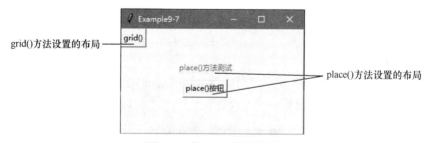

图 11-6　例 11-7 的运行结果

11.2.4　使用框架的复杂布局

框架（Frame）是一个容器组件，通常用于对组件进行分组，从而实现复杂的布局。框架的常用属性如表 11.4 所示。

表 11.4   Frame 的常用属性

属　　性	说　　明
bd	指定边框宽度
relief	指定边框样式，取值为 FLAT（扁平，默认值）、RAISED（凸起）、SUNKEN（凹陷）、RIDGE（脊状）、GROOVE（凹槽）和 SOLID（实线）
width 和 height	设置宽度或高度，如果忽略，容器通常会根据内容组件的大小调整 Frame 大小

例 11-8　使用 Frame 实现的复杂布局。

```
1   #ex1108.py
2   from tkinter import *
3   win=Tk()
4   frma = Frame()          #框架 frma
5   frmb = Frame()          #框架 frmb
6   frma.pack()
7   frmb.pack()
8   lblUname = Label(frma,text="UserName",width=10,fg="black")
9   etyUname = Entry(frma,width=20)
10  lblUname.grid(row=1,column=1)
11  etyUname.grid(row=1,column=2)
12  lblPwd = Label (frma,text="PassWord",width=10,fg="black")
13  etyPwd = Entry(frma,width=20)
14  lblPwd.grid(row=2,column=1)
15  etyPwd.grid(row=2,column=2)
16  #向容器中用 grid()方法添加两个按钮
17  btnReset= Button(frmb,text="ReSet",width=10)
18  btnSubmit= Button(frmb,text="Submit",width=10)
19  btnReset.grid(row=1,column=1)
20  btnSubmit.grid(row=1,column=2)
21
22  win.title("Example11-8")
23  win.geometry ("300x200")
24  win.mainloop()
```

上述代码使用了 Frame 组件实现复杂布局，显示效果如图 11-7 所示。用户名和密码的两对标签和输入框置于 frma 框架中，添加的两个按钮置于 frmb 框架中。

图 11-7　例 11-8 的运行结果

11.3　tkinter 的常用组件

由 tkinter 的各种组件构造了窗口中的对象，常用的组件包括标签、按钮、输入框、复选框等。

11.3.1 Label 组件

Label 是用于创建标签的组件，主要用于显示不可修改的文本、图片或者图文混排的内容。Label 组件的常用属性如表 11.5 所示。

表 11.5   Label 组件的常用属性

属　　性	说　　明
text	设置标签显示的文本
bg 和 fg	指定组件的背景色和前景色
width 和 height	指定组件的宽度和高度
padx 和 pady	设置组件内文本的左右和上下的预留空白宽度，默认值为 1（像素）
anchor	设置文本在组件内部的位置，取值为 N、S、W、E、NW、SW、NE、SE
justify	设置文本的对齐方式，取值为 LEFT（左对齐）、RGHT（右对齐）或 CENTER（居中对齐）
font	设置字体

需要说明的是，tkinter 库中的组件大部分属性都相同，Label 组件的常用属性可用于大多数组件，表 11.5 中的属性在后面章节也经常使用。

font 属性是一个复合属性，用于设置字体名称、字体大小和字体特征等。font 属性通常表示为一个三元组，它的基本格式为（family, size, special）。family 是表示字体名称的字符串，size 是表示字体大小的整数，special 是表示字体特征的字符串。size 为正整数时，字体大小单位为点；size 为负整数时，字体大小单位为像素。在 special 字符串中，可使用关键字表示字体特征：normal（正常）、bold（粗体）、italic（斜体）、underline（下画线）、overstrike（删除线）。

例 11-9 测试标签的属性。

```
1   #ex1109.py
2   from tkinter import *
3   str='标签基本属性测试'
4   mylabel=Label(text=str)
5   mylabel.config(justify=CENTER)          #设置文本居中对齐
6   mylabel.config(width=20,height=4)       #设置标签的宽和高，单位为字符个数
7   mylabel.config(bd=2,relief=SOLID)       #设置边框的宽度
8   mylabel.config(wraplength=160)          #设置文字回卷宽度为160像素
9   mylabel.config(anchor=W)                #设置内容在标签内部的左侧
10  mylabel.config(font=('宋体',18))        #设置字体
11  mylabel.pack(side=TOP)                  #设置标签在窗口的顶端
12  mainloop()
```

上述代码测试了标签的属性，其运行结果如图 11-8 所示。这个例子并没有创建窗口对象，tkinter 将默认的窗口作为主窗口，设置了标签的 width、height、anchor、justify、font 等属性。

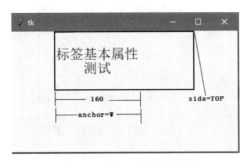

图 11-8　例 11-9 的运行结果

11.3.2　Button 组件

Button 组件用于创建按钮，通常用于响应用户的单击操作，即单击按钮时将执行指定的函数。Button 组件的 command 属性用于指定响应函数，其他的大部分属性与 Label 组件的属性相同。

例 11-10　单击 Button 按钮计算 1～100 的累加值。

```
1   #ex1110.py
2   from tkinter import *
3   win=Tk()
4   win.title("Button Test")
5   win.geometry("300x200")
6   label1=Label(win,text='此处显示计算结果 ')
7   label1.config(font=('宋体',12))
8   label1.pack()

9   def computing():
10      sum = 0
11      for i in range(100+1):
12          sum+=i
13      result="累加结果是: "+ str(sum)
14      label1.config(text=result)

15  str1='计算 1-100 累加值'
16  mybutton=Button(win,text=str1)
17  mybutton.config(justify=CENTER)           #设置按钮文本居中
18  mybutton.config(width=20,height=3)        #设置标签的宽和高
19  mybutton.config(bd=3,relief=RAISED)       #设置边框的宽度和样式
20  mybutton.config(anchor=CENTER)            #设置内容在按钮内部居中
21  mybutton.config(font=('隶书',12,'underline'))
22  mybutton.config(command=computing)
23  mybutton.config(activebackground='yellow')
24  mybutton.config(activeforeground='red')
25  mybutton.pack()
26  win.mainloop()
```

上述代码测试了 Button 按钮的属性，其中，activebackground、activeforeground 属性是单击按钮时前景和背景的变化，显示结果如图 11-9 所示，单击按钮时，会调用 computing()函数，在标签上显示计算所得的数值。

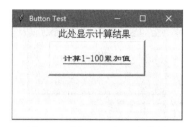

图 11-9　例 11-10 的运行结果

11.3.3　Entry 组件

Entry 组件即输入组件，用于显示和输入简单的单行文本，Entry 组件的部分属性与 Label 组件相同，其他常用属性和方法如表 11.6 所示。

表 11.6　　　　　　　　　　　　　　Entry 组件的常用属性和方法

属性/方法	说　　明
state	设置组件状态。取值为 normal、disabled 和 active，也可设置为 readonly。设置为 readonly 时，组件为只读状态，不接收数据输入
validate	设置执行 validatecommand 校验函数的时间
validatecommand	设置校验函数
textvariable	获取组件内容的变量
get()	返回组件中的全部字符
delete(first,last=None)	删除从 first 开始到 last 之前的字符，如果省略 last，则删除 first 到末尾的全部字符。组件中第一个字符位置为 0。删除全部字符可使用 delete(0,END)方法

除了表 11.6 中的方法，Entry 组件还提供 select 系列方法用于选择输入组件中的字符，如 select_clear()、select_from(index)、select_range(start,end)等，提供 insert 系列方法用于插入字符操作，这里不再赘述，请读者查看相关文档。

例 11-11　输入数据并计算累加和。

```
1   #ex1111.py
2   from tkinter import *

3   def computing():
4       sum = 0
5       n= int(number.get())
6       for i in range(n+1):
7           sum+=i
8       result="累加结果是: "+ str(sum)
9       label3.config(text=result)

10  win=Tk()
11  win.title("Entry Test")
12  win.geometry("300x200")

13  label1=Label(win,text='请输入计算数据:  ')
14  label1.config(width=16,height=3)
15  label1.config(font=('宋体',12))
16  label1.grid(row=0,column=0)
```

```
17    number = StringVar()
18    entry1 = Entry(win,textvariable = number,width=16)
19    entry1.grid(row=0,column=1)

20    label2=Label(win,text='请单击确认：')
21    label2.config(width=14,height=3)
22    label2.config(font=('宋体',12))
23    label2.grid(row=1,column=0)
24    button1=Button(win,text="计算")
25    button1.config(justify=CENTER)          #设置按钮文本居中
26    button1.config(width=14,height=2)        #设置按钮的宽和高
27    button1.config(bd=3,relief=RAISED)       #设置边框的宽度和样式
28    button1.config(anchor=CENTER)            #设置内容在按钮内部居中
29    button1.config(font=('隶书',12))
30    button1.config(command=computing)
31    button1.grid(row=1,column=1)

32    label3=Label(win,text='显示结果 ')
33    label3.config(width=16,height=3)
34    label3.config(font=('宋体',12))
35    label3.place(x=50,y=130)
36    win.mainloop()
```

上述代码使用 Entry 组件输入数据，然后调用 computing()函数计算累加和。其中的代码：number = StringVar();的作用是声明 number 是字符串变量，所以在 computing()函数中，执行语句：n= int(number.get());将字符串转换为整型数据。在 Entry 组件中输入数据 100，并单击"计算"按钮，运行结果如图 11-10 所示。

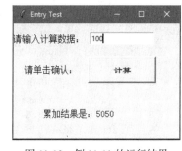

图 11-10 例 11-11 的运行结果

类似 StringVar()形式的变量被称为**控制变量**。控制变量是一种特殊对象，它和组件相关联。例如，控制变量与 Entry 组件相关联时，控制变量的值和 Entry 组件中的文本会关联变化。将控制变量与 Radiobutton 组件（单选按钮组）关联时，改变单选按钮时，控制变量的值会随之改变；反之，改变控制变量的值，对应值的单选按钮会被选中。

tkinter 模块提供了布尔型、双精度、整数和字符串 4 种控制变量，创建方法如下：

```
myvar = BooleanVar()
myvar = StringVar()
myvar = IntVar()
myvar = DoubleVar()
```

如果将例 11-11 中的代码 number = StringVar()替换为 number = IntVar()，则代码：n= int(number.get())可以用 n= number.get()方法替换，请读者注意体会不同类型的控制变量在使用方法上的区别。

11.3.4 Listbox 组件

Listbox 组件用于创建列表框，可以显示多个列表项，每项为一个字符串。列表框允许用户一次选择一个或多个列表项。Listbox 组件与 Label 组件的部分属性相同，其他常用属性如表 11.7 所示。

表 11.7 　　　　　　　　　　　　　　Listbox 组件的常用属性和方法

属性/方法	说　　明
listvariable	关联一个 StringVar 类型的控制变量，该变量关联列表框全部选项
selectmode	设置列表项选择模式，参数可设置为 BROWSE（默认值，只能选中一项，可拖动）、SINGLE（只能选中一项，不能拖动）、MULTIPLE（通过鼠标单击可选中多个列表项）、EXTENDED（通过鼠标拖动可选中多个列表项）
xscrollcommand	关联一个水平滚动条
yscrollcommand	关联一个垂直滚动条
activate(index)	选中 index 对应的列表项
cursection()	返回包含选中项 index 的元组，无选中时返回空元组
insert(index, relements)	在 index 位置插入一个或多个列表项
get(first,last=None)	返回包含[first,last]范围内的列表项的文本元组，省略 last 参数时只返回 first 对应的项的文本
size()	返回列表项的个数
delete(first,last=None)	删除[first,last]范围内的列表项，省略 last 参数时只删除 first 的对应项

Listbox 组件的部分方法将列表项位置（index）作为参数。Listbox 组件中第一个列表项的 index 值为 0，最后一个列表项 index 可以使用常量 tkinter.END 来表示。当前选中列表项的 index 值用常量 tkinter.ACTIVE 表示（选中多项时，对应最后一个选项）。

例 11-12 列表框操作示例。

```
1   #ex1112.py
2   from tkinter import *
3   win=Tk()
4   listbox=Listbox(win)
5   #初始化列表框
6   items=["HTML5","CSS3","JavaScript","Jquery"]
7   for item in items:
8       listbox.insert(tkinter.END,item)
9   listbox.pack(side=LEFT,expand=1,fill=Y)

10  def additem():                          #向列表框中填加选项
11      str=entry1.get()
12      if not str=='':
13          index=listbox.curselection()
14          if len(index)>0:
15              listbox.insert(index[0],str)     #有选中项时，在选中项前面添加一项
16          else:
17              listbox.insert(END,str)          #无选中项时，添加到最后

18  def removeitem():                       #从列表框中删除选项
19      index=listbox.curselection()
20      if len(index)>0:
21          if len(index)>1:
22              listbox.delete(index[0],index[-1])   #删除选中的多项
23          else:
24              listbox.delete(index[0])             #删除选中的一项

25  entry1=Entry(width=20)
```

```
26    entry1.pack(anchor=NW)
27    bt1=Button(text='添加',command=additem)
28    bt1.pack(anchor=NW)
29    bt2=Button(text='删除',command=removeitem)
30    bt2.pack(anchor=NW)
31    mainloop()
```

上述示例首先将列表项内容保存在 itmes 列表中，通过 for 循环初始化列表框；然后为两个命令按钮添加事件函数，单击"添加"按钮，向列表框中增加列表项，单击"删除"按钮，删除列表框中选中的选项。运行结果如图 11-11 所示。

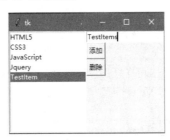

图 11-11　例 11-12 的运行结果

11.3.5　Radiobutton 组件

Radiobutton 组件用于创建单选按钮组。按钮组由多个单选按钮组成，选中按钮组中的一项时，其他选项会被取消取中。Radiobutton 组件的部分属性和 Label 组件相同，其他常用属性和方法如表 11.8 所示。

表 11.8　　　　　　　　　　　　Radiobutton 组件常用的属性和方法

属性/方法	说　　　明
command	设置改变单选按钮状态时执行的函数
indicator	设置单选按钮样式。默认值为 1，单选按钮为默认样式；值为 0 时，单选按钮外观为按钮样式
value	当 value 值与关联控制变量的值相等时，选项被选中。关联控制变量为 IntVar 类型时，单选按钮的 value 值应为整数；关联控制变量为 StringVar 类型时，单选按钮的 value 值应为字符串
variable	单选按钮组的关联控制变量，值可以是 IntVar 或 StringVar 类型。如果多个单选按钮关联到一个控制变量时，这些单选按钮属于一个功能组，一次只能选中一项
deselect()	取消选项的方法
select()	选中选项的方法

例 11-13　单选按钮组操作示例。

```
1    #ex1113.py
2    from tkinter import *
3
4    win =Tk()
5    label1=Label(win,text='请为您最喜欢的体育项目投票')
6    label1.grid(row=1,column=1,columnspan=2)
7
8    s_items=IntVar()
9    s_items.set(2)
```

```
10
11    frame1=Frame(bd=2,relief=RIDGE)
12    frame1.grid(row=2,column=1)
13
14    frame2=Frame(bd=0,relief=RIDGE)
15    frame2.grid(row=2,column=2)
16
17    radio1=Radiobutton(frame1,text='足球',variable=s_items,value=1,width=8)
18    radio1.grid(row=1,column=1)
19    radio2=Radiobutton(frame1,text='排球',variable=s_items,value=2)
20    radio2.grid(row=2,column=1)
21    radio3=Radiobutton(frame1,text='篮球',variable=s_items,value=3)
22    radio3.grid(row=3,column=1)
23
24    num1=IntVar()
25    entry1 = Entry(frame2,textvariable=num1,width=10,state = 'readonly')
26    entry1.grid(row=1,column=1,pady=4)
27    num2=IntVar()
28    entry2 = Entry(frame2,textvariable=num2,width=10,state = 'readonly')
29    entry2.grid(row=2,column=1,pady=4)
30    num3=IntVar()
31    entry3 = Entry(frame2,textvariable=num3,width=10,state = 'readonly')
32    entry3.grid(row=3,column=1,pady=4)
33
34    def voting():
35        global num1,num2,num3
36        temp=s_items.get()
37        if temp==2:
38            num2.set(num2.get()+1)
39        elif temp==1:
40            num1.set(num1.get()+1)
41        else:
42            num3.set(num3.get()+1)
43
44    btn1=Button(win,text="请投票",command=voting)
45    btn1.grid(row=3,column=1,columnspan=2,pady=5)
46
47    win.geometry("300x200")
48    mainloop()
```

例 11-13 实现的是体育项目的投票功能,多个体育项目之间组成了一个单选按钮组,这些选项之间是具有排他性的。选中一个单选项后,单击"请投票"按钮,该选项的计数器加 1。为禁止用户输入投票数,可设置 Entry 组件的 state 属性为 readonly(只读)。整个窗体用 grid()方法实现布局管理。程序运行结果如图 11-12 所示。

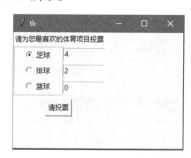

图 11-12　例 11-13 的运行结果

11.3.6 Checkbutton 组件

Checkbutton 组件用于创建复选框，用来标识是否选定某个选项。用户单击复选框左侧的方框，当方框中出现"√"符号时，表示该选项被选中。Checkbutton 组件与 Radiobutton 组件的功能类似，但 Radiobutton 组件实现的是单选功能，而 Checkbutton 在系列选项中可以选择 0 个或多个，实现复选功能。

Checkbutton 组件与 Radiobutton 组件的属性和方法也基本相同，如表 11.9 所示。

表 11.9　　　　　　　　　　　　Checkbutton 组件常用的属性和方法

属性/方法	说　　　明
command	设置改变复选框状态时执行的函数
indicator	设置复选框样式。默认值为 1，复选框为默认样式；值为 0 时，复选框外观为按钮样式
variable	复选框的关联控制变量，值为 IntVar 类型的变量，复选框被选中时，value 值为 1，否则值为 0
deselect()	取消选项的方法
select()	选中选项的方法

例 11-14 Checkbutton 组件操作示例。

```
1   #ex1114.py
2   from tkinter import *
3   win =Tk()
4   label1=Label(win,text='Checkbutton 按钮测试')
5   label1.config(font=('宋体',18),justify=CENTER)
6   label1.grid(row=1,column=1,columnspan=2)
7   choice1=IntVar()
8   choice1.set(0)
9   choice2=IntVar()
10  choice2.set(0)
11  frame1=Frame(bd=0,relief=RIDGE)
12  frame1.grid(row=2,column=1)
13  check1=Checkbutton(frame1,text='粗体',variable=choice1,width=8,pady=10)
14  check1.grid(row=1,column=1)
15  check2=Checkbutton(frame1,text='斜体',variable=choice2,width=8)
16  check2.grid(row=1,column=2)

17  def changeFont():
18      #temp=choice1.get()
19      if choice1.get()==1 and choice2.get()==1:
20          label1.config(font=('宋体',18,"bold italic"))
21      elif choice1.get()==1 and choice2.get()==0:
22          label1.config(font=('宋体',18,"bold"))
23      elif choice1.get()==0 and choice2.get()==1:
24          label1.config(font=('宋体',18,"italic"))
25      else:
26          label1.config(font=('宋体',18))

27  check1.config(command=changeFont)
```

```
28    check2.config(command=changeFont)
29    win.geometry("240x150")
30    mainloop()
```

上述代码通过复选框来控制标签上文本的风格是否显示为粗体和斜体。初始状态下，两个复选框都未选中，当选中一个或两个复选框时，执行 changeFont() 函数，并根据复选框的状态（值），控制标签文本的显示风格。运行结果如图 11-13 所示。

图 11-13　例 11-14 的运行结果

11.3.7　Text 组件

Text 组件用于显示和编辑多行文本。Tkinter 的 Text 组件可以实现多种功能，可以显示图片、网页链接、HTML 页面、CSS 样式，还可以用作简单的文本编辑器，甚至是网页浏览器。

Text 组件的部分属性与 Label 组件相同，常见的属性和方法如表 11.10 所示。

表 11.10　　　　　　　　　　　　　Text 组件常见的属性和方法

属性/方法	说　明
INSERT	光标所在的插入点，Tkinter.INSERT 或字符串"insert"
CURRENT	鼠标当前位置所对应的字符位置，Tkinter.CURRENT 或字符串"current"
END	Text buffer 的最后一个字符，Tkinter.END 或字符串"end"
SEL_FIRST	选中文本区域的第一个字符，如果没有选中区域，则引发异常，Tkinter.SEL_FIRST 或字符串"sel.first"
SEL_LAST	选中文本区域的最后一个字符，如果没有选中区域，则会引发异常，Tkinter.SEL_LAST 或字符串"sel.last"
get(index1, index2)	获取 Text 组件的文本，起始处在 index1，终止处在 index2
insert(index, text)	在 index 处插入 text 字符
delete(index1, index2)	删除选中内容

下面的代码将构建一个文本编辑器。

例 11-15　使用 Text 组件构建的文本编辑器。

```
1     #ex1115.py
2     from tkinter import *
3     win=Tk()
4
5     frame1=LabelFrame(relief=GROOVE,text='工具栏：')
6     frame1.pack(anchor=NW,fill=X)
7     bt1=Button(frame1,text='复制')
8     bt1.grid(row=1,column=1)
9     bt2=Button(frame1,text='剪切')
10    bt2.grid(row=1,column=2)
```

```
11    bt3=Button(frame1,text='粘贴')
12    bt3.grid(row=1,column=3)
13
14    text1=Text()
15    text1.pack(expand=YES,fill=BOTH)
16
17    def docopy():
18        data=text1.get(SEL_FIRST,SEL_LAST)          #获得选中内容
19        text1.clipboard_clear()                      #清除剪贴板
20        text1.clipboard_append(data)                 #将内容写入剪贴板
21    def docut():
22        data=text1.get(SEL_FIRST,SEL_LAST)
23        text1.delete(SEL_FIRST,SEL_LAST)             #删除选中内容
24        text1.clipboard_clear()
25        text1.clipboard_append(data)
26    def dopaste():
27        text1.insert(INSERT,text1.clipboard_get())   #插入剪贴板中的内容
28
29    def doclear():
30        text1.delete('1.0',END)                      #删除全部内容
31
32    bt1.config(command=docopy)
33    bt2.config(command=docut)
34    bt3.config(command=dopaste)
35
36    mainloop()
```

在例 11-15 中，代码的第 5 行至第 12 行，使用标签框架构建了一个工具栏，其中内置了复制、剪切、粘贴 3 个按钮；第 14 行和第 15 行使用 Text 组件构建了一个文本编辑区。程序的运行结果如图 11-14 所示。

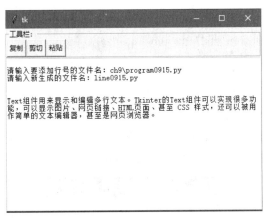

图 11-14   例 11-15 的运行结果

11.3.8   Spinbox 组件

Spinbox 用于创建在一组选项或一定范围的数字内滚动选择的组件。该组件的部分属性与 Label 组件相同，其他常用组件如表 11.11 所示。

表 11.11   Spinbox 组件的常用属性和方法

属性/方法	说　　明
command	设置改变 Spinbox 组件值时执行的函数
from_	设置数字最小值
to	设置数字最大值
increment	设置单击 Spinbox 组件的上下按钮时，值增加或减小的步长
value	设置 Spinbox 组件的值
wrap	设置在给定范围内循环选择，默认为 False，不可循环选择

例 11-16　Spinbox 组件的应用。

```python
1   #ex1116.py
2   from tkinter import *
3   win=Tk()
4   win.geometry("300x200")        #geometry()方法
5   label1=Label(text='请选择科目和成绩')
6   label1.pack(expand=1,fill=X)
7   label1.config(font=('隶书',15))
8   label2=Label()
9   label2.config(font=('宋体',18))
10  label2.pack()
11  subject=StringVar()
12  score=IntVar()
13  spin1=Spinbox(textvariable=subject,value=('语文','数学','外语'),wrap=True)
14  spin1.pack()
15  spin2=Spinbox(textvariable=score,from_=60,to=100,increment=5,wrap=True)
16  spin2.pack()
17  def change():
18      label2.config(text=subject.get()+str(score.get()))
19
20  button1=Button(text="确定",command=change)
21  button1.pack()
22  win.mainloop()
```

上述代码定义了两个 Spinbox 组件，第 13 行的 spin1 组件的值 value 为 3 个字符串，单击右侧的上下箭头可以改变显示的值；第 15 行的 spin2 组件由 from_、to、increment 等 3 个属性定义，单击右侧的上下箭头可以改变显示的值；第 20 行的 button1 按钮被单击后，将执行 change()方法，将两个 Spinbox 组件的值显示在一个标签上（见图 11-15）。

图 11-15　例 11-16 的运行结果

11.4　tkinter 的事件处理

图形用户界面经常需要对鼠标、键盘等操作做出反应，这就是**事件处理**。产生事件的鼠标、键盘等称作**事件源**，其操作称为**事件**。对这些事件作出响应的函数，称为**事件处理程序**。事件处理通常使用组件的 command 参数或组件的 bind()方法来实现。

11.4.1　使用 command 参数实现事件处理

通过前面的学习，我们知道，单击 Button 按钮时，将会触发 Button 组件的 command 参数指定的函数。实际上是主窗口负责监听发生的事件，单击按钮时将触发事件，然后调用指定的函数，由 command 参数指定的函数也叫回调函数。各种组件，如 Radiobutton、Checkbutton、Spinbox 等，都支持使用 command 参数进行事件处理。

例 11-17　使用 Button 组件的 command 参数实现事件处理。

```
1   #ex1117.py
2   import tkinter
3   import tkinter.messagebox
4   #创建应用程序窗口
5   win = tkinter.Tk()
6   varName = tkinter.StringVar()
7   varName.set('')
8   varPwd = tkinter.StringVar()
9   varPwd.set('')
10  #创建标签
11  labelName = tkinter.Label(text='User Name:', justify=tkinter.RIGHT)
12  labelName.place(x=10, y=5, width=80, height=20)
13  #创建文本框，同时设置关联的变量
14  entryName = tkinter.Entry(win, textvariable=varName)
15  entryName.place(x=100, y=5, width=80, height=20)
16  labelPwd = tkinter.Label(win, text='User Pwd:', justify=tkinter.RIGHT)
17  labelPwd.place(x=10, y=30, width=80, height=20)
18  #创建密码文本框
19  entryPwd = tkinter.Entry(win, show='*', textvariable=varPwd)
20  entryPwd.place(x=100, y=30, width=80, height=20)
21  users={"zhang3":"a12","admin":"123456","li4":"abc"}
22  def login():        #登录按钮的事件处理函数
23      #获取用户名和密码
24      name = entryName.get()
25      pwd = entryPwd.get()
26      flag=False
27      for item in users:
28          if item==name and users[item]==pwd:
29              flag=True
30      if flag==True:
31          tkinter.messagebox.showinfo(title='Python tkinter',message='OK')
32      else:
33          tkinter.messagebox.showerror('Python tkinter', message='Error')
34  def cancel():   #取消按钮的事件处理函数
35      varName.set('')
```

```
36        varPwd.set('')
37    #创建按钮组件，同时设置按钮的事件处理函数
38    buttonOk = tkinter.Button(win, text='Login', command=login)
39    buttonOk.place(x=30, y=70, width=50, height=20)
40    buttonCancel = tkinter.Button(win, text='Reset', command=cancel)
41    buttonCancel.place(x=90, y=70, width=50, height=20)
42    win.mainloop() #启动消息循环
```

上述实例就是一个窗体验证的示例，单击按钮可对提交的数据进行验证，为了简化程序，用户名和密码保存在一个字典中，运行结果如图 11-16 所示。

图 11-16　例 11-17 的运行结果

11.4.2　使用组件的 bind()方法实现事件处理

事件处理时，经常使用 bind()方法来为组件的事件绑定处理函数。语法格式如下：

```
widget.bind(event,handler)
```

其中，widget 是事件源，即产生事件的组件；event 是事件或事件名称，常见事件名称如表 11.12 所示；hander 是事件处理程序。

表 11.12　　　　　　　　　　　　　　　常见的事件列表

事　　件	事 件 名 称
单击鼠标左键	1/Button-1/ButtonPress-1
松开鼠标左键	ButtonRelease-1
单击鼠标右键	3/Button-3
双击鼠标左键	Double-1/Double-Button-1
双击鼠标右键	Double-3
拖动鼠标移动	B1-Motion
鼠标移动到区域	Enter
鼠标离开区域	Leave
获得键盘焦点	FocusIn
失去键盘焦点	FocusOut
按下键盘上的字符键或其他键	KeyPress
按下回车键	Return
组件尺寸变化	Configure

发生事件时，事件处理函数 hander 会接收到一个事件对象（通常用变量 event 表示），该事件对象封装了事件的细节。例如，B1-Motion 事件对象的属性 x 和 y 表示拖动时鼠标的坐标，

Keypress 事件对象的 char 属性表示按下键盘字符键对应的字符。

例 11-18   使用组件的 bind()方法实现事件处理。

```
1   #ex1118.py
2   from tkinter import *

3   def leftkey(event):
4       label1.config(text="单击左键")
5   def rightkey(event):
6       label1.config(text="单击右键")
7   def returnkey(event):
8       label1.config(text="按回车键")
9   def mousemove(event):
10      temp="鼠标位置:{},{}".format(event.x,event.y)
11      label1.config(text=temp)
12   def keypress(event):
13      temp="按键是{}".format(event.char)
14      label1.config(text=temp)

15   win=Tk()
16   label1=Label(text='测试显示结果',font=("黑体",14),fg="blue")
17   label2=Label(text='常用事件测试',justify=CENTER,font=("楷体",18))
18   label1.pack()
19   label2.pack()
20   label2.focus()            #焦点置于label2组件用于测试Return、KeyPress事件
21   label2.bind("<Button-1>",leftkey)
22   label2.bind("<3>",rightkey)              #label2.bind("<Button-3>",rightkey)
23   label2.bind("<Return>",returnkey)
24   label2.bind("<B1-Motion>",mousemove)    #拖动事件
25   label2.bind("<KeyPress>",keypress)      #按键事件

26   win.geometry("300x200")
27   win.mainloop()
```

例 11-18 的代码为命令按钮绑定了不同的事件处理函数，当执行事件处理函数时，在 Label 组件中显示事件内容，程序运行结果如图 11-17 所示。

图 11-17   例 11-18 的运行结果

11.5   tkinger GUI 的应用

本节设计了一个包含 Label 组件、Entry 组件、Combobox 组件、Radiobutton 组件、Checkbutton

组件的 GUI 界面。其中，Combobox 组件来自于 tkinter.ttk 模块。程序运行后，输入考生姓名，选择考生省份、地区，并选择考生类别和专业等信息后，单击"增加"按钮，将学生信息添加到列表框中；选中列表框中的信息后，单击"删除"按钮，将删除列表框中的信息。

例 11-19　tkinter 组件的综合应用。

```
1    #ex1119.py
2    import tkinter
3    import tkinter.messagebox
4    import tkinter.ttk
5
6    #创建 tkinter 应用程序
7    win = tkinter.Tk()
8    #设置窗口标题
9    win.title('考试系统注册')
10   #定义窗口大小
11   win.geometry("440x360")
12   #与姓名关联的变量
13   varName = tkinter.StringVar()
14   varName.set('')
15   #创建标签，然后放到窗口上
16   labelName=tkinter.Label(win, text='学生姓名:',justify=tkinter.LEFT,width=10)
17   labelName.grid(row=1,column=1)
18   #创建文本框，同时设置关联的变量
19   entryName = tkinter.Entry(win, width=14,textvariable=varName)
20   entryName.grid(row=1,column=2,pady=5)
21
22   labelGrade=tkinter.Label(win,text='省份: ',justify=tkinter.RIGHT,width=10)
23   labelGrade.grid(row=3,column=1)
24
25   #模拟考生所在地区，字典键为省份，字典值为地区
26   datas = {'辽宁省':['沈阳市', '大连市', '鞍山市', '抚顺市'],
27              '吉林省':['长春市', '吉林市','白山市'],
28              '黑龙江省':['哈尔滨市', '大庆市', '牡丹江市']}
29   #考生省份组合框
30   comboPrvince=tkinter.ttk.Combobox(win,width=11,values=tuple(datas.keys()))
31   comboPrvince.grid(row=3,column=2)
32   #事件处理函数
33   def comboChange(event):
34       grade = comboPrvince.get()
35       if grade:
36           #动态改变组合框可选项
37           comboCity["values"] = datas.get(grade)
38       else:
39           comboCity.set([])
40
41   #绑定组合框事件处理函数
42   comboPrvince.bind('<<ComboboxSelected>>', comboChange)
43
44   labelClass=tkinter.Label(win,text='地区:',justify=tkinter.RIGHT,width=10)
45   labelClass.grid(row=3,column=3)
46   #考生地区组合框
```

```
47    comboCity = tkinter.ttk.Combobox(win, width=11)
48    comboCity.grid(row=3,column=4)
49
50    labelSex=tkinter.Label(win,text='请选择类别:',justify=tkinter.RIGHT,width=10)
51    labelSex.grid(row=5,column=1)
52
53
54    #与考生类别相关联的变量, 1:本科学生; 0:专科学生, 默认为本科学生
55    stuType = tkinter.IntVar()
56    stuType.set(1)
57    radio1=tkinter.Radiobutton(win,variable=stuType,value=1,text='本科学生')
58    radio1.grid(row=5,column=2,pady=5)
59    radio2=tkinter.Radiobutton(win,variable=stuType,value=0,text='专科学生')
60    radio2.grid(row=5,column=3)
61
62    #与英语专业相关联的变量
63    major = tkinter.IntVar()
64    major.set(0)
65    #复选框, 选中时变量值为 1, 未选中时变量值为 0
66    checkmajor=tkinter.Checkbutton(win,text='是否英语专业?',
67    variable=major,onvalue=1,offvalue=0)
68    checkmajor.grid(row=7,column=1,pady=5)
69
70    #添加按钮单击事件处理函数
71    def addInformation():
72        result= ' 学生姓名:' + entryName.get()
73        result= result+ '; 省份:' + comboPrvince.get()
74        result= result+ '; 地区:' + comboCity.get()
75        result= result+ '; 类别:'+('本科学生' if stuType.get() else '专科学生')
76        result= result+ '; 英语专业:' + ('Yes' if major.get() else 'No')
77        listboxStudents.insert(0, result)
78
79    buttonAdd= tkinter.Button(win,text='增加',width=10,command=addInformation)
80    buttonAdd.grid(row=7,column=2)
81
82    #删除按钮的事件处理函数
83    def deleteSelection():
84        selection = listboxStudents.curselection()
85        if  not selection:
86            tkinter.messagebox.showinfo(title='Information', message='NoSelection')
87        else:
88            listboxStudents.delete(selection)
89
90    buttonDelete=tkinter.Button(win, text='删除',width=10,command=deleteSelection)
91    buttonDelete.grid(row=7,column=3)
92    #创建列表框组件
93    listboxStudents = tkinter.Listbox(win, width=60)
94    listboxStudents.grid(row=8,column=1,columnspan=4,padx=5)
95    #启动消息循环
96    win.mainloop()
```

程序的页面布局使用了 grid() 方法。为了实现较好的显示效果, 设置了 grid() 方法的 padx、pady、

columnspan 等参数，程序运行结果如图 11-18 所示。

图 11-18　例 11-19 的运行结果

本 章 小 结

本章介绍使用 tkinter 模块来创建 Python 的 GUI 应用程序，主要包括下列内容。

组件和容器的概念，设置窗口和组件的属性的 title() 方法、geometry() 方法和 config() 方法。

tkinter GUI 程序的基本结构。

实现组件布局的方法被称为布局管理器或几何管理器，tkinter 有 3 种方法可以实现布局功能：pack()、grid()、place()。

由 tkinter 的各种组件构造了窗口中的对象，常用的组件包括 Label 组件、Button 组件、Entry 组件、Listbox 组件、Radiobutton 组件、Checkbutton 组件等。

图形用户界面经常需要用户对鼠标、键盘等做出事件处理。产生事件的鼠标、键盘等称作事件源，其操作称为事件。对这些事件作出响应的函数，称为事件处理程序。事件处理通常使用组件的 command 参数和组件的 bind() 方法来实现。

习　题　11

1. 选择题

（1）在 tkinter 的布局管理的方法中，可以精确定义组件位置的方法是哪一项？（　　　）

　　A. place()　　　　　B. grid()　　　　　C. frame()　　　　　D. pack()

（2）可以接收单行文本输入的组件是哪一项？（　　　）

　　A. Text　　　　　B. Label　　　　　C. Entry　　　　　D. Listbox

（3）哪种方式最有可能在容器底端依次摆放 3 个组件？（　　　）

　　A. 用 grid() 方法设计布局管理器

  B．用 pack()方法设计布局管理器

  C．用 place()方法设计布局管理器

  D．结合 grid()方法和 pack()方法设计布局管理器

（4）以下关于设置窗口属性的方法中，哪项是不正确的？（　　　）

  A．title()   B．config()   C．geometry()   D．mainloop()

2．简答题

（1）使用 grid()方法的布局有什么特点？

（2）Radiobutton 组件和 Checkbutton 组件的区别是什么？

（3）请列举出 Label 组件 6 种以上的属性。

（4）Python 的 GUI 编程中，组件和容器的概念有什么区别？

3．编程题

（1）编写求两个正整型数最小公倍数的图形用户界面程序。要求：两个输入框 txt1、txt2，用来输入整型数据；一个按钮；一个不可编辑的输入组件 txt3。当单击按钮时，在 txt3 中显示两个整型数的最小公倍数的值。

（2）设计 GUI 界面，模拟 QQ 登录界面，输入用户名和密码，如果输入正确，提示登录成功；否则提示登录失败。

（3）例 11-17 中使用了 Button 组件的 command 参数实现事件处理，若采用 bind()方法如何实现事件处理呢？

第 12 章
Python 的数据库编程

文件用于存储和处理非结构化数据，如果要处理大量结构化数据，提高数据处理效率，就需要使用数据库了。数据库是数据的集合，它以文件的形式存在。数据库技术是一种数据库访问和存储的技术，是一种计算机软件技术。数据库技术、网络技术、多媒体技术、人工智能技术，都是计算机应用领域的主流技术。

Python 支持 Sybase、SAP、Oracle、SQL Server、SQLite 等多种数据库。本章主要介绍数据库的概念，结构化查询语言 SQL，以及 Python 自带的关系型数据库 SQLite 的应用。

12.1　数据库的基础知识

12.1.1　数据库的概念

数据库（DataBase，DB）将大量数据按照一定的方式组织并存储起来，是相互关联的数据的集合。数据库中的数据不仅包括描述事物的数据本身，还包括相关数据之间的联系。数据库具有如下特点。

- 以一定的方式组织、存储数据。
- 能为多个用户共享。
- 具有尽可能少的冗余数据。
- 是与程序彼此独立的数据集合。

相对文件而言，数据库为用户提供安全、高效、快速检索和修改的数据集合。同时，数据库文件独立于用户的应用程序，可为多个应用程序所使用，可以更好地实现数据共享。

1. 数据库系统

数据库系统是基于数据库的计算机应用系统，主要包括数据库、数据库管理系统、相关软/硬件环境和数据库用户。其中，数据库管理系统是数据库系统的核心。

2. 数据库管理系统

数据库管理系统（DataBase Management System，DBMS）是用来管理和维护数据库的、位于操作系统之上的系统软件，其主要功能如下。

（1）数据定义功能。DBMS 提供数据定义语言（DDL），用户通过它可以方便地对数据库中的对象进行定义，如对数据库、表、视图和索引进行定义。

（2）数据操纵功能。DBMS 向用户提供数据操纵语言（DML），实现对数据库的基本操作，如查询、插入、删除和修改数据库中的数据。

（3）数据库的运行管理。这是 DBMS 的核心部分，包括并发控制、存取控制，安全性检查、完整性约束条件的检查和执行，以及数据库的内部维护（如索引、数据字典的自动维护）等。所有数据库的操作都要在这些控制程序的统一管理下进行，以保证数据的安全性、完整性和多个用户对数据库的并发操作。

（4）数据通信功能。包括与操作系统的联机处理、分时处理和远程作业传输的相应接口等，这一功能对分布式数据库系统尤为重要。

数据库可以分为关系型数据库和非关系型数据库。关系型数据库使用二维表来存储数据，非关系型数据库通常以对象的形式存储数据。目前的数据库管理系统几乎都支持关系模型，SQLite 就是关系型的、轻量级的数据库管理系统。

12.1.2　关系型数据库

关系型数据库是目前的主流数据库。通常，一个关系型数据库中可包含多个表，例如，一个雇员管理数据库中可以包含雇员表、订单表、工资表等多个表。通过在表之间建立关系，可以将不同表中的数据联系起来，实现更强大的数据管理功能。

下面介绍关系型数据库中的基本概念和关系间的联系类型。

1. 关系型数据库的基本概念

（1）关系。一个关系就是一张二维表，通常将一个没有重复行、重复列的二维表看成一个关系，每个关系都有一个关系名，也就是表名。

（2）元组。二维表的水平方向的行在关系中称为元组。每个元组均对应表中的一条记录。

（3）属性。二维表的垂直方向的列在关系中称为属性，每个属性都有一个属性名，属性值则是各个元组属性的取值。属性名也称为字段名，属性值也称为字段值。

（4）域。属性的取值范围称为域。域作为属性值的集合，其类型与范围由属性的性质及其所表示的意义来确定。同一属性只能在相同域中进行取值。

（5）关键字。其值能唯一地标识一个元组的属性或属性的组合称为关键字。关键字可表示为属性或属性的组合，例如，雇员表的 id 字段可以作为标识一条记录的关键字。

2. 实体间联系的类型

实体是指客观世界的事物，实体的集合构成实体集，在关系数据库中可用二维表来描述实体。

实体之间的对应关系称为实体间的联系，具体是指一个实体集中可能出现的每一个实体与另一实体集中多少个具体实体之间存在联系，它反映了现实世界事物之间的关联关系。实体之间有各种各样的联系，归纳起来有以下 3 种类型。

（1）一对一联系（1:1）。如果对于实体集 A 中的每一个实体，实体集 B 中有且只有一个实体与之联系，反之亦然，则称实体集 A 与实体集 B 具有一对一联系。例如，一所学校只有一个校长，一个校长只在一所学校任职，校长与学校之间存在一对一的联系。

（2）一对多联系（1:n）。如果对于实体集 A 中的每一个实体，实体集 B 中有多个实体与之联系，反之，对于实体集 B 中的每一个实体，实体集 A 中至多只有一个实体与之联系，则称实体集 A 与实体集 B 有一对多的联系。例如，一所学校有许多学生，但一个学生只能就读于一所学校，所以学校和学生之间存在着一对多的联系。

（3）多对多联系（m:n）。如果对于实体集 A 中的每一个实体，实体集 B 中有多个实体与之联系，而对于实体集 B 中的每一个实体，实体集 A 中也有多个实体与之联系，则称实体集 A 与实体集 B 之间存在多对多的联系。例如，一个学生可以选修多门课程，一门课程也可以被多个学生选修，所以学生和课程之间存在着多对多的联系。

对应于实体间联系模型，数据库中包含若干表，这些表的记录之间也存在着一对一联系、一对多联系和多对多联系。

12.1.3 Python 的 SQLite3 模块

Python 内置了 SQLite 数据库，通过内置的 SQLite3 模块可以直接访问数据库。SQLite3 模块用 C 语言编写，提供了访问和操作 SQLite 数据库的各种功能。

SQLite3 提供的 Python 程序都在一定程度上遵守 Python DB-API 规范。Python DB-API 是为不同的数据库提供的访问接口规范，它定义了一系列必需的对象和数据库存取方式，以便为各种的底层数据库系统和多样的数据库接口程序提供一致的访问接口，使在不同的数据库之间移植代码成为可能。强大的数据库支持使得 Python 的功能更加强大。

12.2 SQLite 数据库

SQLite 是一个开源的关系数据库，其安装和运行非常简单，在 Python 程序中可以方便地访问 SQLite 数据库。

12.2.1 SQLite 数据库简介

SQLite 是用 C 语言编写的嵌入式数据库，它的体积很小，经常被集成到各种应用程序中，可在 UNIX、Android、iOS 和 Windows 等操作系统中运行。

SQLite 不需要一个单独的服务器进程或操作系统（无服务器的），也不需要配置。一个完整的 SQLite 数据库存储在单一的跨平台的磁盘文件中。SQLite 支持 SQL92（SQL2）标准的大多数查询语言的功能，并提供了简单和易于使用的 APl。

12.2.2 下载和安装 SQLite 数据库

SQLite 是开源的数据库，读者可以在其官网免费下载（软件版本与下载页面在不断更新，读者打开的下载界面和看到的软件可下载版本可能会与本书的不一样，但下载与安装的方法类似）。

在如图 12-1 所示的下载页面中找到"Precompiled Binaries for Windows"栏目，该栏目下列出

图 12-1 SQLite 下载页面

了 Windows 下的预编译二进制文件包，文件格式为 sqlite-tools-win32-x86-3230100.zip。解压后可得到 sqlite3.exe 文件，该文件是数据库平台启动文件。SQLite3 是 SQLite 的第 3 个版本，本章主要介绍 SQLite3 数据库，语言描述上不再区分 SQLite 和 SQLite3。

　　SQLite 数据库不需要安装，直接运行 sqlite3.exe，即可打开 SQLite 数据库的命令行窗口，如图 12-2 所示。在此界面中可以建立和管理 SQLite 数据库，建立表和查询等。按 Ctrl + Z 组合键，然后按回车键，可以退出命令行窗口。

图 12-2　SQLite 数据库的命令行窗口

12.2.3　SQLite3 的常用命令

　　SQLite3 的命令可以分为两类：一类是 SQLite3 交互模式常用的命令；另一类是操作数据库的 SQL 命令。SQL 命令将在下一节中介绍，本节重点介绍 SQLite3 交互模式常用的命令。

　　在 SQLite3 命令窗口中，在命令提示符后输入 .help 命令，将列出交互命令的提示信息，可供用户查阅。图 12-3 显示了一些命令的运行情况。常用的命令如表 12.1 所示。

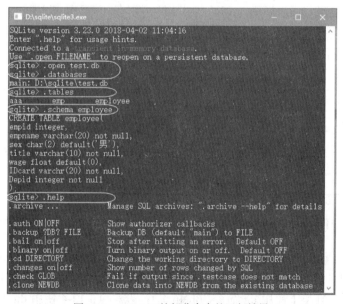

图 12-3　SQLite3 的部分命令的运行结果

表 12.1   SQLite3 的部分交互命令

交 互 命 令	功 能
sqlite3.exe [dbname]	启动 SQLite3 的交互模式，并创建 dbname 数据库
.open dbname	若数据库不存在，就创建数据库，若数据库存在，则打开数据库
.databases	显示当前打开的数据库文件
.tables	查看当前数据库下的所有表
.schema [tbname]	查看表结构信息
.exit	退出交互模式
.help	列出命令的提示信息

12.2.4   SQLite3 的数据类型

SQLite3 数据库中的数据分为整数、小数、字符、日期、时间等类型。SQLite3 使用动态的数据类型，数据库管理系统会根据列值自动判断列的数据类型。这与多数 SQL 数据库管理系统使用静态数据类型是不同的。静态数据类型取决于它的存储单元（所在列）的类型。

SQLite3 的动态数据类型能够向后兼容其他数据库普遍使用的静态类型，也就是说，在使用静态数据类型的数据库上使用的数据表，在 SQLite3 上也能被使用。

SQLite3 使用弱数据类型，除了被声明为主键的 integer 类型的列，允许保存任何类型的数据到表的任何列中。事实上，SQLite3 的表完全可以不声明列的类型，对于字段不指定类型是完全有效的。表 12.2 列出了 SQLite3 常用的数据类型。

表 12.2   SQLite3 常用的数据类型

类 型	说 明
smallint	16 位整数
integer	32 位整数
decimal(p,s)	小数。p 是数字的位数，s 是小数位数
float	32 位浮点数
double	64 位浮点数
char(n)	固定长度的字符串，n 不能大于 254
varchar(n)	不固定长度的字符串，n 不能大于 4000
graphic(n)	和 char(n)一样，单位是两个字节。n 不能大于 127
vargraphic(n)	长度可变且最大长度不能大于 4000 的双字节字符串
date	日期，包含年、月、日
time	时间，包含时、分、秒
datetime	日期和时间

12.2.5   SQLite3 模块中的对象

SQLite3 提供了访问和操作 SQLite 数据库的各种功能。下面列出了 SQLite3 模块中的部分常量、函数或对象。这些对象可以在 Python 环境中测试，具体的对象及功能描述请查阅相关文档，也可以在 IDLE 环境下使用 dir 命令和 help 命令观察。图 12-4 使用 dir 命令和 help 命令列出了 SQLite3 模块中的常量、函数和对象等。下面介绍一些常见的对象。

（1）sqlite3.version：常量，返回 SQLite3 模块的版本号。

（2）sqlite3.sqlite_version：常量，返回 SQLite 数据库的版本号。

（3）sqlite3.Connection：数据库连接对象。

（4）sqlite3.Cursor：游标对象。

（5）sqlite3.Row：行对象。

（6）sqlite3.connect(dbname)：函数，链接到数据库，返回 Connection 对象。

图 12-4　SQLite3 模块中的对象

12.2.6　SQLite3 的函数

SQLite 数据库提供了算术、字符串、日期、时间等操作函数，方便用户处理数据库中的数据，这些函数需要在 SQLite 的命令窗口使用 select 命令运行。常见的函数如表 12.3 所示。部分函数的运行结果如图 12-5 所示。

表 12.3　　　　　　　　　　　　　　　　常见的 SQLite 函数

SQLite3 的算术函数	
abs(x)	返回绝对值
max(x,y,⋯)	返回最大值
min(x,y,⋯)	返回最小值
random(*)	返回随机数
round(x[,y])	四舍五入

SQLite3 的字符串函数	
length(x)	返回字符串中字符的个数
lower(x)	大写转小写
upper(x)	小写转大写
substr(x,y,Z)	截取子串
like(A,B)	确定给定的字符串与指定的模式是否匹配
SQLite3 的时间/日期函数	
date()	产生日期
datetime()	产生日期和时间
time()	产生时间
strftime()	把 YYYY-MM-DD HH:MM:SS 格式的日期字符串转换成其他形式的字符串

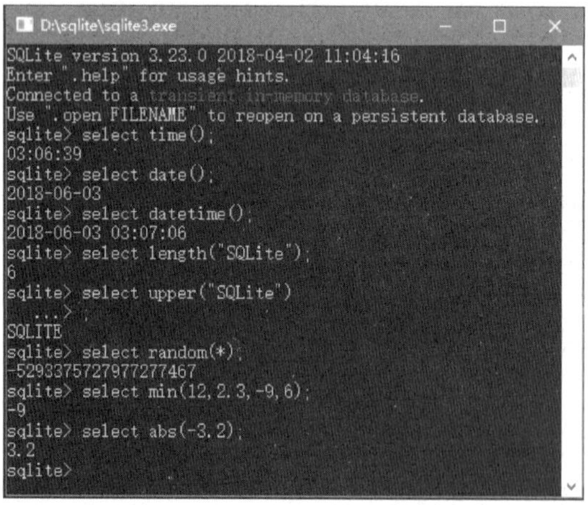

图 12-5　常见的 SQLite3 函数的运行结果

12.2.7　创建 SQLite3 数据库

可以在运行 SQLite 数据库的同时，通过参数创建 SQLite3 数据库，具体方法如下：

```
sqlite3 dbname
```

SQLite 数据库文件的扩展名为.db。如果指定的数据库文件存在，则打开该数据库；否则创建该数据库。

12.3　关系数据库语言 SQL

SQL（Structured Query Language，结构化查询语言）既可用于大型数据库系统，也可用于小型数据库系统，它是通用的关系型数据库操作语言，可以实现数据定义、数据操纵和数据控制等功能。

关于 SQL 命令的执行，需要注意以下几个问题。

- SQL 命令需要在数据库管理系统中运行。
- 在 SQLite 窗口运行 SQL 命令，需要在 SQL 语句后加英文的分号后回车执行。
- SQL 命令不区分大小写。

12.3.1　数据表的建立和删除

表是数据库应用中的重要概念，数据库中的数据主要由表保存，数据库的主要作用是组织和管理表。本节首先用 SQL 语句建立表 employee，之后学习表的插入、修改、删除、查询等命令。表 employee 的结构如表 12.4 所示，该表的结构和数据将在后面的示例中应用，请读者注意。

表 12.4　　　　　　　　　　　　　　employee 表结构

列　　名	具 体 说 明	数 据 类 型
emp_id	员工编号	integer
emp_name	员工姓名	varchar(20)
sex	性别	char(2)
title	员工职务	varchar(20)
wage	工资	float
den_id	所在部门编号	integer

1. 创建表

表的每一行是一条记录，每一列是表的一个字段，也就是一项内容。列的定义决定了表的结构，行则是表中的数据。表中的列名不可以重复，可以为表中的列指定数据类型。在 SQL 中，可以使用 create table 语句创建表，其语法格式如下：

```
create table <表名>(
    列名1   数据类型和长度1 列属性1,
    列名2   数据类型和长度2 列属性2,
    ...
    列名n   数据类型和长度n 列属性n
)
```

例 12-1　使用 create table 语句创建员工表 employee，表结构如表 12.4 所示。

使用 create table 语句创建表 employee 的代码如下。

```
create table employee (
    emp_id integer primary key,
    emp_name varchar(20) NOT NULL,
    sex char(2) default('男'),
    title varchar(20),
    wage float,
    dep_id integer
)
```

create table 语句中，用于定义列属性的常用关键字如下。

- primary key：定义此列为主关键字列。定义为主键的列可以唯一标识表中的每条记录。
- NOT NULL：指定此列不允许为空，NULL 表示允许为空，是默认设置。
- default：指定此列的默认值。例如，指定 sex 列的默认值为"男"，可以使用 default('男')，当向表中插入数据时，如果不指定此列的值，则此列采用默认值。

执行下面的语句可以查看表 employee 的结构。

```
select * from sqlite_master where type="table"and name="employee";
```

也可以执行下面的语句查看表 employee 的结构。

```
.schema employee
```

2. 删除表

drop table 语句用于删除表（表的结构、属性以及索引也会被删除），其语法格式如下：

```
drop table <表名>
```

例 12-2 删除 employee 表。

```
drop table employee
```

12.3.2 向表中添加列

使用 alter table 语句可向表中添加列，其语法格式如下：

```
alter table <表名> add column<字段名>[ <类型>]
```

例 12-3 使用 alter table 语句在表 employee 中增加一列，列名为 tele，数据类型为 varchar，长度为 50，列属性不允许为空。

```
alter table employee add column tele varchar(50) not null
```

执行下面的语句可以查看表 employee 的结构，观察表结构的变化。

```
.schema employee
```

12.3.3 向表中插入数据

可以使用 insert 语句向表中插入数据，其语法格式如下，

```
insert into <表名>[<字段名表>] values (<表达式表>)
```

该命令可在指定的表尾部添加一条新记录，其值为 values 后面表达式的值。当向表中所有字段插入数据时，表名后面的字段名表可以省略，但插入数据的格式及顺序必须与表的结构一致；若只需要插入表中部分字段的数据，就需要列出插入数据的字段名（多个字段名之间用英文逗号分隔），且相应表达式的数据类型应与字段顺序对应。

例 12-4 将下面的数据插入到 employee 表中。

[1132，李四，男，部门经理，7548.6，11；

1443，王五，男，职员，6656，14；

1036，高七，女，经理，7600，10]

插入数据的 SQL 语句如下。

```
insert into employee(emp_id,emp_name,sex,title,wage,dep_id) values(1132,'李四','男','
部门经理',7548.6,11)
    insert into employee (emp_id,emp_name,sex,title,wage,dep_id) values (1443,'王五',
'男','职员',6656,14)
    insert into employee (emp_id,emp_name,sex,title,wage,dep_id) values (1036,'高七',
'女','经理',7600,10)
```

12.3.4　修改表中的数据

可以使用 update 语句修改表中的数据，update 语句的语法格式如下：

```
update <表名> set <字段名 1>=<表达式 1> [,<字段名 2>=<表达式 2>…][where<条件表达式>]
```

更新一个表中满足条件的记录，一次可以更新多个字段值。如果省略 where 子句，则会更新全部记录。

这里的条件表达式实际上是一个逻辑表达式，通常需要用到关系运算符和逻辑运算符，返回 True 或者 False。SQLite 的常用关系运算符包括==（＝）、!=、>=、<=、>、<等，这些运算符与 Python 的关系运算符的功能基本相同，只是在 SQL 中，==和=都可以用作相等判断。

例 12-5　将 employee 表中，李四的工资改为 7550 元。

```
update employee set wage=7550 where emp_name="李四"
```

如果将李四的工资增加 550 元，可以写成下面的 SQL 语句。

```
update employee set wage=wage+550 where emp_name="李四"
```

12.3.5　删除数据

可以使用 delete 语句删除表中的数据，其语法格式如下：

```
delete from <表名> [where <条件表达式>]
```

from 指定从哪个表中删除数据，where 指定被删除的记录所满足的条件，如果省略 where 子句，则删除该表中的全部记录。

例 12-6　删除 employee 表中性别为"女"的记录。

```
delete from employee where sex='女'
```

12.3.6　查询数据

SQL 的核心功能是查询。查询时需要将查询的表、查询的字段、筛选记录的条件、记录分组的依据、排序的方式等写在一条 SQL 语句中，就可以完成指定的工作。

SQL 语句创建查询使用的是 select 命令，基本形式是由 select…from…where 子句组成，具体的命令格式如下：

```
select <字段名表>|* from <表名> [join <表名> on <连接条件>][where <条件表达式>][group by
<分组字段名>[having <条件表达式>]][order by <排序选项>[asc|desc]]
```

各选项功能如下。

• select 子句说明要查询的字段名，如果是*，表示查询表中所有字段。

• from 子句说明查询的数据来源，如果查询的结果来自多个表，需要通过 join 选项指明连接条件。

• where 子句说明查询的筛选条件。多个条件之间可用逻辑运算符 and、or、not 连接。

• group by 子句用于将查询结果按分组字段名分组。having 子句必须跟随 group by 使用，它用来限定分组必须满足的条件。

• order by 子句用于对查询结果进行排序。

下面介绍一些查询的示例。

例 12-7 检索工资高于 6 000 元的雇员的雇员号和姓名信息。

```
select emp_id,emp_name from employee where wage>6000
```

用 where 短语指定查询条件，查询条件可以是任意复杂的条件表达式。

例 12-8 检索性别为"男"，并且工资高于 5500 的雇员信息。

```
select * from employee where sex="男" and wage>5500
```

SQL 中使用 group by 子句对查询结果进行分组，having 子句限定分组满足的条件。在分组查询中，可以使用 where 子句先进行数据筛选。

例 12-9 检索出 employee 表中不同性别的职工的平均工资。

```
select sex,avg(wage) as 平均工资 from employee group by sex
```

SQL 中排序的子句是 order by，其命令格式为：

```
order by <排序选项>[asc|desc]
```

其中，选项 asc 表示升序，选项 desc 表示降序（默认按升序排序）。

例 12-10 按部门号升序检索 employee 表中的全部信息。

```
select * from employee order by dep_id
```

12.4　Python 的 SQLite3 编程

Python 标准库中的 sqlite3 模块提供了 SQLite3 数据库编程的接口，可以满足小型数据库应用开发的基本需求。

12.4.1　访问数据库的步骤

Python 的数据库模块有统一的接口标准，所以数据库操作都有统一的模式。访问 SQLite3 数据库的主要过程如下。

（1）导入 Python sqlite3 数据库模块

Python 的标准库中内置有 sqlite3 模块，可直接使用 import 命令导入模块。

```
>>> import sqlite3
```

（2）建立数据库连接的 Connection 对象

使用 sqlite3 模块的 connect()函数可建立数据库连接，返回 sqlite3.Connection 的连接对象。

```
>>> dbstr="d:/sqlite/test.db"
>>> con=sqlite3.connect(dbstr)    #连接到数据库，返回 sqlite3.Connection 对象
```

在上述代码中，dbstr 是连接字符串。不同的数据库连接对象，其连接字符串的格式是不同的，sqlite 的连接字符串为数据库的文件名，如"d:/sqlite/test.db"。如果指定连接字符串为 memory，则可创建一个内存数据库。

在连接数据库的代码中，如果数据库对象 test.db 存在，则打开数据库；否则在该路径下创建 test.db 数据库并打开。

（3）创建游标对象

游标（Cursor）是行的集合，使用游标对象能够灵活地操纵表中检索出的数据。游标实际上是一种能从包括多条数据记录的结果集中每次提取一条记录的机制。

调用 con.cursor()创建游标对象 cur 的代码如下。

```
>>> cur=con.cursor()
```

（4）使用 Cursor 对象的 execute()方法执行 SQL 命令返回结果集

Cursor 对象的 execute()、executemany()、executescript()等方法可以用来操作或查询数据库，操作分为以下 4 种类型。

- cur.execute(sql)：执行 SQL 语句。
- cur.execute(sql,parameters)：执行带参数的 SQL 语句。
- cur.executemany(sql, seg_of_ parameters)：根据参数执行多次 SQL 语句。
- cur.executescript(sql_script)：执行 SQL 脚本。

例如，创建一个包含 3 个字段 id、name 和 age 的表 emp 的代码如下。

```
>>> cur.execute("create table emp(id int primarykey,name varchar(12),age integer(2))")
```

向表中插入记录的代码如下。

```
>>> cur.execute("insert into emp values(101,'Jack',23)")
```

在 SQL 语句中可以使用占位符"？"表示参数，传递的参数使用元组。例如，下面的代码。

```
>>> cur.execute("insert into emp values(?,?,?)",(201,"Mary",21)
```

（5）获取游标的查询结果集

调用 cur.fetchone()、cur.fetchall()、cur.fetchmany()等方法返回查询结果。

- cur.fetchone()：返回结果集的下一行（Row 对象），无数据时，返回 None。
- cur.fetchall()：返回结果集的剩余行（Row 对象列表），无数据时，返回空 List。
- cur.fetchmany()：返回结果集的多行（Row 对象列表），无数据时，返回空 List。

例如下面的代码，查询显示前面 emp 表中插入的记录。

```
>>> cur.execute("select * from emp")
#返回列表中的第一项，再次使用，返回第二项，依次显示
>>> print(cur.fetchone())
(101, 'Jack', 23)
>>> print(cur.fetchone())
(201, 'Mary', 21)
>>> print(cur.fetchone())
None
>>> cur.execute("select * from emp")
>>> print(cur.fetchall())        #提取查询到的数据
[(101, 'Jack', 23), (201, 'Mary', 21)]
>>>
>>> for row in cur.execute("select * from emp"):     #直接使用循环输出结果
    print(row[0],row[2])
101 23
201 21
>>>
```

（6）数据库的提交和回滚

根据数据库事务隔离级别的不同，可以提交或回滚事务。

- con.commit()：事务提交。
- con.rollback()：事务回滚。

（7）关闭 Cursor 对象和 Connection 对象

最后，需要关闭 Cursor 对象和 Connection 对象。

- cur.close()：关闭 Cursor 对象。
- con.close()：关闭 Connection 对象

12.4.2　创建数据库和表

例 12-11　使用 sqlite3 模块创建数据库 managedb，并在其中创建表 goods，表中包含 id、name、gnumber、price 等 4 列，其中 id 为主键（Primary Key）。程序代码如下。

```
>>> import sqlite3                  # 导入 sqlite3 模块
>>> dbstr="d:/sqlite/managedb.db"
>>> con=sqlite3.connect(dbstr)      #创建 SQLite 数据库
>>> stmt="create table goods(id int primary  key,name,gnumber integer(2),price )"
>>> con.execute(stmt)
```

上述代码直接执行了 Connection 对象的 execute()方法，这是 Cursor 对象对应方法的快捷方式，系统会创建一个临时 Cursor 对象，然后调用相应的方法，并返回 Cursor 对象。

12.4.3　数据库的插入、更新和删除操作

在数据库中插入、更新、删除记录的步骤如下。

（1）建立数据库连接。

（2）创建游标对象 cur，使用 cur.execute(sql)方法执行 SQL 的 insert、update、delete 等语句，完成数据库记录的插入、更新、删除操作，并根据返回值判断操作结果。

（3）提交操作。

（4）关闭数据库。

例 12-12　在 goods 表中完成记录的插入、更新和删除操作。

```
>>> import sqlite3
>>> items=[(6702,'pencil',90,1.2),(3645,'notebook',56,12.4),(5672,'ruler',22,1.6)]
>>> dbstr="d:/sqlite/managedb.db"
>>> con=sqlite3.connect(dbstr)
>>> cur=con.cursor()
# 插入数据
>>> cur.execute("insert into goods values(1003,'Pen',100,11)") #插入一行数据
<sqlite3.Cursor object at 0x00550820>
>>> cur.execute("insert into goods values(?,?,?,?)",(2001,"mouse",5,22))
<sqlite3.Cursor object at 0x00550820>
>>> cur.executemany("insert into goods values(?,?,?,?)",items) #插入多行数据
<sqlite3.Cursor object at 0x00550820>
# 查询数据
>>> cur.execute("select * from goods")
<sqlite3.Cursor object at 0x00550820>
>>> print(cur.fetchall())
```

```
[(1003, 'Pen', 100, 11), (2001, 'mouse', 5, 22), (6702, 'pencil', 90, 1.2),
(3645, 'notebook', 56, 12.4), (5672, 'ruler', 22, 1.6)]
# 遍历查询数据
>>> cur.execute("select * from goods")
<sqlite3.Cursor object at 0x00550820>
>>> for item in cur.fetchall():
    print(item)
(1003, 'Pen', 100, 11)
(2001, 'mouse', 5, 22)
(6702, 'pencil', 90, 1.2)
(3645, 'notebook', 56, 12.4)
(5672, 'ruler', 22, 1.6)
>>> con.commit()
```

12.5 SQLite 编程的应用

本节使用 SQLite 数据库实现一个简单的订单管理系统。数据库名称为 test.db，订单数据保存在 order1 表中，实现的是订单数据的增删改查功能。应用程序中涉及的函数及功能如表 12.5 所示。

表 12.5   应用程序中涉及的函数及功能

函 数 名 称	函 数 功 能
getConnection()	连接数据库的通用函数
showAllData()	显示所有记录
getOrderListInfo()	获得用户输入的数据
addRec()	增加记录
delRec()	删除记录
modifyRec(	修改记录
searchRec()	查找记录
continueif()	判断是否继续操作

例 12-13 订单管理系统。

```
1   #ex1213.py
2   import sqlite3
3
4   # 连接数据库的通用函数
5   def getConnection():
6       dbstring="d:/sqlite/test.db"
7       conn=sqlite3.connect(dbstring)
8       cur=conn.cursor()
9       sqlstring="create table if not exists order1(order_id integer primary key,"\
10          "order_dec varchar(20),price float,ordernum integer,address varchar(30))"
11      cur=conn.execute(sqlstring)
12      return conn
13
14  # 显示所有记录
15  def showAllData():
16      print("---------------display record-------------")
17      dbinfo=getConnection()
```

```
18      cur=dbinfo.cursor()
19      cur.execute("select * from order1")
20      records=cur.fetchall()
21      for line in records:
22          print(line)
23      cur.close()
24
25  # 获得订单数据
26  def getOrderListInfo():
27      orderId=input("Please enter Order ID:")
28      orderDec=input("Please enter Order description:")
29      price=eval(input("Please enter price:"))
30      ordernum=eval(input("Please enter number:"))
31      address=input("Please enter address:")
32      return orderId,orderDec,price,ordernum,address
33
34  # 添加记录
35  def addRec():
36      sepline="-----------------add record----------------"
37      print(sepline)
38      record=getOrderListInfo()
39      dbinfo=getConnection()
40      sqlstr="insert into order1(order_id,order_dec,price,ordernum,address)"\
41          "values(?,?,?,?,?)"
42      dbinfo.execute(sqlstr,(record[0],record[1],record[2],record[3],record[4]))
43      dbinfo.commit()
44      print("-------------add record success------------")
45      showAllData()
46      dbinfo.close()
47
48  # 删除记录
49  def delRec():
50      sepline="-----------------del record----------------"
51      print(sepline)
52      dbinfo=getConnection()
53      choice=input("Please input deleted order_ID:")
54      sqlstr="delete from order1 where order_id="
55      dbinfo.execute(sqlstr+choice)
56      dbinfo.commit()
57      print("-------------record delete success----------")
58      showAllData()
59      dbinfo.close()
60
61  # 修改记录
62  def modifyRec():
63      sepline="-------------change record------------------"
64      print(sepline)
65      dbinfo=getConnection()
66      choice=input("Please input change order_ID:")
67      record=getOrderListInfo()
68      sqlstr="update order1 set order_id=?,order_dec=?,price=?,ordernum=?,"\
69          "address=? where order_id="+choice
70
71      dbinfo.execute(sqlstr,(record[0],record[1],record[2],record[3],record[4]))
```

```
72        dbinfo.commit()
73        showAllData()
74        print("--------------change record success----------")
75
76    # 查找记录
77    def searchRec():
78        sepline="------------- search record-----------------"
79        print(sepline)
80        dbinfo=getConnection()
81        cur=dbinfo.cursor()
82        choice=input("Please input search order_ID:")
83        sqlstr="select * from order1 where order_id="
84
85        cur.execute(sqlstr+choice)
86        dbinfo.commit()
87        print("-------------the record of your find---------")
88
89        for row in cur:
90            print(row[0],row[1],row[2],row[3],row[4])
91        cur.close()
92        dbinfo.close()
93
94
95    # 判断是否继续操作
96    def continueif():
97        choice=input("continue(y/n)?")
98        if str.lower(choice)=='y':
99            a=1
100       else:
101           a=0
102       return a
103
104   # 程序入口
105   if __name__=="__main__":
106       getConnection()
107       flag=1
108       while flag==1:
109           sepline="----------OrderItem Manage System-----------"
110           print(sepline)
111           menu='''
112   Please choice item:
113   1) Append Record
114   2) Delete Record
115   3) Change Record
116   4) Search Record
117   Please enter order number:
118
119   '''
120           choice=input(menu)
121           if choice=='1':
122               addRec()
123               flag=continueif()
124           elif choice=='2':
125               delRec()
126               flag=continueif()
```

```
127          elif choice=='3':
128              modifyRec()
129              flag=continueif()
130          elif choice=='4':
131              searchRec()
132              flag=continueif()
133          else:
134              print("order number error!!!")
```

程序运行时，首先显示菜单选项，之后根据提示完成表中数据的增加、删除、修改和查询功能，程序某次运行结果如下。

```
>>>
---------OrderItem Manage System-----------
Please choice item:
1) Append Record
2) Delete Record
3) Change Record
4) Search Record
Please enter order number: 1
----------------add record----------------
Please enter Order ID: 6562
Please enter Order description: keyboard
Please enter price: 55
Please enter number: 4
Please enter address: Nanjing
-------------add record success------------
----------------display record-------------
(2321, 'pen', 19.3, 20, 'Dalian')
(5655, 'Thinkpad', 7866.0, 2, 'Beijing')
(6562, 'keyboard', 55.0, 4, 'Nanjing')
(8903, 'notebook', 12.0, 400, 'BJ')
(9901, 'Pencil', 1.2, 500, 'Sh')
continue(y/n)? y
---------OrderItem Manage System-----------
Please choice item:
1) Append Record
2) Delete Record
3) Change Record
4) Search Record
Please enter order number: 4
-------------- search record----------------
Please input search order_ID: 6562
-------------the record of your find---------
6562 keyboard 55.0 4 Nanjing
continue(y/n)? n
>>>
```

本 章 小 结

本章主要介绍了数据库的概念，以及在 Python 中使用 SQLite3 模块编程的知识，具体包括以下内容。

首先学习了数据库、数据库系统、数据库管理系统等基本概念。

关系型数据库是目前的主流数据库。关系的含义与二维表是等价的，关系中的元组对应表中的一条记录，关系中的属性对应二维表在垂直方向的列，能唯一标识一个元组的属性或属性的组合称为关键字。

实体之间的对应关系称为实体间的联系，包括一对一联系（1:1）、一对多联系（1:n）、多对多联系（$m:n$）等 3 种。

Python 自带的关系型数据库 SQLite 是一种开源的、嵌入式数据库，该数据库不需要一个单独的服务器进程或操作系统。本章介绍了 SQLite3 交互模式常用的命令，SQLite3 数据库使用动态的数据类型，数据库管理系统会根据列值自动判断列的数据类型。

SQL 语言即结构化查询语言，本章介绍了 create table、alter、insert、update、delete、select 等 SQL 命令。

最后使用 SQLite 数据库创建了一个简单的订单管理系统。

习　题　12

1. 选择题

（1）在 SQL 中，实现分组查询的短语是哪一项？（　　　）

    A. order by   B. group by   C. having   D. asc

（2）下列关于 SQL 语句中的短语的说法中，正确的是哪一项？（　　　）

    A. 必须是大写的字母   B. 必须是小写的字母

    C. 大小写字母均可   D. 大小写字母不能混合使用

（3）"delete from s where 年龄>60" 语句的功能是什么？（　　　）

    A. 从 s 表中删除年龄大于 60 岁的记录

    B. 从 s 表中删除年龄大于 60 岁的首条记录

    C. 删除 s 表

    D. 删除 s 表的年龄列

（4）"update student set 年龄=年龄+1" 语句的功能是什么？（　　　）

    A. 将 student 表中的所有学生的年龄变为 1 岁

    B. 给 student 表中的所有学生的年龄增加 1 岁

    C. 给 student 表中当前记录的学生的年龄增加 1 岁

    D. 将 student 表中当前记录的学生的年龄变为 1 岁

（5）在 Python 中连接 SQLite 的 test 数据库，正确的代码是哪一项？（　　　）

    A. conn= sqlite3.connect("e:\db\test")

    B. conn= sqlite3.connect("e:/db/test")

    C. conn= sqlite3.Connect("e:\db\test")

    D. conn= sqlite3.Connect("e:/db/test")

（6）关于 SQLite3 的数据类型的说法中，不正确的是哪一项？（　　　）

    A. 在 SQLite3 数据库中，表的主键应为 integer 类型

    B. SQLite3 的动态数据类型与其他数据库使用的静态类型是不兼容的

C．SQLite3 的表完全可以不声明列的类型

D．SQLite3 使用动态的数据类型会根据列值自动判断列的数据类型

（7）已知 Cursor 对象 cur，使用 Cursor 对象的 execute()方法可返回结果集，下列命令中不正确的是哪一项？（　　　）

　A．cur.execute()　　　　　　　　　　B．cur.executeQuery()

　C．cur.executemany()　　　　　　　　D．cur.executescript()

2．简答题

（1）在 Python 中，访问 SQLite 数据库主要使用哪些对象，其功能是什么？

（2）请列举出 SQLite 数据库中支持的 5 种数据类型？SQLite 数据库的动态数据类型有什么特点？

（3）游标对象的 fetchone()、fetchall()、fetchmany()系列方法有什么区别？

3．编程题

（1）基于书中创建的 test.db 数据库和 employee 表，完成下列 SQL 命令，表中初始数据如下。

[1132，李四，男，部门经理，7548.6，11；

1443，王五，男，职员，6656，14；

1036，高七，女，经理，7600，10]

① 使用 insert into 命令向表中任意插入两条记录。

② 使用 delete from 命令删除 emp_id 为 1443 的雇员记录。

③ 使用 update 命令为职称为部门经理的雇员工资增加 10%。

④ 查询工资大于 7000 的部门经理的信息。

⑤ 查询不同性别的雇员的人数。

⑥ 查询 employee 表中工资在 7000 元以上的雇员信息，并将查询的结果按工资降序排序。

⑦ 查询 employee 表中男女雇员人数及平均工资（显示：性别、人数、平均工资）。

（2）设计 GUI 界面，模拟用户登录系统，用户输入用户名和密码，如果输入正确，提示登录成功；否则提示登录失败（用户的密码信息保存在 SQLite 数据库中）。

（3）在 SQLite 数据库管理系统中创建数据库 library，在 library 数据库中建立图书表 books（书号 bookno，书名 bookname，出版社 publish，价格 price）。建立简单的图书管理系统，完成图书信息的增加、删除、修改、条件查询等功能。

第 **13** 章
科学计算与图表绘制

随着 numpy、scipy、matplotlib 等第三方库的开发，Python 越来越适合于进行科学计算、绘制高质量的 2D 和 3D 图像。与科学计算领域最流行的商业软件 Matlab 相比，Python 是一门通用的程序设计语言，它比 Matlab 所采用的脚本语言的应用范围更广泛，有更多的第三方库的支持。

本章将介绍用于科学计算和数据分析的最基础的第三方库 numpy，以及用于展示数据和表现运算结果的图表绘制的第三方库 matplotlib。

13.1　用于科学计算的 numpy 库

13.1.1　numpy 简介

numpy（Numerical Python）是高性能科学计算和数据分析的基础包，其中包含了大量工具，如数组对象（用来表示向量、矩阵、图像等）及线性代数函数等。numpy 中的数组对象可以帮助用户实现数组中重要的操作，如矩阵乘积及转置、解方程系统、向量乘积和归一化，这为图像变形、图像分类、图像聚类等提供了基础。

numpy 的主要功能描述如下。

* ndarray 是一个具有矢量算术运算和复杂广播能力的多维数组。
* 具有用于对数组数据进行快速运算的标准数学函数。
* 具有用于读/写磁盘数据的工具以及用于操作内存映射文件的工具。
* 具有线性代数、随机数生成以及傅里叶变换功能。
* 具有用于集成由 C、C++、Fortran 等语言编写的代码的工具。

13.1.2　numpy 数组的创建

1. numpy 数组的概念

numpy 库中处理的最基础的数据类型是**同种元素**构成的数组。numpy 数组是一个多维数组对象，称为 ndarray。numpy 数组的维数称为**秩**，一维数组的秩为 1，二维数组的秩为 2，依此类推。在 numpy 中，每一个线性的数组是一个**轴**，秩其实是描述轴的数量。例如，一个二维数组相当于两个一维数组，其中第一个一维数组中的每个元素又是一个一维数组。而轴的数量——秩，就是数组的维数。

需要强调的是，numpy 数组的下标从 0 开始，同一个 numpy 数组中所有元素的类型必须是相同的。

2. 创建 numpy 数组

创建 numpy 数组的方法有很多。例如，可以使用 array()函数从常规的 Python 列表或元组创建数组。所创建的数组类型由原序列中的元素类型推导而来。

例 13-1 用列表和元组创建数组。

```
>>> import numpy as np
>>> arr1=np.array((1,2,3))
>>> lst=[100,200,300,400]
>>> arr2 = np.array(lst)
>>> arr1,arr2
(array([1, 2, 3]), array([100, 200, 300, 400]))
>>> arr1.dtype
dtype('int32')
```

使用 array()函数创建数组时，参数必须是列表或元组，且不能使用多个数值。

可使用双重序列来表示二维数组，三重序列表示三维数组，依此类推。创建数组时可以显式指定数组元素的类型。

经常有这种情况，创建数组时元素的值未知，而数组的大小（维数）已知。因此，numpy 提供了一些使用占位符创建数组的函数。这些函数有助于满足数组扩展的需要，同时降低了高昂的运算开销。

函数 zeros()可创建一个全是 0 的数组，函数 ones()可创建一个全是 1 的数组，函数 empty()可创建一个内容随机且依赖于内存状态的数组。默认创建的数组类型（Dtype）都是 float 64，可以用 d.dtype.itemsize 来查看数组中元素占用的字节数。

例 13-2 用函数 zeros()、ones() 创建数组。

```
>>> import numpy as np
>>> lst2=[[1,2,3],[4,5,6]]
>>> arr3=np.array(lst2)
>>> arr3
array([[1, 2, 3],
       [4, 5, 6]])
>>> arr4=np.zeros((3,4))
>>> arr4
array([[0., 0., 0., 0.],
       [0., 0., 0., 0.],
       [0., 0., 0., 0.]])
>>> arr5=np.ones((3,4))
>>> arr5
array([[1., 1., 1., 1.],
       [1., 1., 1., 1.],
       [1., 1., 1., 1.]])
>>> arr5.dtype
dtype('float64')
>>> arr5.dtype.itemsize
8
```

numpy 提供了 arange()函数和 linspace()函数，用于返回一个数列形式的数组。

arange()函数类似于 Python 的 range()函数，通过指定开始值、终值和步长来创建一维数组。注意数组不包括终值。

例 13-3　使用 arange()函数创建数组。

```
>>> import numpy as np
>>> arr6=np.arange(0.1,1,0.1)    #在区间（0.1,1）之间以 0.1 为步长生成一个数组
>>> arr6
array([0.1, 0.2, 0.3, 0.4, 0.5, 0.6, 0.7, 0.8, 0.9])
>>> arr7=np.arange(0.2,2,0.3)
>>> arr7
array([0.2, 0.5, 0.8, 1.1, 1.4, 1.7])
>>> arr8=np.arange(10)
>>> arr8
array([0, 1, 2, 3, 4, 5, 6, 7, 8, 9])
>>> arr9=np.arange(0.6,6)
>>> arr9
array([0.6, 1.6, 2.6, 3.6, 4.6, 5.6])
```

如果 arange()函数仅使用一个参数，代表的是终值，开始值为 0；如果仅使用两个参数，则步长默认为 1。

linspace()函数通过指定开始值、终值和元素个数（默认为 50）来创建一维数组，可以通过 endpoint 关键字指定是否包含终值，默认设置包含终值。

numpy 库提供了与 math 库函数类似的数组计算方法，如 sin()、cos()、log()等。在基本函数（如三角函数、对数函数、求平方和立方函数等）的函数名称前加上定义的 numpy 库的别名 np 就能实现数组的函数计算。

例 13-4　numpy 库的基本函数。

```
>>> arra=np.linspace(1,6,5)
>>> arra
array([1.  , 2.25, 3.5 , 4.75, 6.  ])
>>> arrb=np.random.rand(3,4)
>>> arrb
array([[0.5970935 , 0.14777554, 0.90146035, 0.09521222],
       [0.17876084, 0.98907825, 0.92690244, 0.39132105],
       [0.2020523 , 0.47635189, 0.29130334, 0.25731129]])
>>> x=np.arange(0,np.pi*1,0.1)
>>> x
array([0. , 0.1, 0.2, 0.3, 0.4, 0.5, 0.6, 0.7, 0.8, 0.9, 1. , 1.1, 1.2,
       1.3, 1.4, 1.5, 1.6, 1.7, 1.8, 1.9, 2. , 2.1, 2.2, 2.3, 2.4, 2.5,
       2.6, 2.7, 2.8, 2.9, 3. , 3.1])
>>> y=np.sin(x)
>>> y
array([0.        , 0.09983342, 0.19866933, 0.29552021, 0.38941834,
       0.47942554, 0.56464247, 0.64421769, 0.71735609, 0.78332691,
       0.84147098, 0.89120736, 0.93203909, 0.96355819, 0.98544973,
       0.99749499, 0.9995736 , 0.99166481, 0.97384763, 0.94630009,
       0.90929743, 0.86320937, 0.8084964 , 0.74570521, 0.67546318,
       0.59847214, 0.51550137, 0.42737988, 0.33498815, 0.23924933,
       0.14112001, 0.04158066])
>>>
```

从结果可以看出，y 数组的元素分别是 x 数组元素对应的正弦值，计算起来十分方便。

3. numpy 中的数据类型

numpy 库可用于科学计算，numpy 库中不仅包括 Python 中自带的整型、浮点型、复数类型，还包括 bool、inti、int8、int32、int64、unit8、unit16、unit32、unit64、float16、float32、float64

等类型。

13.1.3　访问 numpy 数组的元素

numpy 数组中的元素是通过下标来访问的，可以通过方括号括起一个下标来访问数组中的单一元素，也可以用切片的形式访问数组中的多个元素。表 13.1 给出了 numpy 数组的索引和切片方法。可以看出，数组的元素的存取方式与列表的操作方式相同。

表 13.1　　　　　　　　　　　　　numpy 数组的索引和切片方法

切 片 方 法	功 能 描 述
x[i]	数组第 i 个元素
x[−i]	从后向前索引第 i 个元素
x[n:m]	切片，默认步长为 1，从前向后索引，不包含 m
x[−m:−n]	切片，默认步长为 1，从后往前索引，不包含 $-n$
x[n:m:i]	切片，指定步长为 i 的由 n 到 m 的索引

例 13-5　numpy 数组的切片。

```
>>> import numpy as np
>>> arr0=np.arange(1,10)
>>> arr0
array([1, 2, 3, 4, 5, 6, 7, 8, 9])
>>> arr0[4]
5
>>> arr0[2:4]
array([3, 4])
>>> arr0[:5]
array([1, 2, 3, 4, 5])
>>> arr0[:-1]
array([1, 2, 3, 4, 5, 6, 7, 8])
>>> arr0[2:4]=10,20      #修改数组元素的值
>>> arr0
array([ 1,  2, 10, 20,  5,  6,  7,  8,  9])
>>> arr0[::-1]           #数组翻转
array([ 9,  8,  7,  6,  5, 20, 10,  2,  1])
```

多维数组可以每个轴有一个索引，这些索引由一个逗号分隔的元组给出。下面是一个访问二维数组元素的例子。

例 13-6　二维数组的切片操作。

```
>>> import numpy as np
>>> arr0=np.random.rand(3,4)
>>> arr0
array([[0.53127302, 0.32686001, 0.06445367, 0.91970985],
       [0.70596456, 0.06780697, 0.61663509, 0.58560205],
       [0.15372644, 0.04424296, 0.50741279, 0.19471969]])
>>> e1=arr0[0,2]          #第 0 行第 2 个元素
>>> e1
0.06445366834669564
>>> e2=arr0[:2]          #第 0 行和第 1 行元素
>>> e2
array([[0.53127302, 0.32686001, 0.06445367, 0.91970985],
```

```
          [0.70596456, 0.06780697, 0.61663509, 0.58560205]])
>>> e3=arr0[:,1]            #所有行第1列元素
>>> e3
array([0.32686001, 0.06780697, 0.04424296])
>>> e4=arr0[1,:]            #第1行所有元素，与e4=arr0[1]同
>>> e4
array([0.70596456, 0.06780697, 0.61663509, 0.58560205])
>>> e5=arr0[2,2:]           #第2行第2个元素后的所有元素
>>> e5
array([0.50741279, 0.19471969])
>>> e6=arr0[0:3,2]          #每行的第2个元素
>>> e6
array([0.06445367, 0.61663509, 0.50741279])
>>> e7=arr0[:,2]            #每行的第2个元素
>>> e7
array([0.06445367, 0.61663509, 0.50741279])
```

13.1.4　numpy 数组的算术运算

numpy 数组的算术运算是按元素逐个运算的，运算后将返回包含运算结果的新数组。

例 13-7　numpy 数组的算术运算示例。

```
>>> import numpy as np
>>> arr1=np.array([10,20,30,40])
>>> arr2=np.arange(1,5)
>>> arr1,arr2
(array([10, 20, 30, 40]), array([1, 2, 3, 4]))
>>> result1=arr1+arr2
>>> result2=arr1-arr2
>>> result3=arr1*arr2
>>> result4=arr1/arr2
>>> result5=arr2**2
>>> result1
array([11, 22, 33, 44])
>>> result2
array([ 9, 18, 27, 36])
>>> result3
array([ 10,  40,  90, 160])
>>> result4
array([10., 10., 10., 10.])
>>> result5
array([ 1,  4,  9, 16], dtype=int32)
>>> result5=arr1<30
>>> result5
array([ True,  True, False, False])
```

与其他矩阵语言不同，numpy 中的乘法运算符 "*" 是按元素逐个计算的，矩阵乘法可以通过 dot()函数或创建矩阵对象来实现。

例 13-8　numpy 数组的矩阵乘法。

```
>>> import numpy as np
>>> lst1=[[1,2],[3,4]]
>>> lst2=[[5,6],[7,8]]
>>> arr1=np.array(lst1)
```

```
>>> arr2=np.array(lst2)
>>> arr1
array([[1, 2],
       [3, 4]])
>>> arr2
array([[5, 6],
       [7, 8]])
>>> result1=arr1*arr2
>>> result1
array([[ 5, 12],
       [21, 32]])
>>> result2=np.dot(arr1,arr2)
>>> result2
array([[19, 22],
       [43, 50]])
```

需要注意的是，有些操作符如"+="和"＊="只能用来更改已存在的数组，而不能创建一个新的数组。

例 13-9 numpy 数组中"+="操作符和"＊="操作符的应用。

```
>> import numpy as np
>>> arr1=np.ones((2,3))
>>> arr2=np.random.rand(2,3)
>>> arr1
array([[1., 1., 1.],
       [1., 1., 1.]])
>>> arr1*=3          #arr1 数组内容发生改变
>>> arr1
array([[3., 3., 3.],
       [3., 3., 3.]])
>>> arr2
array([[0.83216212, 0.23982596, 0.33473414],
       [0.01656122, 0.28178157, 0.52340116]])
>>> id(arr2)
237200312
>>> arr2+=arr1       #arr2 数组发生内容改变
>>> arr2
array([[3.83216212, 3.23982596, 3.33473414],
       [3.01656122, 3.28178157, 3.52340116]])
>>> id(arr2)
237200312
```

从运行结果可以看出，arr2 数组在计算前后的 id 值是不变的，这表明没有新数组产生。

numpy 数组（ndarray 类）提供了一系列方法实现数组元素的运算，如计算数组所有元素之和，求数组的最大值和最小值等。使用时需要用 ndarray 类的对象来调用这些方法。

例 13-10 numpy 数组中元素的运算。

```
>>> arr2=np.random.rand(2,3)
>>> arr2
array([[0.24615302, 0.85082203, 0.9673129 ],
       [0.81468726, 0.1802416 , 0.05243335]])
>>> arr2.max()
0.967312895828254
>>> arr2.min()
0.05243334962440893
```

```
>>> arr2.sum()
3.111650171219935
>>> arr2.sort()
>>> arr2
array([[0.24615302, 0.85082203, 0.9673129 ],
       [0.05243335, 0.1802416 , 0.81468726]])
```

在对 ndarray 数组中的元素进行运算的过程中，可将数组看作是一维线性列表。通过指定 axis 参数可以对指定的轴做相应的运算。

例 13-11　通过指定 axis 参数计算 numpy 数组的特征值。

```
>>> import numpy as np
>>> myarr1=np.arange(12).reshape(3,4)
>>> myarr1
array([[ 0,  1,  2,  3],
       [ 4,  5,  6,  7],
       [ 8,  9, 10, 11]])
>>> myarr1.sum(axis=0)      #计算每列和
array([12, 15, 18, 21])
>>> myarr1.sum(axis=1)      #计算每行和
array([ 6, 22, 38])
>>> myarr1.max(axis=0)      #列最大值
array([ 8,  9, 10, 11])
>>> myarr1.max(axis=1)      #行最大值
array([ 3,  7, 11])
>>> myarr1.cumsum(axis=1)  #计算每行累积和
array([[ 0,  1,  3,  6],
       [ 4,  9, 15, 22],
       [ 8, 17, 27, 38]], dtype=int32)
```

13.1.5　numpy 数组的形状操作

数组的形状（Shape）取决于其每个轴上的元素个数，我们可以使用 reval()、reshape()、transpose() 等函数修改数组的形状。reval()函数用于降低数组的维度，reshape()函数用于改变数组的维度，transpose()函数用于转置数组。具体来看下面的例子。

例 13-12　numpy 数组的形状操作示例。

```
>>> import numpy as np
>>> yarr0=np.int32(50*np.random.rand(3,4))
>>> yarr0
array([[12, 31, 32, 49],
       [34, 41, 26, 34],
       [43,  3, 10,  5]])
>>> yarr1=yarr.ravel()
>>> yarr1
array([12, 31, 32, 4, 34, 41, 26, 34, 43, 3, 10, 5])
>>> yarr0.shape=(6,2)      # 与 yarr0.reshape(6,2)等价
>>> yarr0
array([[12, 31],
       [32, 49],
       [34, 41],
       [26, 34],
       [43,  3],
```

```
        [10,  5]])
>>> yarr2=yarr0.transpose()
>>> yarr2
array([[12, 32, 34, 26, 43, 10],
       [31, 49, 41, 34,  3,  5]])
>>> id(yarr2)
240152192
>>> yarr2.transpose()
array([[12, 31],
       [32, 49],
       [34, 41],
       [26, 34],
       [43,  3],
       [10,  5]])
>>> id(yarr2)         #转置数组,id值不发生改变
240152192
```

由 ravel()展平的数组元素的顺序通常是以行为基准，最右边的索引变化得最快，所以元素 a[0,0]
之后是 a[0,1]。numpy 通常创建一个以行为基准，顺序保存数据的数组，所以 ravel()函数通常不
需要创建数组的副本。但如果数组是通过切片或者其他方式创建数组的，就可能需要创建其副本。

resize()函数也能实现改变数组形状的功能。

例 13-13　使用 resize()函数改变数组形状。

```
>>> import numpy as np
>>> yarr0=np.array([[12, 31],[32, 49],[34, 41],[26, 34], [43,  3],[10,  5]])
>>> id(yarr0)
226959992
>>> yarr0.resize((4,3))
>>> yarr0
array([[12, 31, 32],
       [49, 34, 41],
       [26, 34, 43],
       [ 3, 10,  5]])
>>> id(yarr0)
226959992
```

如果在 reshape()函数中指定数组维度为 - 1，那么其准确的维度将根据实际情况计算得到。更
多关于 reshape()、resize()和 ravel()的内容请参阅 numpy 的官方文档。

13.2　用于绘制图表的 matplotlib 库

13.2.1　matplotlib 简介

matplotlib 是 Python 的 2D 绘图库，是一套面向对象的绘图库，使用它绘制的图表中的每个绘
图元素，如线条 Line2D、文字 Text、刻度等都有一个对象与之对应。为了方便快速绘图，matplotlib
通过 pyplot 模块提供了一套和 MATLAB 类似的绘图 API，将众多绘图对象所构成的复杂结构隐
藏在这套 API 内部。用户只需要调用 pyplot 模块所提供的函数就可以实现快速绘图，并设置图表
的各个细节。

安装 matplotlib 之前先要安装 numpy。安装 matplotlib 库可以参考 8.4.3 节。

13.2.2　matplotlib.pyplot 库中的函数

matplotlib 的 pyplot 子库提供了和 MATLAB 类似的绘图 API，可以帮助用户快速绘制 2D 图表。此外，matplotlib 还提供了一个名为 pylab 的模块，其中包含了许多 numpy 和 pyplot 模块中常用的函数，方便用户快速进行计算和绘图，十分适合在 python 交互式环境中使用。

我们通常使用 import matplotlib.pyplot as plt 语句导入库，使用 plt 作为 matplotlib.pyplot 模块的别名。本章后面的描述中，都将采用这个别名，从而方便书写程序。

1. 绘图过程和主要函数

例 13-14　绘制正弦三角函数 $y = \cos(x)$。

```
1    #ex1314.py
2    import matplotlib.pyplot as plt
3    import numpy as np
4    plt.figure(figsize=(6,4))          #创建绘图对象
5    x=np.arange(0,np.pi*4,0.01)
6    y=np.cos(x)
7    plt.plot(x,y,"g-",linewidth=2.0)
8    plt.xlabel("x")                    #x 轴文字
9    plt.ylabel("cos(x)")               #y 轴文字
10   plt.ylim(-1,1)                     #y 轴范围
11   plt.title("y=cos(x)")              #图表标题
12   plt.grid(True)
13   plt.show()
14   #plt.savefig("test.png", dpi=120)
```

例 13-14 绘制了一幅余弦函数的图像，如图 13-1 所示。下面说明绘图的过程和使用的主要函数。

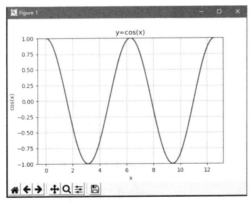

图 13-1　使用 matplotlib.pyplot 绘制余弦函数

（1）创建绘图对象

第 4 行语句 plt.figure(figsize=(6,4)) 用于创建一个绘图对象，我们也可以不创建绘图对象而是直接调用 plot() 函数绘图，matplotlib 会自动创建一个绘图对象。

如果需要同时绘制多幅图表，可以给 figure() 函数传递一个整数参数以指定图表的序号。如果所指定序号的绘图对象存在，则不创建新的对象，而只选择其成为当前绘图对象。

figure() 函数的参数 figsize 用于指定绘图对象的宽度和高度，单位为英寸；dpi 参数用于指定

绘图对象的分辨率，即每英寸多少个像素，默认值为100。因此，本例中所创建的图表窗口的宽度为 $6 \times 100 = 600$ 像素，高度为 $4 \times 100 = 400$ 像素。程序运行后，单击图 13-1 中的"保存"按钮保存下来的.png 图像的大小是 600×400 像素。dpi 参数值可以通过如下语句查看。

```
>>> import matplotlib
>>> matplotlib.rcParams['figure.dpi']
100.0
```

（2）使用 plot()函数绘图

创建 figure 对象后，接下来调用 plot()函数在当前的 figure 对象中绘图。实际上 plot()是在子图 axes 对象上绘图，如果当前的 figure 对象中没有 axes 对象，将会自动创建一个几乎充满整个图表的 axes 对象，并且使此 axes 对象成为当前的绘图对象。

plt.plot(x,y,"g-",linewidth=2.0)绘图语句的具体功能说明如下。

• 参数 x、y 用于表示 x 轴和 y 轴的数据。

• "g-"用于指定曲线的颜色和线形，这个参数称为格式化参数，它能够通过一些符号快速指定曲线的样式。其中，g 表示绿色，"-"表示线形为实线。常用的绘图参数如表 13.2 所示。

表 13.2 plot 绘图中的颜色参数和线形参数

颜色参数（color，简写为 c）	线形参数（linestyles，简写为 ls）
蓝色：'b'（blue）	实线：'-'
绿色：'g'（green）	虚线：'--'
红色：'r'（red）	虚点线：'-.'
黄色：'y'（yellow）	点：'.'
黑色：'k'（black）	
白色：'w'（white）	

• linewidth 用于指定线宽，可用浮点数（Float）描述。

所以，代码第 6 行也可以改为：plt.plot(x,y,color="g",ls='-',linewidth=2.0)

（3）设置绘图对象的各个属性

• xlabel、ylabel：分别设置 x、y 轴的标题文字。

• title：设置图的标题。

• xlim、ylim：分别设置 x、y 轴的显示范围。

• legend()：显示图例，即图中表示每条曲线的标签和样式的矩形区域。

matplotlib.plot 模块提供了一组读取和显示的函数，用于在绘图区域中增加显示内容及读入数据，如表 13.3 所示。这些函数需要与其他函数搭配使用，此处读者了解即可。

表 13.3 pyplot 库的读取和显示函数

函 数	功 能
plt.legend()	在绘图区域中放置图例
plt.show()	显示创建的绘图对象
plt.matshow()	在窗口显示数组矩阵
plt.imshow()	在 axes 上显示图像
plt.imsave()	保存数组为图像文件
plt.imread()	从图像文件中读取数组

（4）图形的保存和输出

可以调用 plt.savefig()函数将当前的 figure 对象保存为图像文件，图像格式由图像文件的扩展名决定。下面的代码将当前的图表保存为 test.png，并且通过 dpi 参数指定图像的分辨率为 120，因此输出图像的宽度为 $6 \times 120 = 720$ 像素。

```
plt.savefig("test.png", dpi=120)
```

在 matplotlib 中绘制完图形后可通过 show()函数显示，用户可以通过图形界面中的工具栏对其进行设置和保存，还可以用工具栏中的按钮调整图形上下左右的边距。

2. 在绘图对象中绘制多个子图

用户可以使用 subplot()函数快速绘制包含多个子图的图表，其调用形式如下：

```
subplot(numrows, numcols, plotNum)
```

subplot()将整个绘图区域等分为 numrows 行与 numcols 列个子区域，然后按照从左到右、从上到下的顺序对每个子区域进行编号，左上角的子区域的编号为 1。plotNum 用于指定使用第几个子区域。

如果 numrows、numcols 和 plotNum 这 3 个参数都小于 10，可以把它们缩写为一个整数。例如，subplot(324)和 subplot(3,2,4)是相同的，意味着图表被分割成 3×2（3 行 2 列）的网格子区域，并在第 4 个子区域绘制子图。

subplot()函数会在参数 plotNum 指定的区域创建一个轴对象。如果新创建的轴和之前创建的轴重叠，之前的轴将被删除。

通过 axis 参数可以给每个轴设置不同的背景颜色。例如，下面的代码创建了一个 3 行 2 列共6 个子图的图表，并通过 forecolor 参数给每个子图设置不同的背景色，如图 13-2 所示。

```
import numpy as np
import matplotlib.pyplot as plt
for idx,color in enumerate('rgbyck'):
    temp=1+idx
    plt.subplot(3,2,temp,facecolor=color)
plt.show()
```

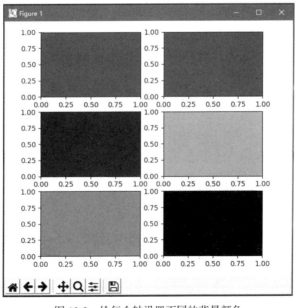

图 13-2　给每个轴设置不同的背景颜色

subplot()函数返回它所创建的 axes 对象，用户可以将它用变量保存起来，然后用 scea()函数交替让它们成为当前的 axes 对象，并调用 plot()函数在其中绘图。

如果绘图对象中有多个轴，可以通过工具栏中的 Configure Subplots 按钮，交互式地调节轴与轴之间的距离及轴与边框之间的距离，图 12-2 的显示效果已经部分调整了轴与边框的距离。如果希望在程序中调节，可以调用 subplots_adjust()函数，其关键字参数如 left、right、bottom、top、wpace、hspace 等的值都是 0~1 之间的小数，它们是以绘图区的宽、高为 1 进行正规化之后的坐标或者长度。

3. 绘制多幅图表

给 figure()函数传递一个整数参数作为 figure 对象的序号，该序号可用来标识多幅图表中的一个图表。如果序号所指定的 figure 对象已经存在，则不再创建新的对象，而只让它成为当前的 figure 对象。下面的程序演示了如何在不同图表的不同子图中绘制曲线。

例 13-15 绘制多幅图表的示例。

```
1  #ex1315.py
2  import numpy as np
3  import matplotlib.pyplot as plt
4  plt.figure(1)              #创建图表 1
5  ax1=plt.subplot(211)       #图表 1 中的子图 1
6  ax2=plt.subplot(212)       #图表 1 中的子图 2
7  plt.figure(2)              #创建图表 2
8  x=np.linspace(0,3,50)
9  for i in x:
10     plt.figure(2)          #选择图表 2
11     plt.plot(x,np.exp(i*x/3))
12     plt.sca(ax1)           #选择图表 1 的子图 1
13     plt.plot(x,np.sin(i*x))
14     plt.sca(ax2)
15     plt.plot(x,np.cos(i*x))
16  plt.show()
```

程序先在 figure1 中创建了两个子图，然后再创建 figure2。

在循环中，先选择 figure(2)成为当前图表，并在其中绘图。然后调用 sca(ax1)和 sca(ax2)分别让子图 ax1 和 ax2 成为当前子图，并在其中绘图。当它们成为当前子图时，包含它们的 figure(1)也自动成为当前图表，因此不需要调用 figure(1)函数在 figure1 和 figure2 的两个子图之间切换。程序运行结果如图 13-3 所示。

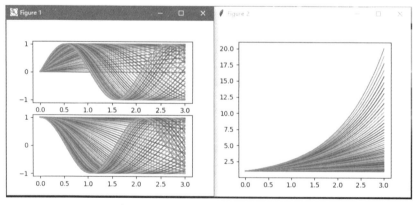

图 13-3　使用 figure()函数绘制曲线

4. 在图表中显示中文

matplotlib 的默认配置文件中，使用的字体无法在图表中正确显示中文。在.py 文件头部加上如下内容，可以让图表正确显示中文。

```
matplotlib.rcParams['font.family']='SimHei'    #指定默认字体
matplotlib.rcParams['font.sans-serif']='SimHei'
plt.rcParams['axes.unicode_minus']=False        #用来正常显示负值
```

其中，'SimHei' 表示黑体字。常用的中文字体及其英文表示为：宋体 – Simsun；黑体 – SimHei；楷体 – Kaiti；微软雅黑 – Microsoft Yahei；隶书 – LiSu；仿宋 – Fangsong；幼圆 – YouYuan；华文宋体 – STSong；华文黑体 – STHeiti。

13.2.3　绘制直方图、条形图、饼状图

matplotlib 是一个 Python 的绘图库，使用它绘制出来的图形效果和使用 MATLAB 绘制的图形类似。pyplot 模块提供了 plt.plot()、plt.hist()、plt.bar()、plt.pie()、plt.sactter()等 14 个用于绘制"基础图表"的常用函数，下面通过示例进行说明。

1. 直方图

直方图（Histogram）是一种统计报告图，由一系列高度不等的纵向条纹或线段表示数据分布的情况。一般用横轴表示数据类型，纵轴表示分布情况。直方图的绘制可通过 pyplot.hist()函数实现。例如下面的代码：

```
plt.hist(x,bins=30,color='green',density=True)
```

hist()函数的主要参数如下。

- x：该参数用于指定每个 bin（箱子）分布在 x 轴的位置。
- bins：用于指定 bin 个数，即条状图的个数。
- density：值为 True 时，本区间的点在所有点中所占的概率。
- color：用于指定条状图的颜色。

例 13-16　正态分布随机数的范围分布直方图示例。

```
1    #ex1316.py
2    import matplotlib.pyplot as plt
3    import numpy as np
4    mu=100                              #设置起始值
5    sigma=20                            #每个点的放大倍数
6    x=mu+sigma*np.random.randn(20)      #为简单直观，样本量取 20
7    plt.hist(x,bins=10,color='green',density= True)
8    print(x)
9    plt.show()

>>>
[ 78.24891131 134.24763558  93.0436471   89.2762526   53.96714039
 103.35699424  99.50034783  79.90906458 131.60034072 109.76100185
 129.44854882 129.4170927   80.0679256  107.98583345  68.17515876
  90.23676712  80.45664565  73.60678218  90.13597704 107.88305145]
>>>
```

上述程序产生了 20 个正态分布的随机数，某次运行产生的随机数的范围附后，其范围分布直方图如图 13-4 所示。

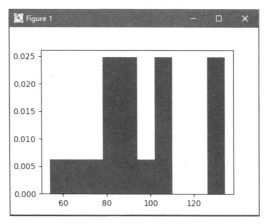

图 13-4　直方图实例

2. 条形图

条形图（Bar）是用一个单位长度表示一定的数量，根据数量的多少绘制长短不同的线条，然后把这些线条按一定的顺序排列起来。从条形统计图中很容易看出各种数量的多少。pyplot.bar()和 pyplot.barh()函数分别用来绘制竖直方向的条形图和水平方向的条形图。

下面的两个程序分别绘制了简单的条形图和层叠的条形图。

例 13-17　简单的条形图绘制。

```
1   #ex1317.py
2   import matplotlib.pyplot as plt
3   import numpy as np
4   plt.figure(figsize=(6,4))
5   y=[10,20,8.45,22,3,2,12]
6   x=np.arange(7)
7   plt.bar(x,y,color="blue",width=0.5)
8   plt.show()
```

程序运行结果如图 13-5 所示。

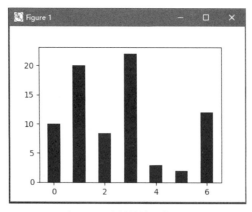

图 13-5　绘制简单的条形图

例 13-18　绘制层叠的条形图。

```
1   #ex1318.py
2   import matplotlib.pyplot as plt
3   import numpy as np
```

```
4   plt.figure(figsize=(8,6))
5   x=np.arange(21)
6   y1=np.random.randint(10,30,20)
7   y2=np.random.randint(10,30,20)
8   plt.ylim(0,70)      # 设置 Y 轴的显示范围
9   #上部的条形图
10  plt.bar(x,y1,width=0.5,color="grey",label="$y1$")
11  #底部的条形图
12  plt.bar(x,y2,bottom=y1,width=0.5,color="blue",label="$y2$")
13  plt.legend()
14  plt.show()
```

程序某一次的运行结果如图 13-6 所示。

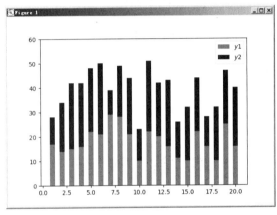

图 13-6　绘制层叠的条形图

3. 饼状图

饼状图（Pie Graph）显示一个数据系列中各数值项的大小与总和的比例，饼状图中的数据显示为整个饼状图的百分比。使用 plt.pie()函数可以绘制饼状图。

例 13-19　绘制饼状图的示例。

```
1   #ex1319.py
2   import matplotlib
3   import matplotlib.pyplot as plt
4
5   matplotlib.rcParams['font.family']='SimHei'
6   matplotlib.rcParams['font.sans-serif']='SimHei'
7   labels=["一季度","二季度","三季度","四季度"]
8   data=[16,27,25,29]
9   explodes=[0,0.1,0.1,0]
10  plt.axes(aspect=1)
11  plt.pie(x=data,labels=labels,explode=explodes,autopct="%.1f%%",shadow=True)
12  plt.show()
```

绘制饼图的方法为 plt.pie(x=data,labels=labels,explode=explodes,autopct="%.1f%%",shadow=True)，其中各个参数的含义如下。

- x：数据，可以来源于列表或元组。
- labels：设置饼状图数据项的标签。
- explode：设置某块或数据突出显示的情况，由用户定义。

- autopct：显示数据块所占的百分比。
- shadow：设置图形的阴影效果。

程序运行结果如图 13-7 所示。

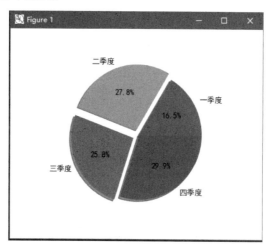

图 13-7　饼状图示例

本 章 小 结

本章主要介绍了 Python 的第三方库 numpy、matlibplot 的应用。

numpy 库中处理的最基础的数据类型是同种元素构成的数组。可以使用 array() 函数从 Python 列表或元组中创建数组，也可以使用 zeros() 和 ones() 函数创建一个全为 0 或 1 的数组。arange() 函数和 linspace() 函数也可用于创建数组。

此外还学习了访问 numpy 数组中的元素、numpy 数组的算术运算、numpy 数组的形状操作等内容。

matplotlib 是一套面向对象的绘图库，用户使用 matplotlib.pyplot 模块所提供的函数，可以进行快速绘图，并设置图表的各种细节。

最后介绍了 Python 的绘图库 matplotlib 及其主要函数，详细介绍了直方图、条形图、饼状图的绘制。

习　题　13

1. 选择题

（1）在代码 import matplotlib.pyplot as plt 中，plt 的含义是什么？（　　）

　　A. 函数名　　　　　B. 类名　　　　　C. 库的别名　　　　D. 变量名

（2）阅读下面的代码，其中 show() 函数的作用是什么？（　　）

```
import matplotlib.pyplot as plt
plt.plot([9, 7, 15, 2, 9])
plt.show()
```

A. 显示绘制的数据图　　　　　　B. 刷新绘制的数据图

C. 缓存绘制的数据图　　　　　　D. 存储绘制的数据图

（3）以下哪个选项不是 matplotlib.pyplot 的绘图函数？（　　　）

A. hist()　　　　　B. bar()　　　　　C. pie()　　　　　D. curve()

（4）以下哪个选项不能生成一个 ndarray 对象？（　　　）

A. arr1 = np.array([0, 1, 2, 3, 4])

B. arr2 = np.array({0:0,1:1,2:2,3:3,4:4})

C. arr3 = np.array((0, 1, 2, 3, 4))

D. arr4 = np.array(0, 1, 2, 3, 4)

（5）阅读下面的代码，其中 savefig ()函数的作用是什么？（　　　）

```
import matplotlib.pyplot as plt
plt.plot([9, 7, 15, 2, 9])
plt.savefig('test', dpi=600)
```

A. 将数据图存储为文件　　　　　B. 显示所绘制的数据图

C. 记录并存储数据　　　　　　　D. 刷新数据

2. 简答题

（1）numpy 库创建数组有哪几种方法？

（2）用于 numpy 数组的形状操作有哪些函数，请通过示例进行说明。

（3）简述使用 matplotlib.pyplot 模块绘图的过程。

3. 编程题

（1）请编写一个绘制余弦三角函数 $y=\cos(2x)$的程序。

（2）请使用 numpy 库和 matplotlib.pyplot 库绘制 $y=e^{-x}\sin t(2\pi x)$和 $y=\sin(2\pi x)$的函数曲线，如图 13-8 所示。

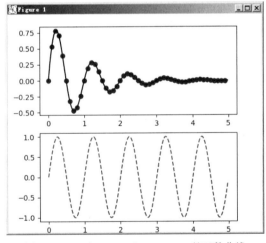

图 13-8　$y=e^{-t}\sin t(2\pi x)$和 $y=\sin(2\pi x)$的函数曲线

（3）请参考本章示例，绘制一个散点图。

提示　　可使用 import matplotlib.pyplot as plt 和 help(plt.scatter)查看绘制散点图的帮助信息。

第14章
爬取与分析网页中的数据

爬取与分析网页是 Python Web 编程应用的一个重要方面。爬取网页就是通过程序下载网页，分析网页中的不同元素，从中提取有用的数据。Python 提供了众多函数库来实现网页数据爬取，例如，通过标准库 urllib、第三方库 requests 爬取网页；通过正则表达式库 re、第三方库 beautifulsoup4 分析网页。

本章将介绍 Python 网页爬取的基础知识，重点介绍 urllib、requests、beautifulsoup4 等函数库的应用。

14.1　爬取网页的 urllib 和 requests 库

网页爬取是指把 URL 地址中指定的网络资源从网络流中读取出来，保存到本地。urllib、urllib2、urllib3、scrapy、requests 等函数库均支持网页内容的爬取。requests 库建立在 urllib3 库的基础上，是目前优秀的网页内容爬取的第三方库，需要安装后使用。

14.1.1　爬取网页的基础知识

爬取网页需要程序员了解浏览器与 Web 服务器的请求响应的工作过程，掌握 URL 地址的含义，以及理解爬虫的基本原理，下面进行逐一介绍。

1. HTTP 协议

用户浏览网页的过程就是客户端与 Web 服务器请求应答的过程。客户端通过浏览器向 Web 服务器发出请求，访问服务器上的数据，服务器根据请求返回数据。浏览器与服务器之间通信的基础是 HTTP 协议，这个协议是 Web 服务器与浏览器间传输文件的协议，但该协议限制服务器推送消息给客户端。

HTTP 协议是一个无状态的协议，同一个客户端的一次请求和上次请求没有对应关系。

2. HTTP 的工作过程

客户端通过浏览器与 Web 服务器之间的一次 HTTP 操作称为一个事务，其工作过程如下。

（1）客户端与服务器建立连接。例如，在浏览器的地址栏中输入一个网址后，发出请求，HTTP 的工作就开始。

（2）服务器接到请求后，返回响应信息，其格式为一个状态行，包括信息的协议版本号、一个成功或错误的代码等。

（3）客户端接收服务器所返回的信息，浏览器解析并显示网页。然后客户端与服务器断开连接。

如果在以上某个步骤出现错误，产生错误的信息将返回到客户端。对于用户来说，这些过程是由 HTTP 自己完成的，用户只要等待信息显示即可。

3. 网络爬虫

网络爬虫也称网络蜘蛛（Web Spider），如果把互联网看成一个蜘蛛网，Spider 就是一只网上的蜘蛛，它是搜索引擎爬取系统的重要组成部分。网络爬虫的主要目的是将互联网的网页下载到本地，从而保存文件或备份文件。

Web 服务器（也称 Web 站点）上的信息资源在网上都有唯一的地址，该地址称为 URL（统一资源定位器）地址。URL 地址由三部分组成，其格式如下：

```
protocol://hostname[:port]/path
```

其中，protocol 是网络协议，例如，访问网页使用的是 http 协议；hostname[:port]表示主机名；端口号 port 为可选参数，例如，百度的主机名就是 www.baidu.com，这是服务器的地址，其默认端口号是 80；path 表示文件资源的具体地址，如文件路径和文件名等。

网络爬虫就是根据 URL 来获取网页信息的。网络爬虫应用一般分为两个步骤：连接网络并获取网页内容；对获得的网页内容进行处理。这两个步骤分别使用不同的库：urllib（或 requests）和 beautifulsoup4。

14.1.2　urllib 库

1. urllib 库简介

urllib 库提供了一系列函数或方法，它可以使用户像访问本地文件一样读取网页的内容或下载网页。

urllib 库主要用于获取网页信息。urllib 库使用简单，初学者也可以尝试去抓取、读取或者保存网页。urllib 库中包括了一些处理 URL 的模块，具体如下。

- urllib.request 模块：用来打开和读取 URL。
- urllib.error 模块：包含一些由 urllib.request 产生的错误，可以使用 try 语句进行异常捕捉。
- urllib.parse 模块：包含一些解析 URL 的方法。
- urllib.robotparser 模块：用来解析 robots.txt 文本文件。它提供了一个单独的 RobotFileParser 类，通过该类提供的 can_fetch()方法测试爬虫是否可以下载网页页面。

2. 使用 urllib 库获取网页信息

下面重点介绍爬取网页信息的 urllib.request 模块，使用 urllib.request.urlopen()函数可以很方便地打开一个网站，读取并打印网页信息。urlopen()函数的格式如下：

```
urllib.request.urlopen(url,[ data[, proxies]])
```

urlopen()函数返回一个 Response 对象，可以像本地文件一样操作这个 Response 对象以获取远程数据。其中，参数 url 表示远程数据的路径，一般是 URL 地址；参数 data 表示提交到 url 的数据（提交数据有 post 与 get 两种方式，该参数较少使用）；参数 proxies 用于设置代理。urlopen()还有一些可选参数，具体信息可以查阅 Python 的官方文档。

urlopen()函数返回的 Response 对象提供了如下方法。

- readline()、readlines()、fileno()、close()等方法的使用方式与文件对象完全相同。
- info()：返回一个 httplib.HTTPMessage 对象，表示远程服务器返回的头信息。
- getcode()：返回 HTTP 状态码。如果是 HTTP 请求，200 表示请求成功完成，404 表示网址未找到。

- geturl()：返回请求的 url。

下面来看一个简单的爬取网页的程序。

例 14-1 爬取搜狐网首页的前 360 个字节内容。

```
1    #ex1401.py
2    import urllib.request
3    res=urllib.request.urlopen("http://www.sohu.com")
4    html=res.read(360)
5    #print(html)
6    print(html.decode("utf-8"))
7    res.close()
```

使用 urllib.request.urlopen()方法打开和读取 URL 信息，返回的 Response 对象 res 如同一个文本对象，用户可以调用 read()方法进行读取，再通过 print()方法将读到的信息打印出来。运行程序文件，输出下面的信息，读取的是网页前 360 个字节的代码。

```
>>>
<!DOCTYPE html>
<html>
<head>
<title>搜狐</title>
<meta name="Keywords" content="搜狐,门户网站,新媒体,网络媒体,新闻,财经,体育,娱乐,时尚,汽车,
房产,科技,图片,论坛,微博,博客,视频,电影,电视剧"/>
<meta name="Description" content="搜狐网为用户提供 24 小时不间断的最新资讯，及搜索、邮件等网络
>>>
```

程序的第 6 行：html.decode ("utf-8")，通过 decode()函数将网页的信息进行解码，得到网页信息。将网页按 utf-8 格式解码的前提是用户已经知道了这个网页使用的是 utf-8 编码。

如何查看网页的编码方式呢？一个简单的方法是使用浏览器查看网页源码，只需要找到 head标签开始位置的 charest，就可以知道网页采用的编码方式。

另外，urlopen()函数中的 url 参数既可以是一个字符串（"http://www.sohu.com"），又可以是一个 Request 对象，这就需要先定义一个 Request 对象，然后将这个 Request 对象作为 urlopen()函数的参数使用。具体代码如下。

```
import urllib.request
req=urllib.request.Request("http://www.sohu.com")
res=urllib.request.urlopen(req)
html=res.read(1000)
print(html.decode("utf-8"))
res.close()
```

3. 获取服务器响应信息

同浏览器与 Web 服务器的交互过程一样，request.urlopen()方法代表请求，它返回的 Response对象代表响应。Response 对象的 status 属性返回请求 HTTP 后的状态，用于处理数据之前的请求状态判断。如果请求未被响应，需要终止内容处理。Response 对象的 reason 属性非常重要，可以得到未被响应的原因，url 属性返回页面的 URL。Response.read()方法用于获取请求的页面内容的二进制形式。

使用 getheaders()方法可以返回 HTTP 响应的头信息。

例 14-2 获取 HTTP 响应信息。

```
1    #ex1402.py
2    import urllib.request
```

```
3    fopen=urllib.request.urlopen("http://www.sohu.com")
4    print("Status:",fopen.status,fopen.reason)
5    print("-----------以下HTTP响应头信息---------")
6    for k,v in fopen.getheaders():
7        print("%s:%s"%(k,v))
8    fopen.close()
```

程序运行结果如下。

```
>>>
Status: 200 OK

-----------以下HTTP响应头信息---------
Content-Type:text/html;charset=UTF-8
Content-Length:209190
Connection:close
Server:nginx
Date:Tue, 24 Jul 2018 08:38:00 GMT
Cache-Control:max-age=60
X-From-Sohu:X-SRC-Cached
FSS-Cache:HIT from 4677002.7822740.5549498
Accept-Ranges:bytes
FSS-Proxy:Powered by 3628410.5725572.4500890
>>>
```

同样，也可以使用 Response 对象的 geturl()方法、info()方法、getcode()方法获取相关的 URL、响应信息和响应状态码。相关代码如下。

```
import urllib.request
req=urllib.request.Request("http://www.sohu.com")
res=urllib.request.urlopen(req)

print(res.geturl())
print(res.info())
print(res.getcode())
res.close()
```

前面是一些简单的网页爬取的功能，除此之外，还可以通过向 urlopen()函数中传递参数，实现向服务器发送数据，但这种情况较少使用，在此不再赘述。

14.1.3　requests 库

1. requests 库概述

requests 库和 urllib 库功能类似，是一个简洁的、处理 HTTP 请求的第三方库。使用 requests 库编程的过程接近正常的 URL 访问过程，更易于理解和应用。requests 库建立在 Python 的 urllib3 库基础上，是对 urllib3 库的再封装，使用界面更加友好。

requests 库需要安装后使用，其安装方法请参考 8.4.3 节。

requests 库中包含非常丰富的链接访问功能，如 URL 获取、HTTP 长链接和链接缓存、自动内容解码、文件分块上传、连接超时处理、流数据下载等。

2. requests 库解析

网络爬虫和信息提交是 requests 库能支持的基本功能，下面重点介绍与这个功能相关的 requests.get()方法，该方法的使用格式如下：

```
res=requests.get(url[,timeout=n])
```

requests.get()方法是获取网页最常用的方式，该方法返回的网页内容会保存为一个 Response 对象。参数 url 必须采用 HTTP 或 HTTPS 方式访问，可选参数 timeout 用于设定请求超时的时间。

下面的代码将测试 requests.get()方法和 requests.head()方法的返回值类型。

```
>>> import requests
>>> r=requests.get("http://www.baidu.com")
>>> type(r)
<class 'requests.models.Response'>
>>> r2=requests.head("http://www.baidu.com")
>>> type(r2)
<class 'requests.models.Response'>
```

从爬取网页数据这一应用角度来看，只需要掌握 get()函数即可获取网页。与浏览器的交互过程一样，requests.get()代表请求过程，它返回的 Response 对象代表响应。返回内容作为一个对象更便于操作，Response 对象的主要属性如下。

* status_code：返回 HTTP 请求的状态，200 表示连接成功，404 表示失败。
* text：HTTP 响应内容的字符串形式，即 url 对应的页面内容。
* encoding：HTTP 响应内容的编码方式。
* content：HTTP 响应内容的二进制形式。

Response 对象的 status_code 属性返回请求 HTTP 后的状态，表示请求成功或失败；text 属性是请求的页面内容，以字符串形式展示。encoding 属性非常重要，它给出了返回页面内容的编码方式，可以通过对 encoding 属性赋值更改编码方式，以便于处理中文字符；content 属性是页面内容的二进制形式。

下面的代码有助于理解上述属性。

```
>>> import requests
>>> r=requests.get("http://www.sohu.com")
>>> r.status_code              #返回请求后的状态
200
>>> r.text[:200]               #显示前 200 个字符
'<!DOCTYPE html>\n<html>\n\n<head>\n<title>搜狐</title>\n<meta name="Keywords" content="
搜狐,门户网站,新媒体,网络媒体,新闻,财经,体育,娱乐,时尚,汽车,房产,科技,图片,论坛,微博,博客,视频,电影,
电视剧"/> \n<meta name="Description" content="搜狐网为用户提供 24 小时不间断的最新'
>>> r.encoding='UTF-8'         #如果中文字符不能正常显示，更改编码方式为 UTF-8
>>> r.text[:200]
输出略
```

除了属性，Response 对象还提供了两个方法。

* json()方法：如果 HTTP 响应内容包含 JSON 格式的数据，则该方法解析 JSON 数据。
* raise_for_status()方法：如果 status_code 值不是 200，则会产生异常。

json()方法能够在 HTTP 响应内容中解析存在的 JSON 数据，这将带来解析 HTTP 的便利。raise_for_status()方法能在非成功响应后产生异常，即只要返回的请求状态 status_code 不是 200，这个方法会产生一个异常，多用于 try…except 语句。使用异常处理语句可以避免设置一堆复杂的 if 语句，只需要在收到响应时调用这个方法，就可以避开状态是除 200 以外的各种意外情况。

requests 会产生几种常用异常。当遇到网络问题时，如 DNS 查询失败、拒绝连接等，requests 会

抛出 ConnectionError 异常；遇到无效 HTTP 响应时，requests 会抛出 HTTPError 异常；若请求 url 超时，则抛出 Timeout 异常；若请求超过了设置的最大重定向次数，则会抛出一个 TooManyRedirects 异常。下面代码中的 getHTMLText()函数封装了爬取网页的主要方法，为方便爬取网页，只返回网页的前 200 个字符。

例 14-3　爬取网页内容的示例。

```
1   #ex1403.py
2   import requests
3
4   def getHTMLText(url):
5       r=requests.get(url,timeout=15)
6       r.raise_for_status()
7       r.encoding='UTF-8'        #如果中文字符不能正常显示，更改编码方式为 UTF-8
8       return r.text[:200]
9
10  url = "http://www.sohu.com"
11  text=getHTMLText(url)
12  print(text)
```

14.2　解析网页的 beautifulsoup4 库

14.2.1　beautifulsoup4 库概述

beautifulsoup4 库也称 bs4 库或 BeautifulSoup 库，是 Python 用于网页分析的第三方库，用于快速转换被爬取的网页。beautifulsoup4 将网页转换为一颗 DOM 树，并尽可能和原文档内容含义一致，这种措施通常能够满足搜集数据的需求。

beautifulsoup4 库需要先安装后使用，具体的安装方法请参考 8.4.3 节。

beautifulsoup4 库提供一些简单的方法和类 Python 语法来查找、定位、修改一棵转换后的 DOM 树，还能自动将送进来的文档转换为 Unicode 编码，而且在输出时转换为 UTF-8 格式。beautifulsoup4 库中最重要的类是 BeautifulSoup，该类的对象相当于一个网页页面。

下面通过一个示例演示 bs4 库的基本使用方法。

例 14-4　使用 bs4 库访问网页元素。

```
1   #ex1404.py
2   from bs4 import BeautifulSoup
3   doc=[
4   '<!DOCTYPE html>',
5   '<head>    <meta charset="UTF-8"></head>',
6   '<body>',
7   '<h3>段落标记的使用</h3>',
8   '<hr/><p id="p1">段落标记是文档结构描述的重要元素</p>',
9   '<p>  段落标记实现了文本的换行显示，并且，段落之间有一行的间距。<br/>',
10      '段落标记虽然有开始和结束标记，但结束标记可以省略，如果浏览器遇到一个新的段落标记，将会结束前面的段落，开始新的段落……</p>'
11  ,'</body>'
12      ]
13  soup=BeautifulSoup("".join(doc),"html.parser")
```

```
14    print("-----------------网页元素信息--------------------")
15    print("soup.title:",soup.title)
16    print("soup.head:",soup.head)
17    print("-----------------格式化后的网页代码--------------------")
18    print(soup.prettify())
```

例 14-4 的功能是将列表连接成字符串后，再将字符串解析成网页。

第 3 行到第 12 行的变量 doc 是一个描述网页内容的字符串列表，第 13 行将字符串列表解析成 HTML 网页，第 18 行将网页格式化后显示。下面是使用 bs4 库解析网页的过程。

（1）使用 BeautifulSoup 类时首先要导入 bs4 库。

```
from bs4 import BeautifulSoup
```

（2）创建 BeautifulSoup 对象。

使用下面任意一种方法来创建 BeautifulSoup 对象。

• 使用包含网页内容的字符串创建 BeautifulSoup 对象。例如：

```
soup=BeautifulSoup(html str, "html.parser")
```

• 使用本地 HTML 文件创建 BeautifulSoup 对象。例如：

```
soup=BeautifulSoup(open("index.html"),"html.parser")
```

其中，index.html 是本地的网页文件，上面代码的功能是将本地 index.html 文件打开，用它来创建 BeautifulSoup 对象。

• 读取 URL 地址指定的 HTML 文件，创建 BeautifulSoup 对象，代码如下：

```
from urllib import request
from bs4 import BeautifulSoup
response=request.urlopen("http://www.baidu.com ")
html=response.read()
html=html.decode("utf-8")
soup=BeautifulSoup(html,"html.parser")
```

例 14-4 的运行结果如图 14-1 所示。可以看出，prettify()方法格式化输出了 BeautifulSoup 对象（DOM 树）的内容。

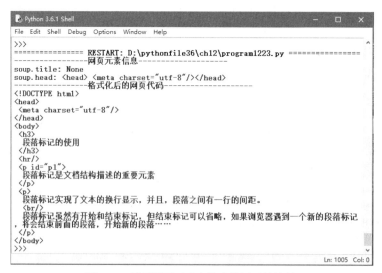

图 14-1　显示网页元素和格式化网页的效果

14.2.2　beautifulsoup4 库的对象

BeautifulSoup 将 HTML 文档转换成一个复杂的树形结构，每个结点都是一个 Python 对象，所有的对象都可以归纳为 4 种类型：Tag、NavigableString、BeautifulSoup、Comment。

生成 DOM 树的本地网页文件 page1.html 内容如下，下面将使用 bs4 库的对象访问 page1.html 的不同元素。

```
<!--page1.html -->
<!DOCTYPE html>
<head>
    <meta charset="utf-8">
    <title>page1.html</title>
</head>
<body>
<h3>
    段落标记的使用
</h3>
<hr/>
<p id="p1" style="color:red">
    <a href="">链接到 1</a>
    段落标记是文档结构描述的重要元素
</p>

<p id="p2">
    <a href="">链接到 2</a>
    段落标记实现了文本的换行显示，并且，段落之间有一行的间距。
    <br/>
    段落标记虽然有开始和结束标记，<strong>但结束标记可以省略</strong>，如果浏览器遇到一个新的段落
标记，将会结束前面的段落，开始新的段落……
</p>
</body>
```

1. Tag 对象

Tag 是 HTML 中的一个标签，下面的代码输出了两个标签对象。

```
from bs4 import BeautifulSoup
#下面的代码使用本地 HTML 文件建立 BeautifulSoup 对象
soup=BeautifulSoup(open("page1.html",'r',encoding="utf-8"),"html.parser")
print(soup.head)
print(soup.a)
```

上面代码块中的<head>、<a>、<title>等 HTML 标签加上其中包括的内容就是 Tag，输出 Tag 的结果如下。

```
>>>
<head>
<meta charset="utf-8"/>
<title>page1.html</title>
</head>
<a href="">链接到</a>
>>>
```

用户可以使用 BeautifulSoup 对象 soup 加标签名轻松地获取这些标签的内容，但要注意，查

找到的是所有内容中第一个符合要求的标签。如果要查询所有的标签，需要使用 14.2.3 节中介绍的 find_all()方法。

可以通过 type()函数验证标签对象的类型。对于 Tag，name 和 attrs 是两个重要的属性。name 属性是标签本身的名字。soup 对象的 name 属性值是 document。attrs 是标签的属性，例如，print(soup.p.attrs)把 p 标签的所有属性都打印出来，得到的类型是一个字典。看下面的代码。

```
>>> print(type(soup.a))
<class 'bs4.element.Tag'>
>>> print(soup.head.name)
head
>>> print(soup.name)
[document]
>>> print(soup.p.attrs)
{'id': 'p1', 'style': 'color:red'}
```

如果想要获取一个标签的某个单独属性，可以按访问字典的方式操作。而且，也可以修改属性的内容，或删除标签属性。例如，获取标签 p 的 id 属性值，修改和删除 p 的 class 属性的代码如下。

```
>>> print(soup.p['id'])
p1
>>> print(soup.p.get('id'))
p1
soup.p['class']= 'newclass'
del soup.p['class']
```

2. NavigableString 对象

NavigableString 对象用于操纵标签内部的文字，标签的 string 属性返回 NavigableString 对象。

```
>>> text1=soup.title.string
>>> text1
'page1.html'
>>> type(text1)
<class 'bs4.element.NavigableString'>
```

这样就轻松获取到了 title 标签中的内容，如果用正则表达式访问则相对复杂。

3. BeautifulSoup 对象

BeautifulSoup 对象表示的是一个文档的全部内容，大部分时候可以把它看作是一个特殊的 Tag。下面的代码可以分别获取它的类型、名称及属性。

```
>>> from bs4 import BeautifulSoup
>>> soup=BeautifulSoup(open("page1.html",encoding="utf-8"),"html.parser")
>>> type(soup)
<class 'bs4.BeautifulSoup'>
>>> print(soup.name)
[document]
>>> type(soup.name)
<class 'str'>
>>> print(soup.attrs)
{}
>>>
```

4. Comment 对象

Comment 对象是一个特殊类型的 NavigableString 对象，它的内容不包括注释符号，如果处理不当，有时会对文本处理不便。

在下面的代码中，p 标签里的内容是注释，如果使用 string 属性输出它的内容，会发现输出结果不包括注释符号，这可能会给用户带来不必要的麻烦。注释是一个 Comment 对象类型，所以，用户在使用 string 前需要做一下判断。

```
>>> from bs4 import BeautifulSoup
>>> html="<p><!--这是注释--></p>"
>>> soup=BeautifulSoup(html,"html.parser")
>>> soup.p.string
'这是注释'
>>> if (type(soup.p.string)==soup.Comment):
        print(soup.p)
（无输出）
```

14.2.3　beautifulsoup4 库操作解析文档树

1. 遍历文档树

前面已经介绍过，Tag 是 HTML 文档中的标签。下面结合 Tag 标签，介绍遍历文档树的常见方法和属性。

（1）获取直接子结点

contents 属性和 children 属性可以获取 Tag 的直接子结点。

Tag 的 **contents** 属性可以将直接子结点以列表的方式输出，并用列表索引来获取它的某一个元素。

```
>>> from bs4 import BeautifulSoup
>>> soup=BeautifulSoup(open("page1.html",encoding="utf-8"),"html.parser")
# soup.p.contents 是 3 个元素的列表
>>> print(soup.p.contents)
['\n', <a href="">链接到 1</a>, '\n 段落标记是文档结构描述的重要元素\n']
>>> print(soup.p.contents[1])
<a href="">链接到 1</a>
```

children 属性返回的不是一个列表，它是一个列表生成器对象，但是可以通过遍历获取所有子结点。

```
>>> for child in soup.p.children:
        child
#输出结果
'\n'
<a href="">链接到 1</a>
'\n 段落标记是文档结构描述的重要元素\n'
>>>
```

（2）获取所有子结点

contents 属性和 children 属性只能获取包含 Tag 的直接子结点，**descendants** 属性可以对所有 Tag 的子结点进行递归循环，它和 children 属性类似，也需要遍历获取其中的内容。

```
>>> for child in soup.descendants:
        print(child)
```

代码运行后，部分输出结果如下。

```
...
<head>
<meta charset="utf-8"/>
<title>page1.html</title>
</head>
<meta charset="utf-8"/>
<title>page1.html</title>page1.html

<body>
<h3>
    段落标记的使用
</h3>
<hr/>
<p id="p1" style="color:red">
<a href="">链接到 1</a>
    段落标记是文档结构描述的重要元素
</p>
...
</body>
<h3>
    段落标记的使用
</h3>
    段落标记的使用
...
```

从运行结果可以发现，所有的结点都被打印出来，先是最外层的 HTML 标签，接着从 head 标签一个个剥离，依此类推。

（3）获取结点内容

如果一个标签中不再包含标签（直接就是内容），那么 **string** 属性就会返回标签中的内容；如果标签中内嵌唯一的一个标签，那么 string 属性会返回最里面标签的内容；如果 Tag 包含了多个子标签结点，Tag 将无法确定 string 属性应该返回哪个子标签结点的内容，string 的输出结果是 None。

```
>>> print(soup.a.string)
链接到 1
>>> print(soup.title.string)
page1.html
>>> print(soup.p.string)
None
>>> print(soup.head.string)
None
```

（4）获取多项内容

strings 属性用于获取多项内容，需要遍历获取，例如下面的代码。

```
>>> for s in soup.body.strings:
    print(s)
```
（输出所有文本内容，略）

输出的字符串中可能包含了很多空格或空行，使用 **stripped_strings** 属性可以去除多余空白内容。

```
>>> for s in soup.body.stripped_strings:
    print(s)
```
（输出所有文本内容，无空行，略）

（5）父结点

父结点是当前结点的上级结点，**parent** 属性用于获取父结点。

```
>>> e1=soup.title
>>> print(e1.parent.name)
head
```

（6）兄弟结点

兄弟结点可以理解为和本结点处在同一层级的结点，**next_sibling** 属性用于获取当前结点的下一个兄弟结点，**previous_sibling** 则与之相反，如果结点不存在，则返回 None。需要注意的是，实际文档中 Tag 的 next_sibling 和 previous_sibling 属性通常是字符串或空白，因为空白或者换行也可以被视作一个结点，所以得到的结果可能是空白或者换行。

通过 next_siblings 和 previous_siblings 属性可以对当前结点的兄弟结点迭代输出。

```
>>> for sibling in soup.p.next_siblings:
    print(sibling)
```

以上是遍历文档树的基本方法。

2．搜索文档树

（1）find_all()方法

find_all()方法可搜索当前 Tag 的所有子结点，并判断是否符合过滤器的条件，其语法格式如下。

```
find_all(name,attrs,recursive,text,**kwargs)
```

该方法的参数的含义如下。

* name：名字为 name 的标签。
* attrs：按照 Tag 标签属性值检索，需要列出属性名和值，采用字典形式。
* recursive：调用 Tag 的 find_all()方法时，BeautifulSoup 会搜索当前 Tag 的所有子结点，如果只想搜索 Tag 的直接子结点，可以使用参数 recursive=False。
* text：通过 text 参数可以搜索文本字符中的内容。
* limit：find_all()方法返回全部的搜索结果，如果文档树很大，那么搜索会很慢。如果不需要全部结果，可以使用 limit 参数限制返回结果的数量。当搜索到的结果数量达到 limit 的限制时，就停止搜索，并返回结果。

下面的代码使用了 find_all()方法搜索文档树。

```
>>> from bs4 import BeautifulSoup
>>> html=open("page1.html",encoding='utf-8')
>>> soup=BeautifulSoup(html,"html.parser")
>>> print(soup.find_all('p'))
[<p id="p1" style="color:red">
<a href="">链接到 1</a>
  段落标记是文档结构描述的重要元素
</p>, <p id="p2">
<a href="">链接到 2</a>
  段落标记实现了文本的换行显示，并且，段落之间有一行的间距。
  <br/>
  段落标记虽然有开始和结束标记，<strong>但结束标记可以省略</strong>，如果浏览器遇到一个新的段落标记，将会结束前面的段落，开始新的段落……
  </p>]
```

如果 name 参数传入正则表达式作为参数，BeautifulSoup 会通过正则表达式的 compile()方法来匹配内容。下面代码是找出所有以 h 开头的标签。

```
>>> for tag in soup.find_all(re.compile("^h")):
    print(tag.name,end=" ")
head h3 hr
```

下面是 3 种访问结点属性的方法。

```
>>> soup.find_all('p',attrs={'id':'p1'})
[<p id="p1" style="color:red">
<a href="">链接到 1</a>
 段落标记是文档结构描述的重要元素
</p>]
>>> soup.find_all('p',{'id':'p1'})
[<p id="p1" style="color:red">
<a href="">链接到 1</a>
 段落标记是文档结构描述的重要元素
</p>]
>>> v1=soup.find_all('p',id='p1')
>>> print(v1)
[<p id="p1" style="color:red">
<a href="">链接到 1</a>
 段落标记是文档结构描述的重要元素
</p>]
>>>
```

下面代码中，re.compile("链接到")是正则表达式，表示所有含有"链接到"的字符串都匹配。第 2 行代码返回的文档树中有两个 Tag 符合搜索条件，但结果只返回了 1 个，因为 limit 参数限制了返回结果的数量。

```
>>> soup.find_all(text=re.compile("链接到"))
['链接到 1', '链接到 2']
>>> soup.find_all(text=re.compile("链接到"),limit=1)
['链接到 1']
```

（2）find()方法

find()方法与 find_all()方法的唯一区别：find_all()方法返回全部结果的列表，而 find()方法则返回找到的第一个结果，其语法格式如下。

```
find(name,attrs,recursive,text)
```

其参数含义与 find_all()方法的参数完全相同。

3. 用 CSS 选择器筛选元素

CSS 的选择器用于选择网页元素，可以分为标签选择器、类选择器和 id 选择器 3 种。在 CSS 中，标签名不加任何修饰，类名前面需要加点（.）作为标识，id 名前加#号来标识。在 bs4 库中，也可以使用类似的方法来筛选元素，用到的方法是 soup.select()，返回类型是列表。

下面的代码分别通过标签名、类名和 id 名查找元素。

```
>>> from bs4 import BeautifulSoup
>>> html=open("page1.html",encoding='utf-8')
>>> soup=BeautifulSoup(html,"html.parser")
>>> soup.select('a')          #选取 a 元素
[<a href="">链接到 1</a>, <a href="">链接到 2</a>]
```

```
>>> soup.select(".type1")     #选取类名为type1的元素
[]
>>> soup.select("#p1")        #选取id值为p1的元素
[<p id="p1" style="color:red">
<a href="">链接到1</a>
  段落标记是文档结构描述的重要元素
</p>]
```

处理网页需要理解网页页面的结构和 HTML 的基本元素，bs4 库是一个非常完备的 HTML 解析函数库，有了 bs4 库的知识，就可以进行网页爬取实战了。

14.3　网页爬取技术的应用

Python 爬取指定 URL 的网页页面，首先需要分析页面的组织结构，了解标题、链接、时间等信息（即 HTML 元素和属性的描述）。下面以爬取"辽宁本科教学网"的通知公告页面为例，介绍网页爬取的具体操作。

14.3.1　爬取单一网页页面的信息

1. 爬取页面前的准备工作

使用 Google Chrome 浏览器打开要爬取的网页页面。按 F12 键打开"开发者工具"窗口，如图 14-2 所示。单击"开发者工具"窗口工具栏左上角的"选择检查元素"按钮，再单击某个要爬取信息的主题，可以看到该信息在网页中反向显示。

图 14-2　查找爬取的网页元素

从图 14-2 的 "开发者窗口" 中可以看出，要爬取的内容是一个 class= "usoft-listview-basic"的 div 元素的内容，所有的要闻都呈现在一个 ul 列表中，每一个列表项就是一条要闻。继续浏览网页观察包含要闻信息的列表项。

```
<li><span class="usoft-listview-item-date">2018-07-18</span><span>
<a href="http://www.upln.cn/html/2018/Column_0103_0718/4463.html"
target="_blank" title="辽宁省教育厅关于公布 2018 年度建议高校暂缓申请增设##本科专业名单的通知">辽宁省教育厅关于公布2018年度建议高校暂缓申请增设本科专业名单的通知</a>
</span></li>
```

超级链接标签<a>中的文本即是要爬取的内容，其中，日期信息包含在 class="usoft-listview-item-date"的<span>标签中，新闻标题用标签<a>的 title 属性描述。

下面介绍抓取网页的方法。

2. 使用 requests 库爬取网页

参考例 14-3，爬取网页的代码如下。

```
import requests

def getHTMLText(url):
    r=requests.get(url,timeout=15)
    r.raise_for_status()
    r.encoding='utf-8'        #如果中文字符不能正常显示，更改编码方式为 utf-8
    #print(text)
    return r.text
```

爬取网页后，可以使用 print()函数测试并打印网页内容。

3. 使用 bs4 库解析网页

获得爬取网页的文本信息后，下面使用 bs4 库解析网页。首先，定义函数 getSoup(url)，返回 BeautifulSoup 对象。

```
def getSoup(url):
    txt=getHTMLText(url)
    soup=BeautifulSoup(txt,"html.parser")
    return soup
```

其次，定义函数 getContent(soup)，解析出爬取的页面内容。网页内容保存在列表 articles 中。

```
def getContent(soup):
    contents=soup.find('div',{'class':'usoft-listview-basic'})
    articles=[]
    for item in contents.find_all('li'):
        date1=item.find('span',{'class':'usoft-listview-item-date'})
        datestr=date1.string
        title=item.find('a')['title']
        articles.append([title,"----",datestr])
        #print(datestr,'-----',title)    #可以直接打印爬取结果
    return articles
```

下面是完整的程序代码。

例 14-5 使用 requests 库和 bs4 库爬取网页的示例。

```
1   #ex1405.py
2   import requests
```

```
3    from bs4 import BeautifulSoup
4
5    def getHTMLText(url):
6        r=requests.get(url,timeout=15)
7        r.raise_for_status()
8        r.encoding='utf-8'      #如果中文字符不能正常显示，更改编码方式为 utf-8
9        #print(text)
10       return r.text
11
12   def getSoup(url):
13       txt=getHTMLText(url)
14       soup=BeautifulSoup(txt,"html.parser")
15       return soup
16
17   def getContent(soup):
18       contents=soup.find('div',{'class':'usoft-listview-basic'})
19       articles=[]
20       for item in contents.find_all('li'):
21           date1=item.find('span',{'class':'usoft-listview-item-date'})
22           datestr=date1.string
23           title=item.find('a')['title']
24           #hrefstr=item.string
25           articles.append([title,"----",datestr])
26           #print(datestr,'-----',title)
27       return articles
28
29   if __name__=="__main__":
30       url = "http://www.upln.cn/html/Channel_01/Column_0103/"
31       soup =getSoup(url)
32       articlelist = getContent(soup)
33       #显示爬取信息
34       for item in articlelist:
35           for i in item:
36               print(i,end=" ")
37       print()
37       print('-----------------------------------------------------------')
```

程序运行后，爬取的部分信息如下。

```
>>>
辽宁省教育厅办公室关于开展 2018 年国家##精品在线开放课程推荐工作的通知 ---- 2018-08-02
-------------------------------------------------
辽宁省教育厅关于公布 2018 年度建议高校暂缓申请增设##本科专业名单的通知 ---- 2018-07-18
-------------------------------------------------
辽宁省教育厅办公室关于公布 2018 年省级##大学生创新创业训练计划##项目名单的通知 ---- 2018-07-05
-------------------------------------------------
辽宁省教育厅办公室关于举办"建行杯"第四届辽##宁省"互联网+"大学生创新创业大赛##决赛的通
知 ---- 2018-07-03
-------------------------------------------------
辽宁省教育厅办公室关于开展向应用型转变试点高校及专业###阶段性检查工作的通知 ---- 2018-06-26
-------------------------------------------------
辽宁省教育厅办公室关于开展 2018 年度普通高等学校本科专业设置工作的通知 ---- 2018-06-20
-------------------------------------------------
>>>
```

14.3.2 爬取来自多个页面的信息

在信息爬取过程中，有时爬取的信息需要来自多个页面。在这种情况下，用户可对爬取信息设置条件限制，例如设置爬取关键词，或者检索某一时间段的信息等。下面将在例 14-5 的基础上，爬取"辽宁本科教学网"通知公告页面中 2018 年 4 月 1 日之后的信息。

具体的操作如下。

1. 通过"下一页"按钮导航

打开网页页面，如图 14-3 所示。可以看出，当查询的信息可能来自多个页面时，通过"下一页"按钮，可以找到后续页面的链接。当要爬取的内容很多时，用户可以不断单击"下一页"按钮向后查找。

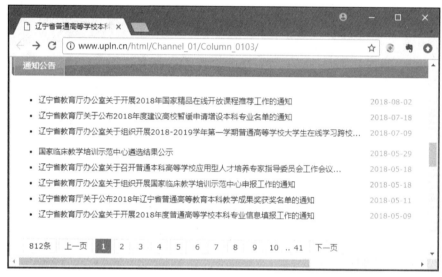

图 14-3 信息列表页面

下面是围绕"下一页"按钮，找到不同页面的链接地址的过程。在网页页面中按 F12 键，打开"开发者窗口"，如图 14-4 所示。

首先，观察浏览器的地址栏，URL 地址可以视为由两部分组成，一部分是网址 www.upln.cn，另一部分是文件路径/html/Channel_01/Column_0103/2.html，而这部分地址和"下一页"按钮的链接地址是一致的。

其次，观察"下一页"按钮对应的网页中信息的位置：<div class="usoft-page-divide">，继续观察，找到该按钮对应的页面地址：/html/Channel_01/Column_0103/2.html，所以，只要通过 bs4 库解析操作找到对应信息即可。

最后，"下一页"按钮用类选择器 class="a1"来描述，但仔细观察，"上一页"按钮也用了类选择器 class="a1"描述，所以，需要在解析代码时准确找到"下一页"按钮对应的地址。

相应的代码如下，其中的 contents 是包含查询内容的 Tag 标签。

```
#找到下一页的链接
pages=contents.find('div',{'class':'usoft-page-divide'})
page=pages.find_all('a',{'class':'a1'})[2]
url=page['href']
```

图 14-4 "下一页"按钮及其对应的标签

2．日期格式的处理

程序的功能是爬取具体日期之后的信息，为了保证日期格式的统一，使用 time.mktime() 函数返回用秒数来表示时间的浮点数，该函数接收 struct_time 对象作为参数。

使用 time.strptime()函数把一个时间字符串解析为时间元组，返回 struct_time 对象，并作为 time.mktime()函数的参数。

完整的程序代码如下。

例 14-6　使用 requests 库和 bs4 库爬取多个网页的示例。

```
1   #ex1406.py
2   import requests
3   import time
4   from bs4 import BeautifulSoup
5
6   #爬取网页页面内容
7   def getHTMLText(path):
8       r=requests.get(path,timeout=15)
9       r.raise_for_status()
10      r.encoding='utf-8'          #如果中文字符不能正常显示，更改编码方式为 utf-8
11      #print(text)
12      return r.text
13
14  #解析网页
15  def getNewsList(root,url,appointeddate):
16      articles=[]              #承载爬取的信息
17      while True:
18          path=root+url
19          txt = getHTMLText(path)
```

```
20        soup=BeautifulSoup(txt,"html.parser")
21        contents=soup.find('div',{'class':'usoft-listview-basic'})
22        for item in contents.find_all('li'):
23            #解析获得日期信息
24            date1=item.find('span',{'class':'usoft-listview-item-date'}).string
25            if time.mktime(time.strptime(date1,"%Y-%m-%d"))<appointeddate:
26                break
27            datestr=date1.string           #获得日期字符串
28            title=item.find('a')['title']     #获得标题字符串
29            articles.append([datestr,'-----',title])
30
31        #信息分布在多个页面的情况
32        if time.mktime(time.strptime(date1,"%Y-%m-%d"))>appointeddate:
33            #找到下一页的链接
34            pages=contents.find('div',{'class':'usoft-page-divide'})
35            page=pages.find_all('a',{'class':'a1'})[2]
36            url=page['href']                 #获得链接的地址
37        else:
38            break
39    return articles
40
41
42 if __name__=="__main__":
43     root="http://www.upln.cn"
44     url='/html/Channel_01/Column_0103/'
45     lastdate=time.mktime(time.strptime('2018-4-1',"%Y-%m-%d"))
46     newslist=getNewsList(root,url,lastdate)
47     if len(newslist)==0:
48         print("无满足指定日期条件信息")
49     else:
50         for item in newslist:
51             for i in item:
52                 print(i,end="")
53             print()
```

程序运行后，爬取的部分信息如下。

```
>>>
2018-08-02-----辽宁省教育厅办公室关于开展 2018 年国家##精品在线开放课程推荐工作的通知
2018-07-18-----辽宁省教育厅关于公布 2018 年度建议高校暂缓申请增设##本科专业名单的通知
2018-06-05-----辽宁省教育厅办公室关于推荐辽商总会常务理事 ##理事 会员人选的通知
2018-06-04-----关于对推荐参加 2018 年 国家及省级大学生创新创业训练计划项目名单进行公示的通知
……
2018-04-17-----辽宁省教育厅办公室关于举办辽宁省第四届"互联网+"大学生创新创业##大赛暨第四届中国
"互联网+"大学生创新创业大赛选拔赛的通知
2018-04-08----- 辽宁省教育厅 辽宁省测绘地理信息局关于举办第七届辽宁省普通高等学校大学生测绘地理
信息之星大赛的通知
2018-04-04-----辽宁省教育厅关于公布 2017 年度普通高等学校本科专业##备案或审批结果的通知
2018-04-02-----辽宁省教育厅办公室关于开展 2017-2018 学年第二学期普通高等学校##大学生在线学习跨
校修读学分工作的通知
>>>
```

关于使用关键词爬取信息，显示结果的格式控制等内容，请读者参考相关书籍自行完成。

本 章 小 结

网页爬取是指把 URL 地址中指定的网络资源从网络流中读取出来，保存到本地。

urllib 库提供了一系列函数或方法，它可以使用户像访问本地文件一样读取网页的内容或下载网页。requests 库和 urllib 库功能类似，是一个简洁的处理 HTTP 请求的第三方库。requests 库最重要的方法是 requests.get() 方法，该方法的使用格式是 res=requests.get(url[,timeout=n])。

beautifulsoup4 是 Python 用于网页分析的第三方库，用来快速转换被爬取的网页，其中最重要的类是 BeautifulSoup。BeautifulSoup 将 HTML 文档转换成一个复杂的树形结构，每个结点都是一个 Python 对象，这些对象可以归纳为 Tag、NavigableString、BeautifulSoup、Comment 等 4 种类型。

本章最后还通过实例介绍了网页的爬取过程。

习 题 14

1. 选择题

（1）下列选项中，不属于 HTML 标签的是哪一项？（　　）

    A. <p>   B. <a>   C. <div>   D. <class>

（2）urllib.request.urlopen() 函数的返回值类型是哪一项？（　　）

    A. String   B. text   C. Response   D. Request

（3）以下哪个选项不是 Python 的 Web 应用框架？（　　）

    A. Flask   B. Django   C. Tornado   D. urllib

（4）bs4 库的对象可以归纳为 4 种类型，不正确的是哪一项？（　　）

    A. Comment   B. Tag   C. String   D. NavigableString

2. 简答题

（1）简述网络爬虫的工作原理。

（2）请列举出 beautifulsoup4 库解析文档树的主要方法和属性。

（3）在 urllib.request.urlopen(req) 方法中，参数 req 可以有哪几种情况，请通过例子进行说明。

3. 编程题

（1）分别使用 urllib 库和 requests 库爬取 focus.tianya.cn 首页的内容。

（2）编写程序获取 http://www.lnzsks.com/listinfo/NewsList_1002_1.html 的招考要闻的信息。

参 考 文 献

［1］Magnus Lie Hetland. Python 基础教程［M］. 3 版. 袁国忠，译. 北京：人民邮电出版社. 2018.

［2］江红，余青松. Python 程序设计与算法基础教程［M］. 北京：清华大学出版社. 2017.

［3］嵩天，礼欣，黄天羽. Python 程序设计基础［M］. 2 版. 北京：高等教育出版社. 2017.

［4］夏敏捷，张西广. Python 程序设计应用教程［M］. 北京：中国铁道出版社. 2018.

［5］刘德山，金百东，张建华. Java 程序设计［M］. 北京：科学出版社. 2012.

［6］金百东，刘德山，刘丹. Java 程序设计学习指导与习题解答［M］. 北京：科学出版社. 2012.

［7］董付国. Python 程序设计［M］. 2 版. 北京：清华大学出版社. 2016.

［8］邓英，夏帮贵. Python3 基础教程［M］. 北京：人民邮电出版社. 2016.

［9］黑马程序员. Python 快速编程入门［M］. 北京：人民邮电出版社. 2017.

［10］Wesley Chun. Python 核心编程［M］. 3 版. 孙波翔，等译. 北京：人民邮电出版社. 2016.